NOROIS

ENVIRONNEMENT • AMÉNAGEMENT • SOCIÉTÉ

2010

numéro 215

Impacts morphogéniques des tempêtes

Les enseignements de la tempête du 10 mars 2008

Textes réunis par Serge SUANEZ

Revue géographique des universités de l'Ouest

www.pur-editions.fr

Campus de La Harpe
Avenue Charles-Tillon
CS 24414
35044 RENNES cedex
ISSN : 0029-182X
ISBN : 978-2-7535-1164-4
dépôt légal : 1er semestre 2010

Sommaire

Norois, n° 215, 2010/2, p. 7-9

Éditorial

Ce numéro thématique sonne comme un écho à l'actualité encore marquée par les effets dévastateurs de la récente tempête Xynthia. Le 10 mars 2008, une perturbation atlantique a touché les côtes bretonnes et normandes, causant également dégâts importants. Pour les habitants de l'île de Molène dans le Finitère, cet épisode restera dans les mémoires comme celui qui a « décapité » le rocher du Kastell situé à l'entrée du port (photo 1).

Photo 1 : Rocher du Kastell, situé à l'entrée du port de l'île de Molène, coiffé d'un énorme bloc (A) qui a été dégagé par une vague durant la tempête du 10 mars 2008 (B). Pour les Molènais, la « décapitation » du rocher du Kastell (C) témoigne de l'intensité de l'épisode (source : http://Molene.fr).
Kastell head-rock situated at the entrance of the port of Molène Island. It is topped with an enormous bloc (A) which was removed by a swell during the 10th March 2008 storm event (B). For the habitants of Molène Island, the "beheading" of the Kastell hear-rock (C) gives evidence of this high energy storm.

Comme l'ont montré les calculs statistiques réalisés par le CETMEF[1] sur les enregistrements de houle, cet épisode tempétueux n'a pourtant pas été particulièrement virulent. Quatre mois auparavant, en décembre 2007, des hauteurs de vagues bien plus importantes avaient été enregistrées au large de l'île de Ouessant. Le caractère exceptionnel de cette tempête vient du fait qu'elle est survenue conjointement à une marée de vive-eau (coefficient 106). Cela rappelle à bien des égards les conditions météomarines et hydrologiques de la tempête Xynthia durant la nuit du 30 mars au 1er avril 2010.

L'épisode du 10 mars 2008 a causé d'énormes dégâts, que ce soit en matière de submersion des côtes basses, d'érosion du rivage, ou de destruction d'infrastructures anthropiques. Ces dommages ont relancé le débat sur l'efficacité des politiques de prévention, notamment au travers des PPR submersion marine ; deux ans plus tard, force est de constater que cette question reste toujours d'actualité… Cette tempête a également déclenché une réflexion au sein des différents services de l'État (DDE du Finistère par exemple), afin d'évaluer et d'anticiper les effets d'une augmentation de la fréquence de ces épisodes, dans un contexte d'élévation du niveau marin, sur les ouvrages et les infrastructures portuaires.

D'un point de vue morphologique, les impacts de cette tempête ont été d'autant mieux enregistrés que cet épisode est intervenu alors que la plupart des sites étudiés, et présentés dans ce numéro, faisaient l'objet d'un suivi depuis plusieurs années. À travers l'analyse de ces données, il nous est apparu intéressant

1. Centre d'Études Techniques Maritimes Et Fluviales

de construire un numéro thématiques autour de différents aspects ayant trait à l'impact morphogénique des tempêtes. La diversité des études de cas, couvrant un espace géographique très large, a ainsi permis d'aborder des problématiques très variées, allant de la submersion des côtes basses à l'érosion des dunes, en passant par les phénomènes de franchissement et de *rollover* des flèches de galets, ou les dynamiques morphosédimentaires de blocs cyclopéens.

Le numéro commence par un article de J.-M. Cariolet *et al.* présentant les conditions météomarines et hydrodynamiques de la tempête du 10 mars 2008. Les auteurs montrent que les niveaux d'eau exceptionnels atteints ce jour-là sont dus à la combinaison de deux phénomènes indépendants (combinaison d'une surcote importante accompagnée d'une mer particulièrement formée, et d'une pleine mer de vive-eau). Les conditions météomarines à l'origine de la submersion sont analysées en tenant compte de la dynamique atmosphérique. Dans le même temps, l'occurrence de cet épisode, en matière de période de retour, est calculée à partir de certains paramètres météomarins et hydrodynamiques.

L'article de R. Caspar *et al.* analyse les caractéristiques météomarines à l'origine des submersions qui ont affecté la côte d'Albâtre (Normandie), en mettant en avant l'interaction entre les processus dynamiques et les phénomènes d'ajustement morphosédimentaire des plages de galets. Ce travail montre que les facteurs d'ordre purement météorologique qui ont conduit aux submersions n'étaient pas de nature extrême ; c'est bien la complexité des interactions en cause qui permet de comprendre l'ampleur de certaines inondations.

L'étude de P. Fattal *et al.* portant sur la plage des Éloux dans l'île de Noirmoutier, analyse l'impact d'un évènement extrême, en l'occurrence celui du 10 mars 2008, dans une tendance à long terme de recul d'une côte sableuse. Les auteurs montrent que si cet épisode accentue « momentanément » l'érosion du rivage, les conséquences morphosédimentaires ne sont pas pour autant exceptionnelles car d'autres facteurs viennent minimiser les effets morphogènes de cette tempête.

Dans le même ordre d'idée, l'article d'H. Regnauld *et al.* analyse l'impact des événements tempétueux, notamment celui du 10 mars 2008, dans l'évolution pluridécennale de la plage de l'Anse du Verger, située sur la côte septentrionale de Bretagne. Les auteurs montrent que le rôle respectif de ces épisodes morphogènes est extrêmement variable dans le temps et dans l'espace, ce qui rend très difficile de penser l'évolution d'un littoral selon un simple modèle contrôlé par les forçages et la résilience.

L'article de S. Suanez et J.-M. Cariolet analyse quant à lui l'impact des événements extrêmes sur l'érosion des dunes à partir de deux études de cas situées sur la côte nord du Finistère, la plage du Vougot à Guissény, et celle de Boutrouilles à Kerlouan. Les auteurs montrent que les phénomènes d'érosion n'interviennent que si les fortes houles de tempête se combinent à une marée de vive-eau. Les mesures de terrain indiquent que le principe d'ajustement du profil d'équilibre décrit par P. Bruun (1962) fonctionne très bien lorsque les transits transversaux ne sont pas perturbés par des déplacements longitudinaux. Elles montrent également que les processus qui agissent sur les échanges sédimentaires entre la plage et la dune contrôlent en partie l'action érosive des tempêtes.

À partir des travaux menés sur l'impact morphogénique de la tempête du 10 mars 2008 sur l'île de Banneg dans l'archipel de molène (Finistère), B. Fichaut et S. Suanez étudient les processus morphodynamiques à l'origine des dépôts de haute énergie constitués d'accumulations de blocs cyclopéens que les anglo-saxons appellent « *Cliff-Top Storm Deposits* ». Les auteurs montrent le rôle déterminant du *runup* dans les phénomènes de submersion et/ou d'arrachement des blocs. L'inventaire des cicatrices d'arrachement indique que l'érosion a épargné l'estran mais a été maximale au sommet et en retrait des falaises. L'analyse des trajectoires de blocs déplacés permet de mieux cerner les dynamiques de transport et de dépôt, et de proposer un modèle spatio-chronologique de mise en place et d'évolution des amas pour l'ensemble de l'île.

L'article de P. Stéphan *et al.* analyse enfin les processus de franchissement et de déplacement par *rollover* de la flèche de galets du sillon de Talbert à Pleubian (Côtes d'Armor), en les replaçant au sein du schéma théorique défini par J. D. Orford et R. W. G. Carter (1982)[2]. À l'échelle des dernières années, l'impact morphogénique virulent de la tempête du 10 mars 2008 marque la fin d'une phase de stabilité observée entre 2002 et 2007. Les processus de résilience morphosédimentaire qui ont suivi cet épisode sont également étudiés et permettent de définir des cycles décennaux qui pourraient être associés aux variations pluriannuelles de l'indice hivernal d'oscillation nord atlantique.

Serge Suanez

2. Orford J. D., Carter R. W. G., 1982. Crestal overtop and washover sedimentation on a fringing sandy gravel barrier coast, Carnsore Point, southeast Ireland, *Journal of Sedimentary Petrology*, vol. 52, n° 1, p. 265-278.

Norois, n° 215, 2010/2, p. 11-31

Aspects météo-marins de la tempête du 10 mars 2008 en Atlantique et en Manche

Jean-Marie Cariolet
Géomer – UMR 6554 CNRS LETG
(Université de Bretagne Occidentale),
Institut Universitaire Européen de la Mer
Technopôle Brest-Iroise, Place Nicolas-Copernic – 29285 Plouzané
jean-marie.cariolet@univ-brest.fr

Stéphane Costa
Géophen – UMR 6554 CNRS LETG
(Université de Caen Basse Normandie),
Esplanade de la Paix, BP 8156 – 14032 Caen Cedex, France
stephane.costa@unicaen.fr

Rémi Caspar
Météo-France
Station météorologique du Havre, Quai des Abeilles – 76600 Le Havre, France
remi.caspar@meteo.fr

Fabrice Ardhuin, Rudy Magne
Service Hydrographique et Océanographique de la Marine
13 rue du Chatellier, CS 92803 – 29228 Brest Cedex 2, France
fabrice.ardhuin@shom.fr, rudy.magne@shom.fr

Gérard Goasguen
CETMEF
Technopôle Brest Iroise, 155 rue Pierre-Bouguer, BP 5 – 29280 Plouzané, France
gerard.goasguen@developpement-durable.gouv.fr

Résumé

Le 10 mars 2008, une tempête a touché la pointe nord-ouest de l'Europe pendant une marée de vive-eau, générant de nombreux dégâts et des cas de submersion sur les côtes nord-ouest de la France. Les niveaux d'eau exceptionnels atteints ce jour-là sont dus à la combinaison de deux phénomènes indépendants (surcote importante accompagnée d'une mer énorme et pleine mer de vive-eau). Les niveaux d'eau maximums à l'origine de la submersion des côtes basses ont été à chaque fois précédés par le passage d'un front froid. Les vitesses de vent et les hauteurs de houles atteintes pendant cette tempête ont une période de retour de deux ans. Les niveaux d'eau mesurés par les marégraphes ont une occurrence de deux à cent ans. Il est en revanche impossible d'estimer pour le moment la période de retour de la combinaison houle – surcote – pleine mer de vive-eau, mais elle est probablement de l'ordre de 10 ans ou plus.

Mots clé : tempête – surcote – onde de tempête – front froid – submersion

ABSTRACT
Atmospheric and marine aspects of the 10th of March 2008 storm in Atlantic and in the Channel
The 10th of march 2008, a storm reached north-western of Europe during a spring tide, generating many damages and coastal flooding on the north-western french coast. The extrem water levels recorded on that day are caused by a combinaison of independant phenomena (important storm surge, phenomenal waves, spring high tide). The maximum water levels and most coastal flooding were every time linked with a cold front. Wind speed and wave height reached during this storm have a return period of only two years. The water levels mesured by tidal gauges have a return period from two to hundred years. Nevertheless it is impossible for the moment to estimate the return period of the combinaison wave – surge – spring high tide, but it is likely of the order of ten years or more.

KEY WORDS : *storm, storm surge, cold front, inundation*

Depuis quelques années, de nombreuses recherches[1] ont permis de proposer un nouveau modèle explicatif du fonctionnement des perturbations atlantiques (Joly, 1995). D'après ce modèle, qui prend en considération toute la troposphère, les dépressions se déplacent d'ouest vers l'est le long d'un rail appelé « rail des dépressions ». L'étude des trajectoires des dépressions Atlantiques montre qu'il existe deux types de configurations. Dans la première, le rail qui part toujours de la région de Terre-Neuve, se coupe en deux au niveau du 30ᵉ méridien ouest pour se diriger vers l'Islande ou vers l'Espagne. Dans la seconde, le rail s'étend le long du 50ᵉ parallèle jusqu'aux îles Britanniques (fig. 1). Ce dernier cas de figure est le plus fréquent (Bessemoulin, 2002 ; Beltrando, 2004).

Ces recherches ont également permis d'identifier le rôle des courants-jets, courants d'altitude générés par la différence de température entre les pôles et l'équateur. Les courants-jets circulent d'ouest en est au niveau des régions tempérées (latitude 50-55°N), dans la haute troposphère (8-10 km d'altitude), et favorisent la formation et le creusement des dépressions. Ce phénomène s'explique en partie par le mécanisme d'interaction barocline, défini comme étant l'amplification de deux anomalies (une anomalie froide située en altitude et une anomalie de surface à savoir une dépression) qui interfèrent avec le courant jet (Ayrault et Joly, 2000). La région la plus favorable à l'amplification des tempêtes semblerait se situer à l'extrémité est du jet (fig. 1B). Autrement dit, en configuration zonale, les dépressions coupent souvent le courant jet au niveau du 15ᵉ méridien ouest, et s'en trouvent alors amplifiées par le mécanisme d'interaction barocline (Ayrault et Joly, 2000 ; Bessemoulin, 2002).

L'arrivée d'un système dépressionnaire par l'Atlantique sur les côtes du Nord-Ouest de la France génère très souvent un phénomène de surcote, défini comme étant une surélévation temporaire du niveau de la mer. Ce phénomène peut être dû à une baisse des pressions atmosphériques qui produit une élévation du niveau d'eau, et/ou à des vents que l'on peut qualifier d'afflux, car ils soufflent de la mer vers la côte et favorisent ainsi l'amoncellement de l'eau sur les côtes (Bouligand et Tabeaud, 1998, Pirazzoli *et al.*, 2006 ; Caspar *et al.*, 2007). Les météorologues parlent de marée de tempête ou onde de tempête pour désigner le niveau d'eau exceptionnel résultant de la conjonction d'une surcote avec la marée astronomique. Les dépressions d'origine Atlantique s'accompagnent également très souvent d'une forte agitation marine – agitation due à l'arrivée d'une houle générée au large, ou due à l'effet local du vent sur la mer voire à une combinaison des deux – ce qui contribue à la surélévation du niveau d'eau moyen à la côte (surcote induite par les vagues ou « *wave setup* », voir par exemple M. S. Longuet-Higgins et R. W. Stewart, 1963). Par ailleurs, les vagues de grandes périodes générées par fortes tempêtes, localement ou à distance, sont aussi

1. Nous pouvons citer notamment le programme FASTEX (Fronts and Atlantic Storm-Track Experiment), expérience sur le rail des dépressions atlantique et les fronts.

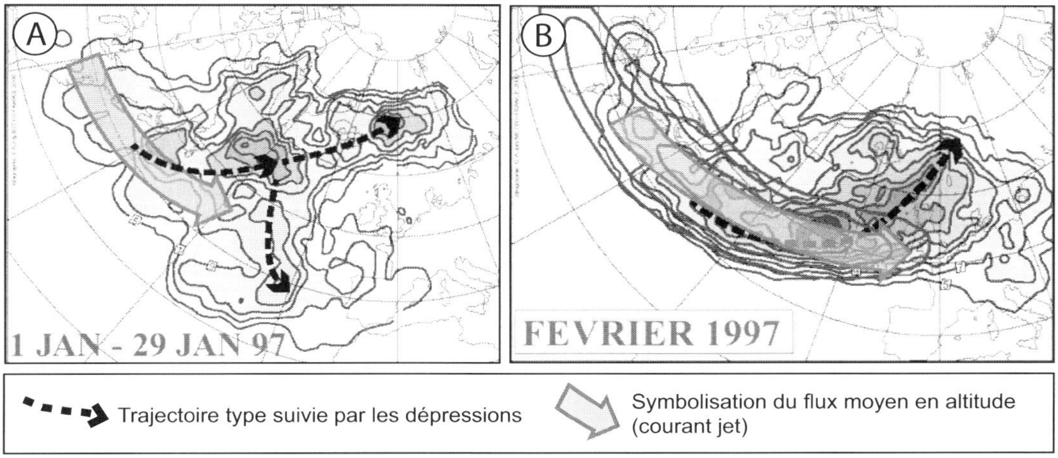

Figure 1 : A : Le rail des dépressions en janvier 1997. Nous sommes ici en configuration de blocage : les tempêtes restent sur l'Atlantique. Le courant-jet, courant d'altitude, est limité à la partie ouest de l'océan Atlantique. D'après C. Baehr *et al.*, 1999 (source : *http://www.cnrm.meteo.fr/dbfastex/recyf_temp/tempet003.html#railbloc*). B : Le rail des dépressions en février 1997. Dans cette configuration dite « zonale », le rail des dépressions s'étend le long du 50e parallèle. Les dépressions ne sont pas bloquées. On remarque que le courant-jet s'étend plus à l'est et que les dépressions ont tendance à couper le courant-jet du côté de son extrémité est. D'après C. Baehr *et al.*, 1999. (source : *http://www.cnrm.meteo.fr/dbfastex/recyf_temp/tempet004.html#railzonal*)

A: Storm track in January 1997. We are here in a blocking pattern: storms stay on the Atlantic. The jet stream is limited at the western part of the Atlantic ocean. After Baehr* et al.*, 1999. B: Storm track in february 1997. In this zonal pattern, storm tracks go along the 50th parallel. Depressions are not blocked. We can observe that the jet stream go far east and that depressions tend to cut the jet stream around its eastern extremity. After Baehr* et al.*, 1999.

la source d'ondes longues de quelques minutes de période, qui sont la cause des mouvements de seiche dans la plupart des ports (Okihiro *et al.*, 1993) et peuvent engendrer des modulations du niveau d'eau d'amplitude métrique, à l'échelle de quelques minutes. Ces oscillations peuvent ainsi contribuer de façon significative aux dégâts côtiers.

En milieu macrotidal, ces différents phénomènes, qui contribuent à l'élévation temporaire du niveau d'eau à la côte, ne présentent un risque pour la zone littorale que lorsqu'ils se produisent pendant une pleine mer de vive-eau. Sur nos côtes, le caractère exceptionnel et destructeur d'un tel événement résulte donc de la combinaison rare de deux phénomènes indépendants : une marée de vive-eau, phénomène astronomique, et une onde de tempête, phénomène météorologique. En 2000, P. A. Pirazzoli indiquait que, selon les probabilités statistiques, la menace qu'un événement tempétueux se combine à une marée de vive-eau sur la côte nord Atlantique était de plus en plus probable. Cette hypothèse s'est vérifiée le 10 mars 2008, lorsqu'une onde de tempête – accompagnée d'une houle d'origine Atlantique – a touché la pointe nord-ouest de la France alors que les coefficients de marée étaient de 106 et 104.

La tempête qui a touché la pointe ouest européenne ce jour-là, nommée « Johanna », a eu un impact très important sur l'ensemble du littoral du Nord-Ouest de la France (breton et normand) : plus d'une trentaine d'inondations par la mer recensés de Sarzeau (Morbihan) à Cayeux sur mer (Somme), des reculs du trait de côte impressionnants dans le Finistère et de nombreux dommages sur les ouvrages de défense, sur les infrastructures portuaires et sur les habitations ont été observés[2]. Cet épisode peut être qualifié d'exceptionnel de par l'étendue du linéaire côtier

2. Source : demandes de reconnaissance de catastrophe naturelle faites par les communes après le passage de la tempête, et les quotidiens locaux *Ouest-France*, *Le Télégramme*, *Le Trégor*.

touché et également du fait du nombre important de sites atteints, comme cela sera abordé plus loin. Si les tempêtes historiques de l'hiver 1989-1990 avaient été plus violentes, elles n'avaient en effet affecté respectivement que le département du Finistère et le littoral de la Manche (Fichaut et Hallégouët, 1989 ; Caspar, 1990 ; Hallégouët et Bodéré, 1993 ; Regrain, 1992 ; Costa, 1995 ; Héquette et Vasseur, 1998 ; Tonnerre, 2001 ; Daniel, 2001 ; Hallégouët et Hénaff, 2006 ; Caspar *et al.*, 2007). D'un point de vue purement anémométrique, la tempête « Johanna » ne fait pas partie des tempêtes les plus violentes qu'a connu la façade atlantique française ces dernières décennies. Les plus fortes rafales enregistrées lors du passage de la tempête ont atteint 150 km/h sur la pointe finistérienne (Léry, 2008). De telles vitesses de vents se produisent en moyenne une fois tous les deux ou trois ans dans le Nord-Ouest de la France (Léry, 2008). Des valeurs bien supérieures de 180 à 200 km/h ont été enregistrées lors des tempêtes de décembre 1999, février 1990 et octobre 1987 (Santurette, 2001).

S. Costa *et al.* (2004), R. Caspar *et al.* (2007) ont montré que sur les côtes de la Manche, il existe un lien entre le passage d'un front froid et la submersion marine. Un front peut être défini comme étant une « zone de discontinuité de température et de vent en surface, qui s'accompagne de précipitations et de vents forts » (Santurette, 2001). Un front froid, zone météorologiquement active, désigne la limite entre une masse d'air froid située en arrière, et une masse d'air chaud soulevée par la première (Beltrando, 2004). Nous verrons en quoi le front froid a joué un rôle au cours de la tempête du 10 mars 2008. Au-delà des conditions atmosphériques et hydrodynamiques, le budget sédimentaire des plages, et à travers lui la morphologie des cordons littoraux, contrôle également l'ampleur des dégâts (Orford, 1977 ; Paskoff, 1985 ; Carter, 1988 ; Carter et Orford, 1993 ; Costa, 1997 ; Morton R. A., 2002 ; Sabatier *et al.*, 2009). Des conditions d'agitation même peu énergétiques mais fréquentes (notamment durant la période hivernale) commandent la morphologie « pré-tempête » de la plage marquée par un abaissement de son profil, ce qui peut alors renforcer l'impact morphogénique d'une tempête.

Afin de mieux comprendre et d'expliquer l'ampleur du phénomène qui a touché les littoraux du Nord-Ouest de la France le 10 mars 2008, cet article propose de revenir tout d'abord sur les conditions météo-atmosphériques observées lors de cet événement, puis d'analyser les données météo-marines enregistrées sur les littoraux du Nord-Ouest de la France (fig. 2). Une dernière partie fera un bref état des lieux des différents impacts morphogéniques qui ont été générés par le passage de la tempête. Quelques sites mentionnés dans cette dernière partie feront l'objet d'études de cas plus approfondies qui seront traités dans ce numéro.

Dynamiques météo-atmosphériques

SITUATION EN SURFACE

Le soir du samedi 8 mars 2008, quelques jours avant que la tempête ne touche les côtes de l'ouest de la France, une dépression prend naissance au niveau de Terre-Neuve, avec une pression en son centre de 1010 hPa. Elle se déplace assez lentement le long du 55e parallèle nord et atteint l'Irlande le 10 mars à 06 h 00 UTC (fig. 3 et 4A). La trajectoire de la dépression est conforme à la configuration la plus fréquente du rail des dépressions, dite « zonale » (fig. 1 et 3). La tempête s'est creusée à un rythme régulier d'environ 10 à 15 hPa toutes les 24 heures, ce qui ne représente pas un creusement rapide. Pour exemple, lors de la tempête du 24-25 janvier 1990, une baisse de 36 hPa en 24 heures avait été observée (Tonnerre-Guérin, 2003).

Le matin du 10 mars, la pression au centre de la dépression alors située sur l'Irlande, est de 953 hPa. Au même moment, la pression enregistrée au sud de la Bretagne est de 980 hPa. Le gradient de pression sud-ouest est alors de 30 hPa sur seulement 600 kilomètres de distance (fig. 4A).

En analysant les données de vent et de pression atmosphérique au niveau de l'île d'Ouessant (fig. 5), on remarque le passage d'un front froid le matin du 10 mars. Avant le passage de ce dernier, la pression atmosphérique diminue rapidement jusqu'à 975 hPa et le vent de secteur sud-ouest

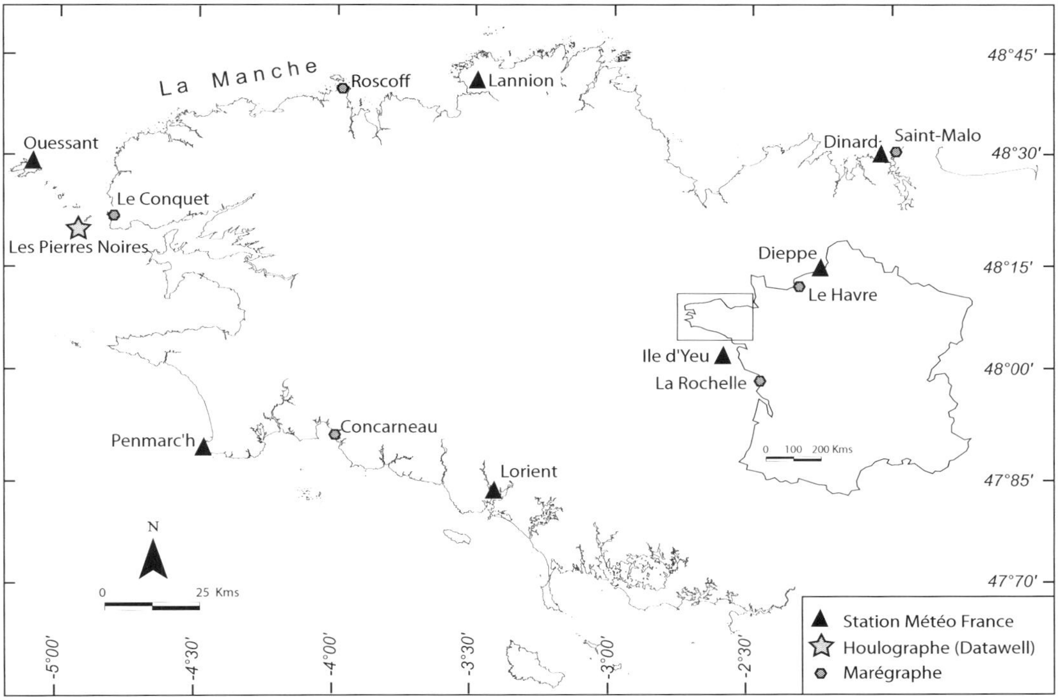

Figure 2 : Carte de localisation des stations Météo France, des marégraphes et du houlographe dont les données ont été utilisées lors de cette étude

Location map of Meteo France weather stations, tidal gauges and wave gauge that data has been used in this paper

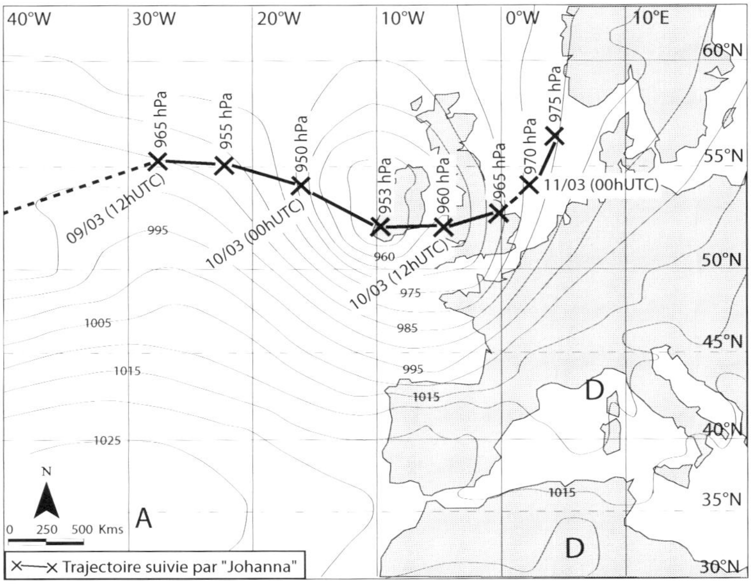

Figure 3 : Trajectoire de la dépression « Johanna » et situation synoptique au 10 mars 2008 à 06 h 00 UTC La dépression n'a pas été bloquée car aucun anticyclone n'était présent sur l'Europe. La configuration, avec un anticyclone situé au milieu de l'Atlantique vers le 35°N et une dépression vers le 55°N, est zonale (source : Météo-France).

Storm-track of "Johanna" and synoptic situation the 10th of march at 06:00 UTC The depression is not blocked because no anticyclon is based on Europe. The pattern, with an anticyclon located on Atlantic around the 35°N and a depression around the 55°N, is zonal (source : Météo-France).

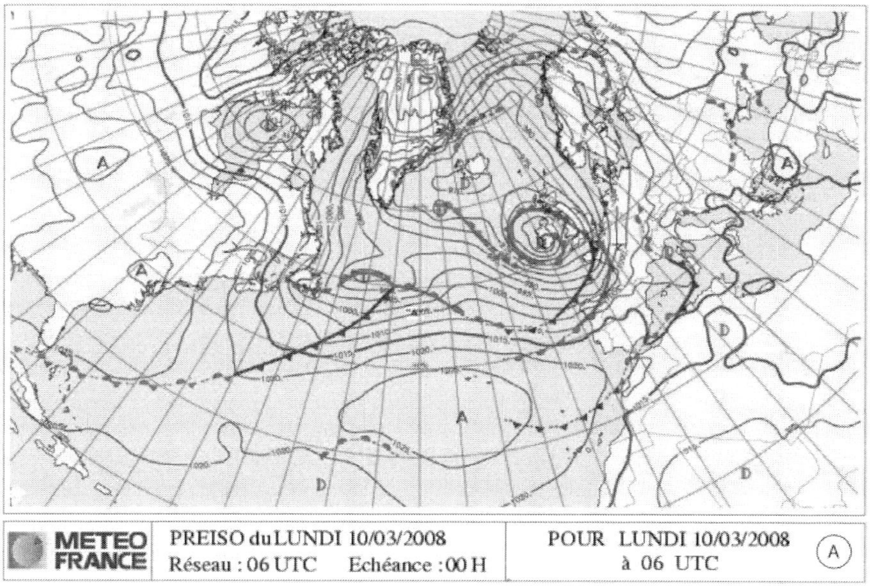

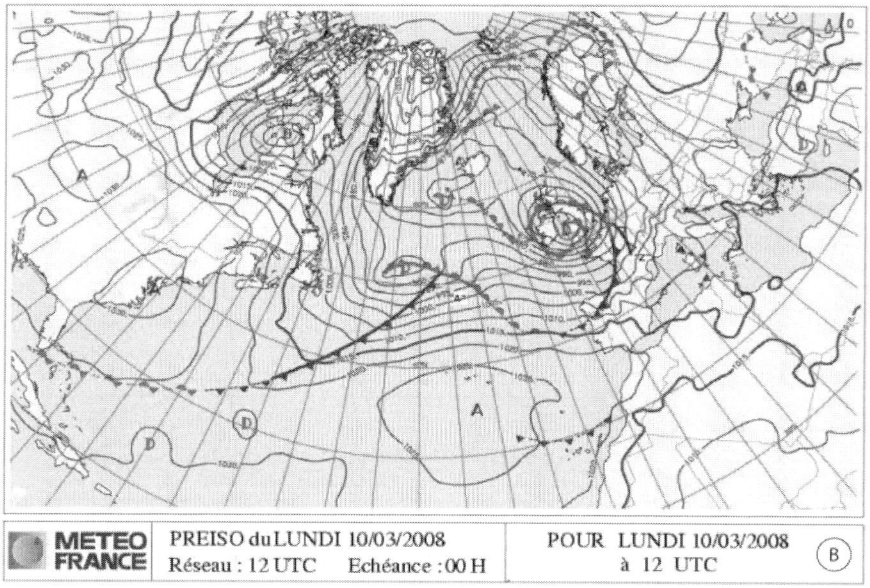

Figure 4 : Évolution synoptique entre 12 h 00 UTC le 10 mars et 00 h 00 UTC le 11 mars 2008 (source : Météo-France)
A : 06 h 00 UTC : une heure après la pleine mer et les submersions sur la côte sud de la Bretagne, la dépression atteint l'Irlande avec une pression en son centre de 953 hPa. Le front froid « principal » vient de traverser la Bretagne. B : 12 h 00 UTC : la dépression progresse lentement sur la mer d'Irlande. La perturbation principale pénètre en Belgique. Un segment d'occlusion traverse la Manche occidentale. C : 18 h 00 UTC : une heure avant la pleine mer et les submersions sur la côte nord de la Bretagne. La dépression, encore vigoureuse (965 hPa), se situe un peu au nord du bassin de Londres. Un petit front froid « secondaire » est identifié sur les côtes de la Seine-Maritime. D : 00 h 00 UTC le 11 mars : à l'heure approximative de la pleine mer de Dieppe et donc des submersions de la côte d'Albâtre, la dépression est en mer du Nord, et le petit front froid « secondaire » traverse le Benelux. En Manche orientale, les isobares s'alignent peu à peu sur un axe nord-ouest/sud-est.

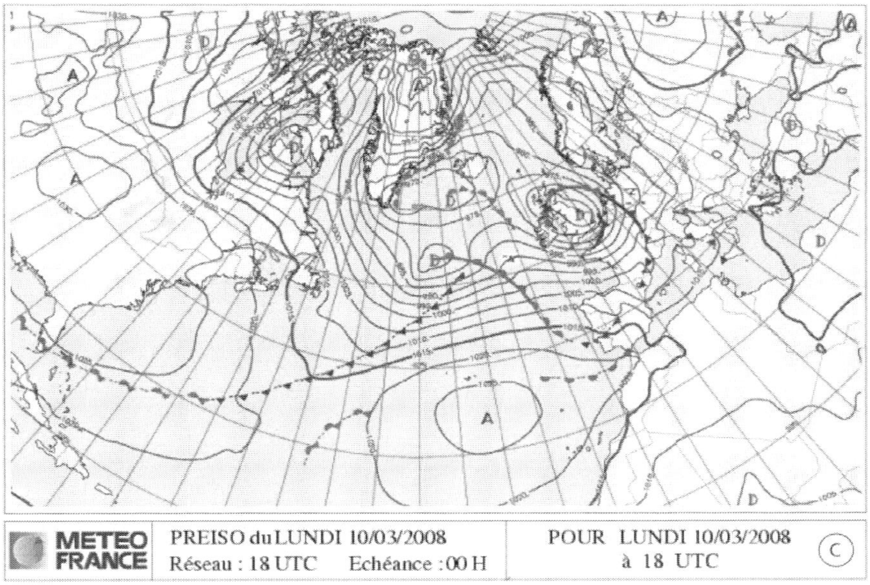

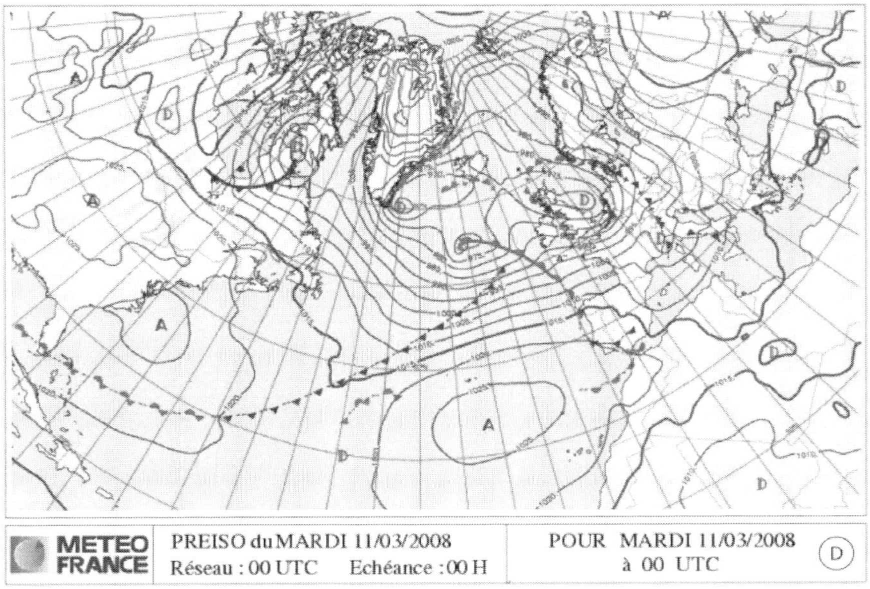

Figure 4: Synoptic evolution between 12:00 UTC the 10th of march and 00:00 UTC the 11 of march 2008 (source : Météo-France)
A : 06:00 UTC : an hour after high tide and floodings on south coast of Brittany, the depression reach Irland with a central pressure of 953 hPa. The "main" Cold front has just crossed Brittany. B : 12:00 UTC : the depression move slowly on Irish sea. C : 18:00 UTC : an hour before high tide and floodings on north coast of Brittany. The depression (965 hPa), is located at the north of London basin. A minor cold front is indentified on the coasts of Seine-Maritime. D : 00:00 UTC le 11 mars : during high tide at Dieppe and floodings on the coast of Albâtre, the depression is on the North Sea and the minor cold front cross Benelux. In the eastern Channel, isobars align gradualy with a north-west / south-est axis.

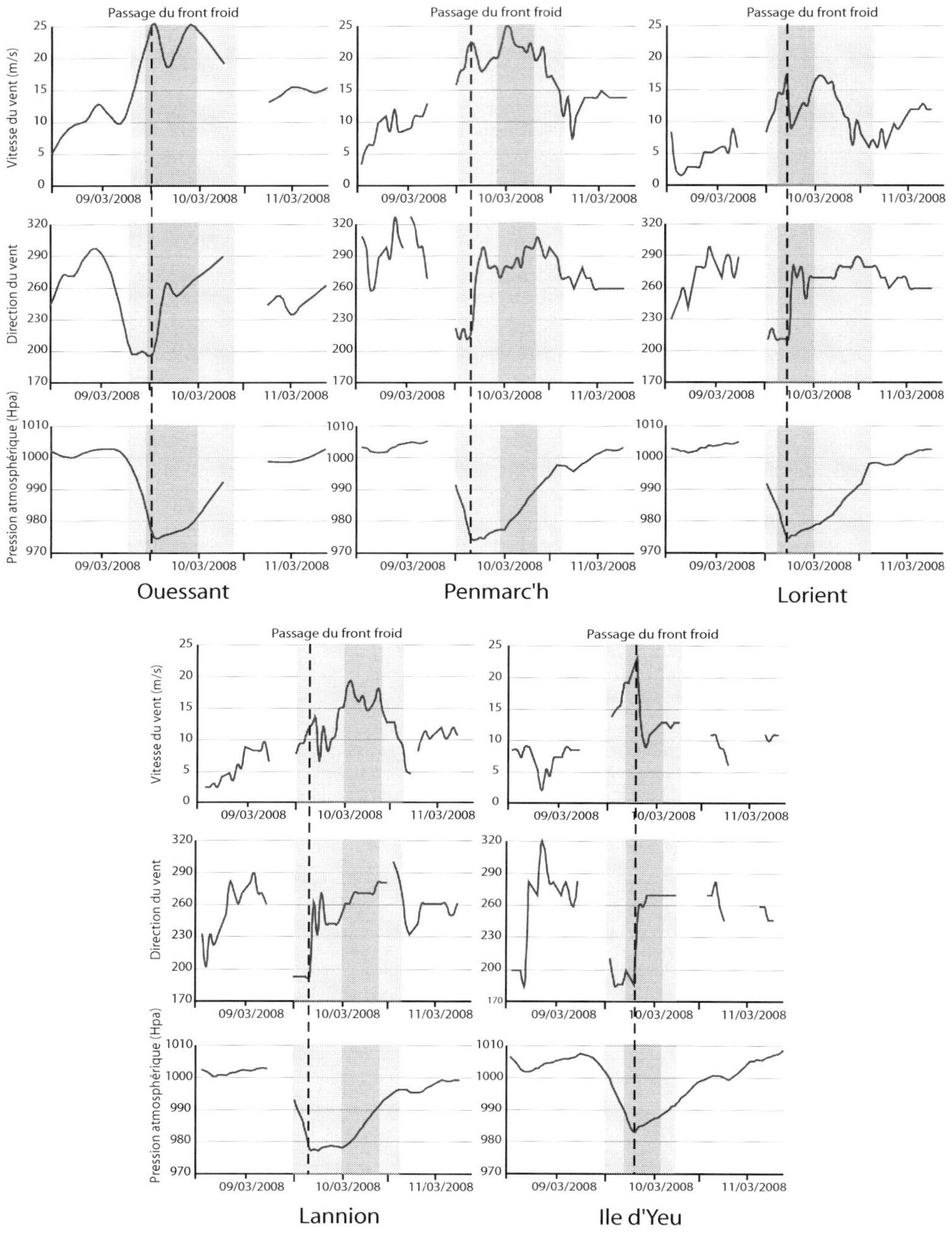

Figure 5 : Conditions de vent et de pression atmosphérique enregistrées dans les stations de Penmarc'h, Lorient, Lannion et de l'Île d'Yeu entre le 9 mars et le 11 mars 2008
On remarque le passage du front froid le matin du 10 mars pour les quatre stations (source : Météo-France).
Wind and atmospheric pressure conditions recorded at the weather stations of Penmarc'h, Lorient, Lannion and île d'Yeu between the 9th and the 11th of march 2008
We can see the passing of a cold front the 10th of march in the morning for the 4 stations (source : Météo-France).

forcit. Suite au passage du front froid, la vitesse du vent chute brusquement. La pression atmosphérique remonte ensuite progressivement et le vent passe au secteur ouest puis nord-ouest en forcissant à nouveau. On retrouve le même schéma pour les stations météorologiques de Penmarc'h, Lannion et Lorient où le front froid est passé respectivement à 4 h 00, 4 h 30 et 5 h 00 UTC (fig. 5).

Au soir du 10 mars, le centre dépressionnaire s'est déplacé au sud-est de l'Angleterre et la dépression n'a pas diminué en intensité (fig. 4C). À 19 heures UTC, la pression au centre du système dépressionnaire est de 960 hPa et celle mesurée au nord de la Bretagne est de 985 hPa (fig. 4C). Le gradient de pression nord-ouest est alors de 25 hPa sur une distance de 500 km. Cette situation se traduit par des vents toujours violents mais orientés maintenant au secteur ouest-nord-ouest.

Après le passage du front froid « secondaire » sur les côtes de la Seine-Maritime, vers 18 heures UTC, on ne détecte plus d'activité frontologique en Manche orientale durant la nuit, ni sur les documents de Météo-France, ni à l'examen des « données minute » du sémaphore de Dieppe (fig. 6). Il n'existe alors plus de forme météorologique active (front froid actif ou dépression creuse en mouvement rapide) même si la dépression en cause reste vigoureuse sur le sud des îles Britanniques. Le gradient de pression barométrique sur la Manche est assez remarquable à 00 h UTC le 11 mars (horaire proche de la pleine mer théorique sur la côte d'Albâtre, au moment des submersions) : de niveau 5 dans l'échelle des « indices de gradient de nord-ouest » définie par S. Costa (1997), soit 5 intervalles de 5 hPa le long d'un transect s'étirant de Cromer (sud-est de l'Angleterre) à la Pointe du Raz. L'indice 6 étant le degré maximal observé lors des submersions exceptionnelles de février 1990.

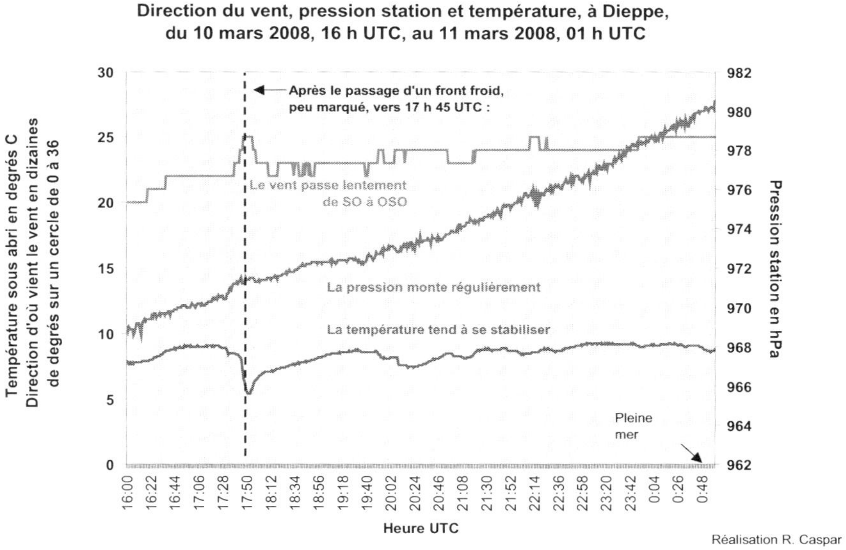

Figure 6 : Évolution des paramètres météorologiques sur le site de Dieppe après le passage d'un petit front froid secondaire le 10 mars 2008 vers 17 h 45 UTC
Sur l'échelle de gauche, on lit à la fois les valeurs de la température sous abri, en degrés C, et celles de la direction du vent, en dizaines de degrés sur un cercle de 0 à 36. La pleine mer en cause dans les submersions est indiquée sur le graphe (Source : Météo-France [Caspar, 2009]).

Meteorological parameters evolution for the site of Dieppe after a little cold front passing the 10th of march 2008 at around 17:45 UTC
On the left scale, we read temperature (°C) under shelter, and wind direction (ten degrees on a circle from 0 to 36). The high tide which made inundations is indicated on the graph. (Source : Météo-France [Caspar, 2009]).

Durant le flot de la nuit du 10 au 11 mars, le vent passe progressivement de sud-ouest à ouest sur les côtes de la Haute-Normandie et celles de Picardie (il prend une composante dite « d'afflux »). Des interactions complexes se mettent en place, entre l'onde de marée, la puissance des vagues qui augmente, les surcotes d'ordre météorologique et de déferlement… qui aboutissent localement à des submersions sévères.

Au cours de la journée du 11 mars, la dépression se comble progressivement en atteignant la mer du Nord, vers le 55e parallèle nord (fig. 3). La tempête est terminée, mais les dégâts le long des côtes bretonnes et de la Manche sont importants. Selon Météo-France, les vitesses de vents atteintes pendant la tempête ont une occurrence de deux à trois ans. Cependant, la durée de l'épisode tempétueux est inhabituelle. Les vents violents ont en effet soufflé pendant une douzaine d'heures (Léry, 2008).

Situation en altitude

Au regard de la situation en altitude, plus précisément au niveau de la limite entre la troposphère et la stratosphère, on remarque un tourbillon situé à quelques centaines de km à l'ouest de la dépression située en surface, le 9 mars 2008 à 6 heures UTC (fig. 7A – **planche I**). Cette anomalie d'altitude a pu alimenter la dépression (anomalie de surface) lorsque cette dernière a coupé le courant-jet, zone de forts vents située à 200 hPa (fig. 7A – **planche I**). Autrement dit, les deux anomalies se sont vraisemblablement couplées avec le courant-jet, et se sont amplifiées de façon mutuelle par le mécanisme d'interaction barocline (fig. 8). C'est par ce mécanisme que la dépression a pu se creuser pour devenir tempête (Ayrault et Joly, 2000). Si l'on observe maintenant la situation de la surface isobarique à 850 hPa (située à environ 1 500 m d'altitude) du 9 mars 2008 (fig. 7B – **planche I**), on remarque que les isothermes (lignes d'égale température) sont fortement resserrées au niveau de la côte est du Canada (région de Terre Neuve). L'isotherme -30 °C se situe à seulement 1 100 kilomètres de l'isotherme 16 °C. Une différence de température de 46 °C sur une distance aussi « faible » a vraisemblablement créé un puissant courant-jet qui a favorisé le creusement de la dépression (fig. 7 B – **planche I**).

À une échelle plus locale, l'analyse de la situation en altitude permet d'expliquer la présence d'une « traîne » active (fig. 9 – **planche II**) qui s'est déployée sur les côtes de la Manche le 10 mars, quelques heures après le passage du front froid « secondaire » visible sur la figure 4 C. Celle-ci est due à un petit « forçage » d'altitude (fig. 10 – **planche II**) s'exprimant par l'advection – du Pays de Galles à la baie de Somme, entre 21 heures et 24 heures UTC – d'une « bulle » relativement froide vers 500 hPa, d'environ -30 degrés (l'environnement à ce niveau étant déjà très froid). Cette survenue d'air relativement plus froid en altitude, au sein d'une masse d'air déjà instable, a pour conséquence un accroissement des rafales de vent en force et fréquence alors que le flot commence, ce qui habituellement génère d'un point de vue océanographique une augmentation de l'amplitude des vagues de « la mer du vent ».

Conditions météomarines

Une surcote importante

Deux cycles de marées se sont succédés pendant le passage de la tempête, avec une pleine mer théorique le matin et une le soir sur les côtes bretonnes (le midi du 10 mars et dans la nuit du 10 au 11 mars pour les régions Haute-Normandie et Picardie). Les coefficients de marée étaient alors de 106 (le matin) et 104 (le soir) (tableau 1).

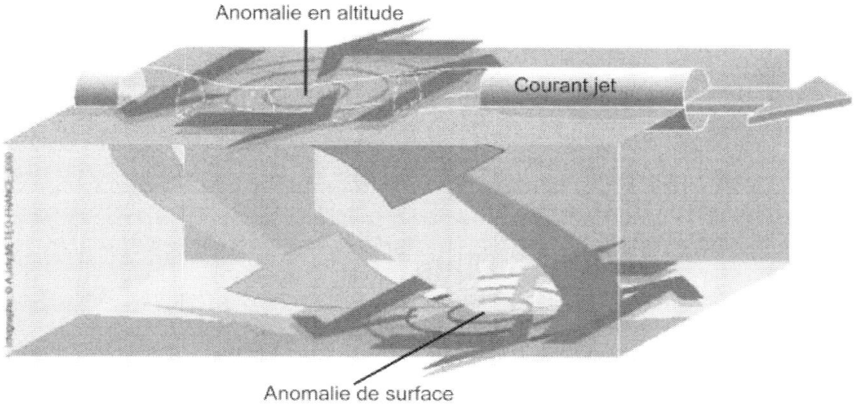

Figure 8 : Représentation d'un courant-jet rectiligne simplifié
Ce schéma illustre bien le principe d'interaction barocline : une anomalie froide située en altitude alimente une anomalie de surface (dépression) située plus à l'est. Les deux anomalies sont couplées avec le courant-jet et s'amplifient de façon mutuelle (Source : *http://france.meteofrance.com/content/2008/4/3313-43.jpg*).

Diagram of a simplified and straight jet stream
This diagram show well the principle of baroclinic interaction : a cold anomaly situated in altitude supply an anomaly situated on the surface (depression). Both anomalies are coupled with the jet stream and intensify each other.

Marégraphes	10 mars 2008				11 mars 2008	
	matin	hauteur (SHOM)	soir	hauteur (SHOM)	matin	hauteur (SHOM)
Le Conquet	5h37	7,26 m	17h52	7 m	6h15	7,08 m
Concarneau	5h08	5,34 m	17h21	5,1 m	5h47	5,17 m
Roscoff	6h47	9,35 m	19h05	9,07 m	7h24	9,15 m
Saint-Malo	7h57	12,81 m	20h14	12,47 m	8h33	12,54 m
Sables-d'Olonne	5h09	5,5 m	17h25	5,24 m	5h48	5,31 m
Le Havre			12h03	8,13 m	0h29	7,95 m

Tableau 1 : Horaires (UTC) et hauteurs d'eau prédites (altitudes SHOM) aux pleines mers du 10 mars et du 11 mars 2008 pour les marégraphes du Conquet, de Concarneau, Roscoff, Saint-Malo, des Sables-d'Olonne et du Havre (source : SHOM)

Schedule (UTC) and predicted water heights (SHOM) at the high tides of the 10th and the 11th of march 2008 for the tidal gauge of Le Conquet, Concarneau, Roscoff, Saint-Malo, Les Sables-d'Olonne and Le Havre (source : SHOM)

Le passage de la tempête a été accompagné d'une surcote importante dont témoignent les enregistrements des marégraphes du Nord-Ouest de la France (fig. 11). La surcote maximale enregistrée lors du cycle tidal durant cet épisode a eu lieu à Saint-Malo à 16h00 UTC, et est égale à 1,41 m. Par comparaison l'ouragan d'octobre 1987 avait généré à Brest une surcote « record » de 1,45 m (Bouligand et Tabeaud, 1998). On peut donc qualifier celle enregistrée à Saint-Malo le 10 mars 2008 d'importante. Heureusement cette valeur a été atteinte au moment de la basse mer. Quelques heures plus tard, et les dégâts sur la côte nord du département de l'Ille-et-Vilaine auraient été beaucoup plus importants. Concernant les marégraphes du Conquet, de Roscoff, de Concarneau, des Sables-d'Olonne et du Havre, les valeurs maximales atteintes lors du cycle tidal ont été respectivement égales à 0,8 m (14h00 UTC), 0,71 m (04h00 UTC), 0,78 m (05h00 UTC), 0,89 m (08h00 UTC) et 1,18 m (20h00 UTC).

En Bretagne et en Vendée, c'est durant la pleine mer du matin que la surcote a joué un rôle important. L'exemple de Concarneau l'illustre bien, la surcote maximum de 0,78 m ayant été atteinte à 05 heures UTC, heure de la pleine mer. Les vents – que l'on peut qualifier ici de vents d'afflux – soufflaient alors de sud-ouest à ouest et la pression atmosphérique était de 976 hPa (fig. 5 – station de Penmarc'h). Les autres marégraphes bretons ont enregistré une surcote plus faible pendant la marée haute du matin, avec 0,53 m au Conquet, 0,57 m à Roscoff et 0,60 m à Saint-Malo. Au Sables-d'Olonne, la surcote mesurée au moment de la pleine du matin était de 0,73 m. Elle s'est accrue avec le jusant.

Durant la pleine mer du soir, les valeurs de surcote atteintes en Bretagne ont été plus faibles, s'étalant selon un gradient sud-nord de 0,12 m à Concarneau à 0,43 m à Saint-Malo (fig. 11). Ceci s'explique par une remontée des pressions atmosphériques autour de 985 hPa et par une diminution de la force du vent qui a tourné nord-ouest (fig. 5).

En Haute-Normandie, le pic de surcote a été atteint pendant la marée basse. Les valeurs de surcote pendant les pleines mers étaient en effet moins importantes : au Havre, les surcotes au moment des pleines mers du 10 mars à 12 heures UTC et du 11 mars à 01 h UTC étaient ainsi respectivement de 0,62 m et 0,5 m (fig. 11).

Il est important de signaler que les valeurs de surcote enregistrées dans les ports de référence ne traduisent pas la situation générale. En Bretagne notamment, où la côte est très découpée, la déformation du plan d'eau à la côte a pu être différente à certains endroits pourtant très proches. Par exemple, sur la côte occidentale du Trégor, particulièrement touchée durant la pleine mer du 10 mars au soir, l'effet des vents d'ouest qui soufflaient perpendiculairement à la côte, a sans aucun doute été plus important qu'à Roscoff (orienté vers le nord) où est localisé le marégraphe le plus proche.

Si l'on s'en tient aux cartes de niveaux d'eau extrêmes établies par le SHOM[3] selon la méthode de B. Simon (1996), les niveaux d'eau maximum atteints le 10 mars 2008 ont une occurrence centennale pour le marégraphe de Concarneau (avec un niveau maximal de 3,58 m NGF), décennale pour Roscoff (avec 5,13 m NGF) où inférieure à 10 ans (Le Conquet et Saint-Malo). Concernant les valeurs de surcote, bien que qualifiées d'importantes, elles ne présentent pas de caractère exceptionnel. Ainsi, L'ouragan qui a balayé le Nord-Ouest de la France le 15 octobre 1987 avait généré pendant plusieurs heures des surcotes bien supérieures. Celles-ci avaient atteint 1,45 m et 1,70 m respectivement à Brest et au Havre (Hontarrède et Galli, 2001). Les coefficients de marée étaient alors faibles. De même, sur les côtes normandes, on se souvient de la journée du 22 janvier 1988 où une surcote record de 1,90 m a été enregistrée au port du Havre. Le coefficient de marée était alors de 104. Le pic de surcote fut atteint avant la pleine mer, ce qui minimisa les dégâts (Caspar, 1988).

Au final, si l'on observe les courbes marégraphiques du 10 et 11 mars 2008, on remarque que les niveaux d'eau les plus importants ont été atteints pendant la pleine mer du matin le 10 mars 2008, juste après le passage du front froid. Cependant, si de nombreux sites ont été affectés le matin, d'autres l'ont été durant la pleine mer du soir. Un autre paramètre est donc à prendre en considération, et permet d'expliquer l'ampleur des dégâts recensés le soir du 10 mars 2008 : l'arrivée d'une forte houle de l'Atlantique.

MER ÉNORME EN ATLANTIQUE ET IMPORTANCE DE LA PÉRIODE

Les seules mesures de l'état de la mer réellement disponibles au niveau des côtes bretonnes sont celles qui proviennent du houlographe (Datawell directionnelle) située au niveau des Pierres Noires au sud de l'archipel de Molène (fig. 2 et 12). Celui-ci mesure la mer totale (mer du vent

3. Cartes des niveaux extrêmes (Bretagne nord, Bretagne ouest et Bretagne sud) fournies par le SHOM (2007).

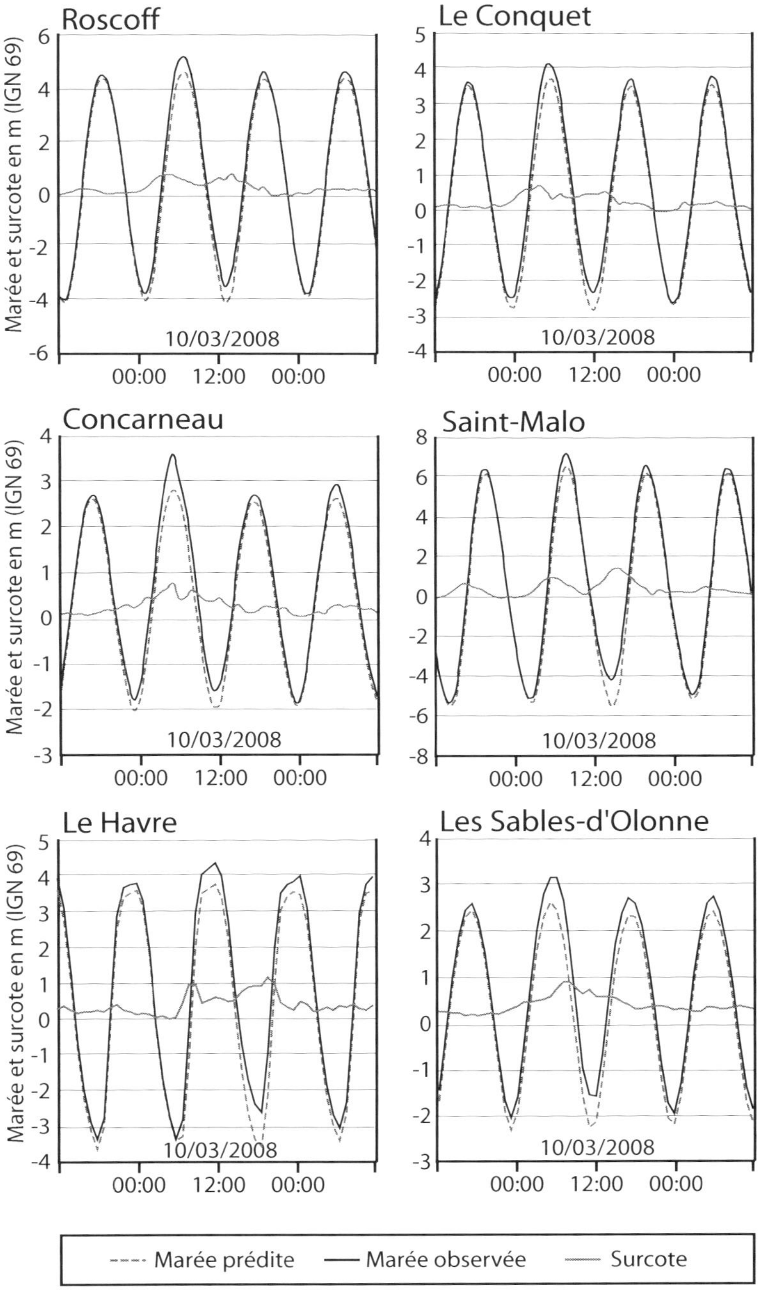

Figure 11 : Conditions marégraphiques enregistrées aux marégraphes de Roscoff, du Conquet, de Concarneau, de Saint-Malo du Havre et des Sables-d'Olonne (source : SHOM)

Tidal conditions recorded at the tidal gauges of Roscoff, Le Conquet, Concarneau, Saint-Malo and les Sables-d'Olonne (source : SHOM)

générée localement et houles combinées). Il est certain que ces données ne reflètent ni la situation pour l'ensemble des côtes bretonnes où les conditions d'agitation ont pu être différentes, ni les conditions au large, mais elles permettent de mieux cerner la puissance de la houle qui a atteint les côtes lors de cette journée du 10 mars 2008. Les variations spatiales sont par ailleurs accessibles par les résultats de la modélisation numérique (fig. 13).

Le 9 mars 2008, veille de la tempête, une houle de provenance ouest-nord-ouest avec une hauteur significative (H_{mo}) de 3 à 4 m et une période (T_{pic}) d'environ 14 secondes est enregistrée au sud de l'archipel de Molène (fig. 12). Dans la nuit du 9 au 10 mars, à 23 heures UTC, la mer totale change brusquement de direction et passe au secteur sud-ouest et la période chute brusquement à 7 secondes. Ceci est dû à une augmentation significative de la vitesse du vent. Le facteur « mer du vent » est maintenant supérieur par rapport au facteur houle. De 3 heures à 12 heures le 10 mars, la mer totale revient progressivement au secteur ouest tandis que la hauteur et la période augmentent. La houle d'ouest s'impose progressivement par rapport à la mer du vent générée localement. Dès lors, la houle grossit pour atteindre une hauteur significative de 11,5 m à 15 h 30 UTC pour une période variant de 14 à 18 secondes et une période de pic atteignant les 19 secondes. Cette très grande période signifie un plus grand flux d'énergie vers la côte par rapport à des périodes usuelles de 10 à 15 secondes, mais aussi une plus grande amplitude des ondes longues associées aux groupes de vagues, amplitude qui est généralement proportionnelle à ${H_{m0}}^2$ x T_{pic}. Le flux d'énergie est par ailleurs, un bon indicateur du transport sédimentaire potentiellement engendré à la côte. Enfin, les vagues de grande période induisent des vitesses orbitales sur le fond de la mer qui augmentent fortement avec la période, avec des effets importants sur le remaniement des corps sédimentaires sur l'ensemble du plateau continental et à la côte.

On peut noter que si le maximum de houle est donc passé juste avant la pleine mer du soir, la hauteur significative des houles est restée supérieure à 8 m jusqu'à 21 heures UTC. C'est essentiellement pendant la pleine mer du soir que la houle a joué un rôle très important.

Afin d'analyser la situation pour l'ensemble du littoral breton et de la Manche, d'autres données de houles ont été obtenues par simulation avec le code de calcul WAVEWATCH III™ (Tolman, 2009) modifié pour utiliser un paramétrage adapté à la génération et dissipation des fortes houles (Ardhuin *et al.*, 2009a, sous presse) (fig. 13 – **planche III**). Cette simulation a été validée par des observations sur les bouées et bateaux-phare situés plus au large. La validation nous montre que la simulation est proche des pics de tempête avec une légère surestimation en Manche le reste du temps.

Au final, si les valeurs d'agitation enregistrées pendant le passage de la tempête Johanna sont importantes, elles ne revêtent pas non plus un caractère exceptionnel en terme de hauteur. Selon le CETMEF la période de retour des hauteurs maximales de houles enregistrée est de 2 ans (Goasguen, 2008). Quelques mois plus tôt, la tempête du 9 décembre 2007 était accompagnée de houles d'une hauteur significative de 11,7 m pour une période associé de 16 secondes[4].

Bref inventaire des impacts morphogéniques

Le passage de la tempête « Johanna » le 10 mars 2008 a touché de nombreuses communes littorales dans le quart nord-ouest de l'hexagone (fig. 14). Elle n'a pas fait de victime humaine, mais beaucoup de dégâts sont à signaler : des ouvrages endommagés, un trait de côte qui a fortement reculé par endroit, de nombreuses zones basses qui ont été inondées par la mer, des infrastructures portuaires détériorées. Cent quinze communes de la Vendée jusqu'au département de la Seine-Maritime ont ainsi obtenu la reconnaissance de l'état de catastrophe naturelle (avec la mention « inondations et chocs mécaniques liés à l'action des vagues »)[5]. La Bretagne (et plus particulièrement le Finistère et le Morbihan) est la région la plus touchée avec 98 communes concernées.

4. Source : SHOM, Houlographe des Pierres Noires.
5. Source : base Gaspar (Gestion Assistée des Procédures Administratives relatives aux Risques naturels et technologiques), [*www.prim.net*].

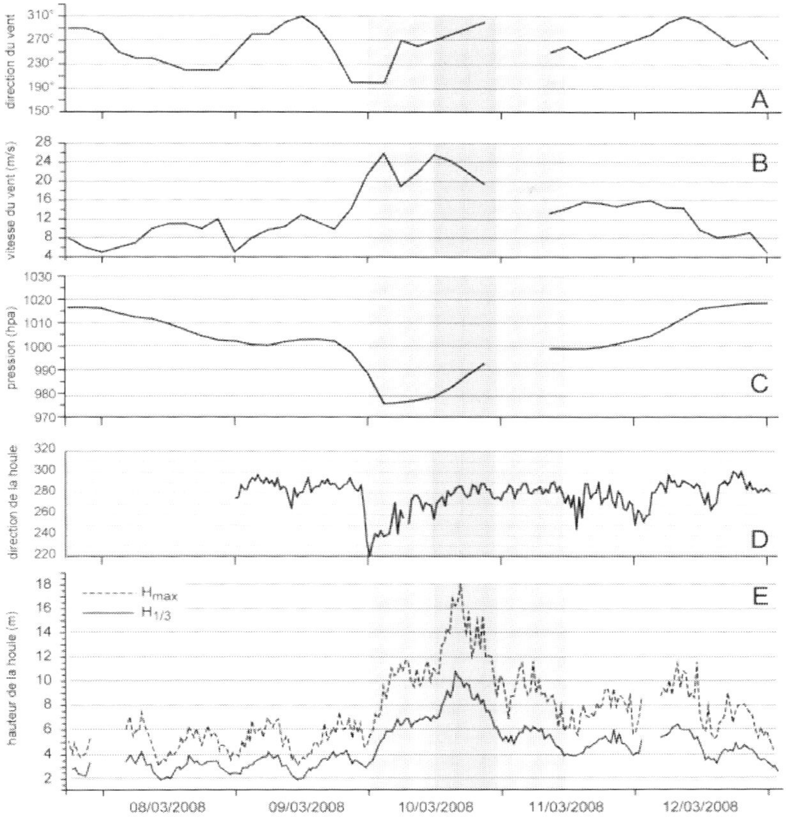

Figure 12 : Conditions météo-marines enregistrées entre le 8 et le 13 mars 2008 au niveau de l'archipel de Molène Les données météorologiques proviennent de la station météorologique du Phare du Stiff (Ouessant) et les données de houle de la bouée datawell des Pierres Noires (sources : Météo-France et SHOM).

Atmospheric and marine conditions recorded between the 8th and the 13th of march 2008 around Molène archipelago
Atmospheric data come from the Stiff Lighthouse weather station (Ushant) and wave data from the Datawell buoy of les Pierres Noires (source : Météo-France and SHOM).

Cette dernière partie propose de dresser un bref inventaire des impacts morphogéniques générés par la tempête. Quelques sites mentionnés ici feront l'objet d'études de cas qui seront traitées dans les articles qui suivent. Ces études de cas illustreront plus précisément les processus morphogéniques qui ont agi lors de cet épisode tempétueux.

Tous les sites inondés durant la pleine mer le matin du 10 mars se situaient sur la côte méridionale de la Bretagne et présentent une orientation sud-sud-est (fig. 14). Les inondations ont eu lieu après le passage du front froid qui a généré de forts vents « d'afflux » de sud-sud-ouest. La pression atmosphérique était alors au plus bas, ce qui explique les valeurs importantes de surcote qui ont été atteintes pendant la pleine mer. À Gâvres (Morbihan), la mer a ainsi franchi la digue inondant une soixantaine d'habitations. Au même moment, les vagues déferlaient littéralement dans les salons de plusieurs maisons de Larmor-Plage (Morbihan) (fig. 14).

Le front froid qui est passé tôt le matin sur la Bretagne, est arrivé rapidement sur le département de la Manche : vers 08 h 30 la rivière le Boscq, gonflée par la marée, est sortie de son lit en plein centre ville de Granville. La mer a franchi une dune à Montmartin-sur-Mer et a envahi le marais.

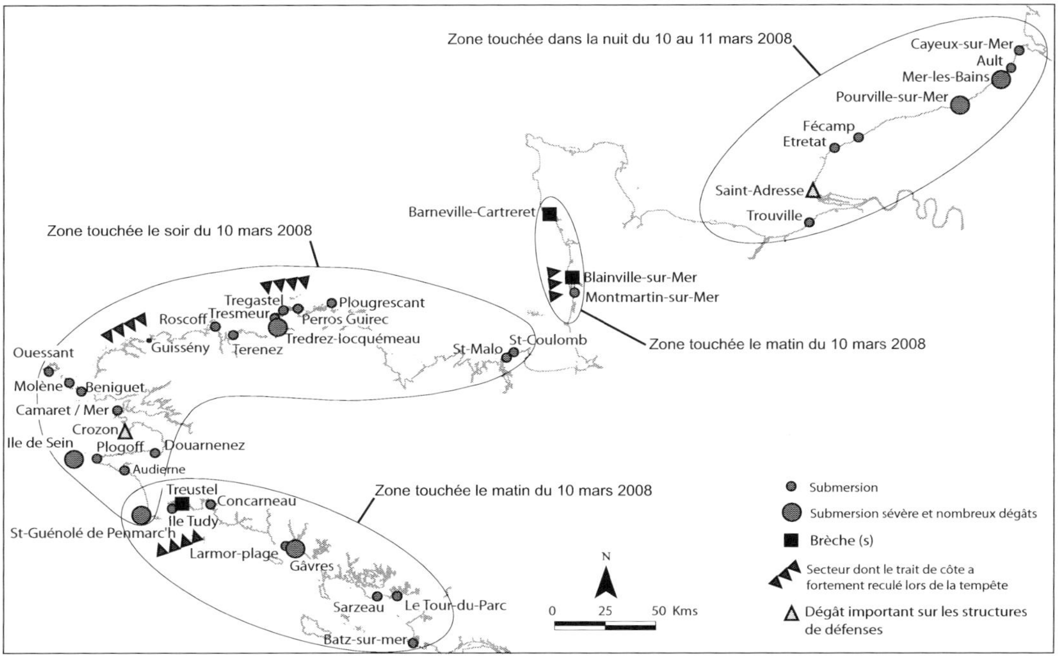

Figure 14 : Carte (non exhaustive) des principaux dégâts recensés après le passage de la tempête « Johanna » (source : Déclarations de dégâts transmises aux DDE, quotidiens *Ouest-France*, *Le Télégramme* et *Le Trégor*)
Map (noexhaustive) of the main damages listed after the passing of the storm "Johanna" (source : damages statement, local newspapers)

Des brèches se sont ouvertes à Carteret, Barneville et Blainville-sur-Mer (fig. 14). À Cherbourg, la Divette, rivière qui se jette dans le port, a débordé, provoquant l'inondation de 35 maisons ; les quais du bassin du commerce ont été submergés. La perturbation atmosphérique a pénétré ensuite en baie de Seine puis a progressé vers la côte d'Albâtre et le Pas de Calais, sans provoquer de dégâts, car les vents qui l'accompagnaient n'étaient pas orientés vers la terre, et la surcote associée était relativement déphasée de l'onde de marée (fig. 11).

Durant la pleine mer du soir, la houle et le vent provenaient du secteur ouest. Les dégâts les plus importants se sont produits sur la côte ouest et nord de la Bretagne, au niveau des portions de côte orientés face aux vents d'afflux et à la houle. C'est le cas notamment de la région du Trégor (Côtes-d'Armor), orientée à l'ouest, qui a été fortement touchée. À Tredrez-Locquémeau, un cordon de galets a ainsi été brutalement arasé par la mer qui a inondé une dizaine d'habitations et coupé une partie du port du continent. Au Sillon de Talbert des phénomènes de recul ont été observés. La pointe finistérienne a été également fortement touchée par la pleine mer du soir (inondation à l'île de Sein, au port de Penmarc'h, à Audierne, île d'Ouessant, etc.). Les portions de la côte du Léon (Nord Finistère) orientées vers le nord-ouest ont également fortement reculé (fig. 14).

Dans la nuit du 10 au 11 mars, c'est surtout la Haute-Normandie et la Picardie qui éprouvent des submersions, à des degrés variés, durant la pleine mer et pendant le passage de la « traîne » active. Une partie des ouvrages de défense de Sainte-Adresse, près du Havre, a été détruite ; Étretat a connu quelques dommages en front de mer ; à Fécamp, le boulevard qui longe la plage a été envahi par les galets, et de l'eau a pénétré dans des rues annexes. À Pourville-sur-Mer, à l'ouest immédiat de Dieppe, la submersion a été sévère.

À Mers-les-Bains, malgré d'importants travaux de défense réalisés ces dernières années, la mer a inondé un quartier. Vers la baie de Somme, les vagues ont détruit des ouvrages à Ault ; elles ont inondé notamment un quartier de la ville de Cayeux-sur-Mer, de même que la « route blanche » qui mène à la pointe du Hourdel (fig. 14).

Au final, le nombre de zones basses qui ont été inondés par la mer (36 cas d'inondations recensés) et l'étendue géographique de la zone touchée (des Pays de la Loire à la Picardie) est exceptionnel pour un seul épisode tempétueux.

Discussion

Le caractère exceptionnel de l'événement tempétueux du 10 mars 2008 résulte essentiellement de la combinaison de trois facteurs indépendants : une surcote importante, une houle puissante et une pleine mer de vive-eau. Il est cependant très difficile d'évaluer la probabilité d'occurrence d'une telle conjonction car ce type de situation est rare. Sur les côtes Bretonnes, le dernier épisode comparable concerne les tempêtes de l'hiver 1989-1990 (Fichaut et Hallégouët, 1989 ; Hallégouët et Bodéré, 1993). Sur les côtes Normandes, les tempêtes historiques du 11, 26, 27 et 28 février 1990 avaient engendrées plusieurs submersions désastreuses. En plus des grandes marées, des surcotes et de la forte agitation marine, c'était également l'état déficient du stock sédimentaire qui était ici en cause (Caspar, 1990 ; Costa, 1997 ; Caspar *et al.*, 2007).

S'il est possible de calculer séparément les périodes de retour de la houle, du vent et des niveaux de marée observée qui ont été atteints lors de la journée du 10 mars (deux ans environ pour le vent et la houle selon G. Léry (2008), de deux à 100 ans pour la marée observée[6]), il est en revanche impossible pour le moment d'estimer la période de retour de la conjonction des trois éléments houle-marée-surcote. Il serait intéressant dans le futur de mettre en place une méthode permettant d'estimer la période de retour d'une telle combinaison de phénomènes sur les côtes du Nord-Ouest de la France. Par ailleurs, il est possible que les périodes très longues jouent un rôle important comme c'est le cas pour d'autres phénomènes comme les seiches. Il serait à ce titre intéressant de s'intéresser aux périodes de retour de paramètres composites tels que $H_{m0}^2 \times T_{pic}$ qui donne une indication de l'amplitude des ondes longues et du flux d'énergie associée à la houle, plutôt qu'au seul paramètre H_{m0}.

Les phénomènes de marée et de surcote sont encore considérés en France comme des phénomènes distincts (Simon, 1996). L'interaction entre la marée et la surcote a été étudiée dans d'autres pays comme au Royaume-Uni par J.R. Rossiter (1961), D. Prandle et J. Wolf (1978), Wolf (2009) au Canada et au États-Unis par N. B. Bernier et K. R. Thompson (2007) ou encore en mer du Nord par K. J. Horsburgh et C. Wilson (2007). Ces études ont montré qu'il pouvait exister une interaction significative entre la marée et la surcote à certains endroits du littoral. En France, une telle étude statistique consisterait à comparer les probabilités de distributions des surcotes à différents stades de la marée pour différents points du littoral, puis à observer si les valeurs extrêmes de surcote ont tendance à apparaître lors d'une phase particulière de la marée.

Concernant le rôle joué par les fronts froids lors de l'épisode du 10 et 11 mars 2008, on remarque premièrement que les niveaux d'eau les plus importants ont été atteints juste après le passage du front froid pendant la pleine mer du matin le 10 mars 2008. En outre, toutes les submersions ayant eu lieu le matin du 10 mars ont débuté quelques minutes après le passage du front froid. Deuxièmement, les submersions subies en Bretagne le soir du 10 mars et en Manche la nuit du 10 au 11 mars, ont été précédées par le passage d'un front froid secondaire. Avant de pouvoir affirmer que le front froid est un élément essentiel, il conviendrait de voir dans quelle proportion celui-ci influence les submersions sur nos côtes. Pour cela, il faudrait observer si ce facteur est récurrent lors d'autres épisodes de submersion. R. Caspar *et al.* (2007) ont déjà mené ce genre d'étude pour le littoral situé entre l'estuaire de la Seine et la baie de Somme. Selon les auteurs il apparaît que près de 70 % des submersions se produisent peu après le passage d'un front froid actif. Ce dernier

6. Goasguen (2008) et cartes des niveaux d'eau extrêmes fournies par le SHOM.

engendre de forts vents d'afflux d'ouest à nord-ouest qui creusent rapidement la mer, inondant les zones basses.

Afin d'expliquer les impacts morphogéniques causés par une tempête, il faut non seulement prendre en considération les conditions météo-marines mais également l'état des stocks sédimentaires au moment de l'événement. Ce paramètre morphologique détermine la capacité des milieux littoraux à encaisser l'impact d'une tempête (Orford, 1977 ; Paskoff, 1985 ; Carter, 1988 ; Carter et Orford, 1993 ; Costa, 1997 ; Sabatier *et al.*, 2009). La tempête « Johanna » a touché le littoral de l'ouest de la France en mars, à la sortie de l'hiver. L'état des stocks sédimentaires sur certaines portions du littoral était peut-être déficitaire à cette période de l'année, ce qui pourrait expliquer les nombreux impacts morphogéniques recensés. Cependant, la fragilisation d'une portion littorale semble pouvoir s'opérer dans un temps beaucoup plus court. F. Sabatier *et al.* (2009) indiquent ainsi que sur la plage de Vert-Bois (île d'Oléron), le 10 mars 2008, la dune a d'abord été amincie par l'action du vent ce qui aurait permis aux vagues d'atteindre la dune alors fragilisée pendant la marée haute, quelques heures plus tard. Enfin, certaines portions du littoral peuvent présenter une certaine fragilité face aux événements météo-marins exceptionnels. On remarque par exemple que tous les sites qui ont été inondés le matin du 10 mars en Bretagne présentaient une orientation sud-est (Gâvres, Île Tudy, Larmor-Plage, Sarzeau, Le Tour-du-Parc) (fig. 15). On peut supposer que ces secteurs d'habitude en position d'abri (les houles principales au sud de la Bretagne provenant du secteur ouest-sud-ouest) présentent une certaine fragilité face à des conditions météo-marines peu clémentes. Le profil de plage des secteurs touchés n'était peut-être pas adapté à de telles conditions, ce qui pourrait expliquer le nombre important de submersions sur les sites orientés vers le sud-est.

De nombreux auteurs ont observé sur les côtes du Nord-Ouest de la France une variabilité des événements morphogènes qui semble s'organiser selon des cycles de 10 à 12 ans. À partir de l'analyse des données de houles enregistrées au large de Ouessant, B. Fichaut et S. Suanez (2008) constatent ainsi que la décennie 1979-1990 est marquée par une fréquence élevée d'épisodes morphogènes, alors que la période 1990-2002 est marquée par une diminution de ce type d'épisodes. S. Costa (1997) parle de la période 1975-1990 comme d'une période propice aux submersions sur le littoral Haut Normand, et souligne également l'inversion de la tendance en 1990. B. Hallégouët et A. Hénaff (2006) ont eux observé sur la côte sud du Finistère une période de calme et de régénération des systèmes littoraux entre 2000 à 2006, phase également constatée par P. Stéphan (2008) sur le Sillon de Talbert (Côtes-d'Armor) et en Rade de Brest. Enfin, les années 2007 et 2008 semblent marquer le début d'une nouvelle période morphogène. Avec les tempêtes du 20 mars 2007 ou encore du 10 février 2009, la tempête « Johanna » s'inscrit pleinement dans cette phase de renforcement des conditions cycloniques.

P. A. Pirazzoli *et al.* (2004) indiquent que le caractère cyclique des phases morphogènes en Bretagne serait lié à une fluctuation de l'indice d'oscillation nord atlantique (ou NAO, pour *North Atlantic Oscillation*). Les phases morphogènes se produiraient lorsque l'indice est négatif et les phases de calme lorsque celui-ci est positif. Quelques auteurs ont néanmoins démontré que cet indice ne pouvait expliquer à lui seul ces phases cycliques (Betts *et al.*, 2004).

Conclusion

Cet article s'est proposé d'apporter un éclaircissement sur les conditions météo-marines qui ont engendré de nombreux dégâts sur le littoral du Nord-Ouest de la France le 10 et 11 mars 2008. Les développements récents dans le domaine de la météorologie dynamique, portant notamment sur le courant-jet et l'interaction barocline, permettent de mieux comprendre la genèse et le renforcement des tempêtes en Atlantique. L'intégration de ces données permet ainsi une analyse plus poussée de la tempête du 10 et 11 mars 2008. En outre, le lien entre les fronts froids et les submersions marines semble se préciser, du moins en ce qui concerne certaines portions du littoral du Nord-Ouest de la France.

Les communes littorales concentrent de plus en plus d'enjeux sur leur territoire ce qui augmente d'autant plus les risques engendrés par les tempêtes. La gestion de ces espaces devient donc quelques fois difficile, notamment dans le contexte actuel d'élévation du niveau marin et de dérèglement climatique, qui prévoit une augmentation de la fréquence des événements tempétueux. Au final, la tempête du 10 et 11 mars 2008 peut être considérée comme un événement de référence, qui aidera sûrement les services de l'État (DDE) à réévaluer les zonages réglementaires des Plans de Prévention des Risques par Submersion Marine, ou encore à redimensionner certains ouvrages de défense. Une analyse complète des aspects météo-marins de cette tempête semblait donc nécessaire. Pour finir, comme il a été évoqué précédemment, les articles qui vont suivre traiteront plus précisément de quelques cas d'étude d'impacts morphogéniques cités dans ce texte introductif.

Remerciements

Merci à Marc Robin (Géolittomer-UMR 6554 CNRS LETG) pour les données météo-marines relatives aux régions Pays de la Loire et Poitou-Charentes. Merci à Philippe Arbogast de Météo France pour ses remarques. Nous remercions également Guy Wöppelmann, responsable du projet SONEL, pour la mise à disposition des données marégraphiques observées. Merci enfin à Serge Suanez pour ses conseils et ses commentaires constructifs.

Références

Ardhuin F., Chapron B., Collard F., 2009a. Observation of swell dissipation across oceans, *Geophysical Research Letters*, vol. 36, p. L06607.

Ardhuin F., Marié L., Rascle N., Forget P., Roland A., Observation and estimation of Langrangian Stockes and Eulerian currents induced by wind and waves at the sea surface, *Journal of Physical Oceanography* (sous presse) [*http://hal.archives-ouvertes.fr/hal-00331675/*].

Ayrault F. et Joly A., 2000. Une nouvelle typologie des dépressions atmosphériques : classification des phases de maturation, *Comptes Rendus de l'Académie des Sciences, Sciences de la terre et des planètes*, vol. 330, p. 167-172.

Baehr C., Poupoonneau B., Ayrault F., Joly A., 1999. Dynamical characterization of the FASTEX cyclogenesis cases, *the Quaterly Journal of the Royal Meteoroogical Society*, vol. 125, n° 561, p. 3469-3494.

Beltrando G., 2004. *Les climats : processus, variabilité et risques*, Armand Colin, 261 p.

Bernier N. B., Thompson K. R., 2007. Tide-surge interaction off the east coast of Canada and northeastern United States, *Journal of Geophysical Research*, vol. 112, p. 1-12.

Bessemoulin P., 2002. Les tempêtes en France, *Annales des Mines*, p. 9-14.

Betts N. L., Orford J. D., White D., Graham C. J., 2004. Storminess and surges in the south-western approaches of the eastern North Atlantic : the synoptic climatology of recent extreme coastal storms, *Marine Geology*, vol. 210, n° 1-4, p. 227-246.

Bouligand R., Tabeaud M., 1998. Cent ans de surcotes à Brest, *Met Mar*, n° 180, p. 12-16.

Carter R. W. G., 1988. *Coastal environments : an introduction to the physical, ecological and cultural systems of coastlines*, Academic Press, London, 617 p.

Carter R. W. G., Orford J. D., 1993. The morphodynamics of coarse clastic beaches and barriers : a short- and long-term perspective, *Journal of Coastal Research*, n° 15, SI, p. 158-179.

Caspar R., 1988. Marée de tempête sur le littoral de Haute-Normandie, 22 janvier 1988, *Met Mar*, n° 141, p. 12-18.

—, 1990. Marée de tempête dans le nord-ouest de la France, *Neptunia, Amis des musées de la Marine*, Paris, n° 178, p. 8-15.

—, 2009. Les submersions de tempête de la nuit du 10 au 11 mars 2008 entre l'estuaire de la Seine et la baie de Somme, *Météo-France*, Document interne, (non publié).

Caspar R., Costa S., Jakob E., 2007. Fronts froids et submersions de tempête dans le nord-ouest de la France ; le cas des inondations par la mer entre l'estuaire de la Seine et la baie de Somme, *La Météorologie*, n° 57, p. 37-47.

Costa S., 1995. Vulnérabilité des villes côtières de Haute-Normandie et de Picardie face à l'élévation du niveau marin, *Hommes et terres du Nord. « Les milieux littoraux »*, vol. 1-2, p. 48-57.

—, 1997. *Dynamique littorale et risque naturel : l'impact des aménagements, des variations du niveau marin et des modifications climatiques entre la baie de Seine et la baie de Somme.* Thèse de doctorat, Université de Paris-1, 376 p.

Costa S., Cantat O., Pirazzoli P. A., Lemaître M., Delahaye D., 2004. Vents forts et submersions de tempête en Manche Orientale : analyse météo-marine sur la période historique récente, *Actes du Colloque de l'Association Internationale de Climatologie « Climat, mémoire du temps. Les relations climat-espace-société »*, p. 277-280.

Daniel P., 2001. *Cartographie des zones à risque de surcotes sur les côtes de la Manche et de l'Atlantique.* Météo-France, rapport interne, 80 p., (non publié).

Fichaut B., Hallegouet B., 1989. Banneg : une île dans la tempête, *Penn ar Bed*, n° 135, p. 36-43.

Fichaut B., Suanez S., 2008. Les blocs cyclopéens de l'île de Banneg (archipel de Molène, Finistère) : accumulations supratidales de forte énergie, *Géomorphologie : relief, processus, environnement*, n° 1, p. 15-32.

Goasguen G., 2008. Finistère – Demande de reconnaissance de l'état de catastrophe naturelle – Action des vagues – Tempête du 10 mars 2008, *Rapport technique pour la préfecture du Finistère, Centre d'Etudes Techniques Maritimes et Fluviales, Département Environnement Littoral et Cours d'Eau*, 25 mars 2008, 6 p, (non publié).

Hallegouet B., Bodere J.-C., 1993. Un littoral fragilisé : le sud de la Baie d'Audierne, *Le Pays Bigouden à la croisée des chemins*, Cap Caval, suppl. 17, p. 263-271.

Hallegouet B., Henaff A., 2006. Évolution récente et gestion des espaces littoraux de l'ouest Cornouaille. *« Quelles pistes de développement pour le territoire ? »* Actes des rencontres de l'ouest Cornouaille, mai-juin 2005, Association Ouest Cornouaille Promotion, Pont-L'abbé, p. 20-34.

Hequette A. et Vasseur B. 1998. Storm surges and erosion of coastal dunes between 1957 and 1988 near Dunkerque (France), Southwestern North Sea, dans Pye K., Allen J. R. L. (dir.), *Coastal and Estuarine Environments*, Geological Society, London, Special Publications, n° 175, p. 99-107.

Hontarrede M. et Galli F.-L., 2001. Des inondations meurtrières, exemples de marées de tempêtes à travers le monde, *Met Mar*, n° 190, p. 18-21.

Horsburgh K. J., Wilson C., 2007, Tide-surge interaction and its role in the distribution of surge residuals in the North Sea, *Journal of Geophysical Research*, vol. 112, p. 1-13.

Joly A., 1995. Le front polaire : un concept dépassé qui a la vie dure, *La Recherche*, n° 273, p. 128-135.

Lery G., 2008. Rapport météorologique, procédure de reconnaissance de catastrophe naturelle, « phénomènes liés à l'action de la mer », période : tempête du 10 mars 2008, *Rapport Météo-France – Centre Départemental du Finistère*, 3 avril 2008, 3 p.

Longuet-Higgins M. S., Stewart R. W., 1963. A note on wave set-up, *Journal of Marine Research*, vol. 21, n° 1, p. 4-10.

Morton R. A., 2002. Factors controlling storm impacts on coastal barriers and beaches – apreliminary basis for real-time forecasting, *Journal of Coastal Research*, vol. 18, n° 3, p. 486-501.

Okihiro M., Guza R. T., Seymour R. J., 1993. Excitation of seiche observed in a small harbor, *Journal of Geophysical Research*, vol. 98, p. 18201-18211.

Orford J. D., 1977. A proposed mechanism for storm beach sedimentation, *Earth Surface Processes*, vol. 2, n° 4, p. 381-400.

Paskoff R., 1985. *Les littoraux : impact des aménagements sur leur évolution*, Masson, Paris, 184 p.

Pirazzoli P. A., 2000. Surges atmospheric pressure and wind change and flooding probability on the Atlantic coast of France, *Oceanologica Acta*, vol. 23, n° 6, p. 643-661.

Pirazzoli P. A., Regnauld H., Lemasson L., 2004. Change in storminess and surges in western France during the last century, *Marine Geology*, vol. 210, p. 307-323.

Pirazzoli P. A., Costa S., Dornbusch U., Tomasin A., 2006. Recent evolution of surge-related events and assessment of coastal flooding risk on the eastern coast of the English Channel, *Ocean Dynamics*, vol. 56, n° 5-6, p. 498-512.

Prandle D., Wolf J., 1978. The interaction of surge and tide in the North Sea and River Thames, *Geophys. J. R. Aston. Soc.*, vol. 55, p. 203-216.

Regrain R., 1992. *Une station touristique confrontée au recul de la falaise : Ault*, Les Littoraux en France : risques et aménagements. Amiens : Centre Régional de Documentation Pédagogique et Association des Professeurs d'Histoire et de Géographie, 97 p.

Rossiter J. R., 1961, Interaction between tide and surge in the Thames, *Geophysical Journal of Royal Astonomical Society*, vol. 6, p. 29-53.

Sabatier F., Anthony E. J., Hequette A., Suanez S., Musereau J., Ruz M. H., Regnauld H., 2009. Morphodynamics of beach/dune systems : examples from the coast of France, *Géomorphologie : relief, processus, environnement*, n° 1, p. 3-22.

Santurette P., 2001. A propos des fronts froids, *Met Mar*, n° 191, p. 8-13.

Simon B., 1996. Détermination des hauteurs d'eau extrêmes pour la délimitation du domaine public maritime, *Annales Hydrographiques*, vol. 20, n° 767, p. 17-43.

Stephan P., 2008. *Les flèches de galets de Bretagne : morphodynamiques passée, présente et prévisible*, thèse de doctorat, Université de Bretagne Occidentale, 560 p.

Suanez S., Cariolet J.-M. L'action des tempêtes sur l'érosion des dunes : les enseignements de la tempête du 10 mars 2008, *Norois*, ce volume.

Tolman H. L., 2009. User manual and system documentation of WAVEWATCH III™, version 3.14, Tech Rep. 276, NOAA/NWS/NCEP/MMAB.

Tonnerre M.-A., 2001. *Contributions à l'étude des tempêtes dans la Manche et en façade atlantique de la France, au nord de l'île de Noirmoutier, 1965-1994*, Doctorat d'État, Lille USTL, 363 p.

Tonnerre-Guerin M.-A., 2003. Les tempêtes, un concept et une genèse revisités : l'exemple de la façade occidentale de l'Europe, *Annales de géographie*, vol. 112, n° 633, p. 451-470.

Wolf J., 2009. Coastal flooding : impacts of coupled wave-surge-tide models, *Natural Hazrads*, vol. 49, p. 241-260.

Cet article a été reçu le 3 juillet 2009 et définitivement accepté le 25 janvier 2010.

Norois, n° 215, 2010/2, p. 33-58

Dynamiques d'arrachement, de transport et de dépôt de blocs cyclopéens par les tempêtes Le cas de la tempête du 10 mars 2008 sur l'île de Banneg (archipel de Molène, Finistère)

Bernard Fichaut, Serge Suanez
Géomer – UMR 6554 CNRS LETG
(Universite de Bretagne Occidentale),
Institut Universitaire Européen de la Mer, Technopôle Brest-Iroise, place Nicolas-Copernic – 29280 Plouzané, France
bernard.fichaut@univ-brest.fr, serge suanez@univ-brest.fr

Résumé

Dans certaines conditions, face au large et en bordure d'eaux profondes, l'érosion des falaises génère des accumulations de blocs en sommet ou en retrait de l'abrupt. Ces accumulations constituées de blocs que les anglo-saxons appellent « Cliff-Top Storm Deposits », *peuvent être érigés en amas ou en barrages cyclopéens. Ce type de dépôts est présent dans l'archipel de Molène, sur les falaises occidentales de l'île de Banneg. L'analyse des impacts de la tempête du 10 mars 2008 permet d'améliorer les connaissances morphodynamiques de ces accumulations remarquables. Durant cet événement, le* runup *des vagues a atteint 15 m et a localement dépassé de 7 m le sommet des falaises. Le centre et le sud de l'île ont été submergés par un flux suffisamment puissant pour transporter des éléments lithiques jusque sur la côte est. L'inventaire des cicatrices de blocs arrachés par les vagues montre que l'érosion a épargné l'estran mais a été maximale au sommet et en retrait des falaises qui correspondent donc aux secteurs d'alimentation des amas. En conséquence, les falaises de l'île de Banneg reculent plus vite à leur sommet qu'à leur base, ce qui entraîne une diminution de la pente de l'escarpement. L'analyse des trajectoires de blocs déplacés, couplée à l'étude diachronique de photographies obliques, permet de mieux cerner les dynamiques de transport et de dépôt, et de proposer un modèle spatio-chronologique de mise en place et d'évolution des amas pour l'ensemble de l'île.*

Mots clé : *blocs cyclopéens – île de Banneg – falaise – érosion – submersion – tempête*

Abstract

Dynamics of quarrying, transportation and deposition of cliff-top storm deposits. The case of the 10th March 2008 storm on Banneg Island (Archipelago of Molene, Finistere)

At exposed sites on rocky cliffs facing deep water, erosion may generate accumulations of large boulders on cliff-top or on the backing platform inland. These cliff-top storm deposits (CTSDs), "amas et barrages cyclopéens" *in french occur on the western cliffs of Banneg Island in the archipelago of Molène. The analysis of the impacts of the 10th March 2008 storm allows to enhance comprehension of morphodynamic of these outstanding accumulations. During this storm, wave runup reached 15 m and locally overtopped the cliff-top by 7 m. The centre and the southern part of the island were submerged by a water bore with a depth and velocity sufficient to transport blocks all the way to the eastern coast. Inventory of sockets of blocks quarried by waves show that no erosion occured on the foreshore. Erosion concentrated on the cliff-tops and the backing scoured platform which appear as the main source of CTSDs. On Banneg Island, the retreat of cliffs occurs faster on top than at base of cliffs, thus the slope of the cliffs tends to decrease. Analysis of direction of block transport together with comparison of archive and post-storm photographies lead to a better understanding of patterns of transport and deposition and to propose a spatio-chronological model of CTSDs setup and evolution.*

Key Words: cliff-top storm deposits – Banneg Island – cliff – erosion – submersion – storm

Plus de 1 000 m^3 de blocs, d'un poids variant de quelques dizaines de kilos à plusieurs dizaines de tonnes (Fichaut et Suanez, 2008), sont déposés au sommet et en retrait des falaises occidentales de l'île de Banneg dans l'archipel de Molène (fig. 1). Reposant à des altitudes comprises entre 7 et 14 m NGF, ces blocs, parfois isolés, sont le plus souvent regroupés sous forme d'amas ou de barrages étirés parallèlement au sommet de la falaise. On dénombre 61 accumulations de ce type dont la plus massive, au centre de l'île, haute de 2,5 m et longue de 50 m a un volume d'environ 350 m^3. Ces dépôts très grossiers sont le résultat de dynamiques marines de très forte énergie et leur mise en place a deux origines possibles. Sur le pourtour du Pacifique et en Méditerranée, plus généralement dans les régions caractérisées par une forte activité sismique leur présence est plutôt attribuée à l'action de vagues géantes de « *tsunamis* » (Clague *et al.*, 1999; Atwater, 1992; Atwater et Moore, 1992; Bryant *et al.*, 1992; Young *et al.*, 1996; Goff *et al.*, 2001; Nichol *et al.*, 2003; Pinegina et Bourgeois, 2001; Mastronuzzi et Sansò, 2004; Mastronuzzi *et al.*, 2006, 2007; Scicchitano *et al.*, 2007; Vott *et al.*, 2008; Maouche *et al.*, 2009). Dans le nord et nord-est de l'Atlantique ces dépôts ont été étudiés en Irlande, sur les îles d'Aran (William *et al.*, 2004; Hall *et al.*, 2006), sur les îles des archipels de l'Écosse (Orkney et Shetland Islands) (Hall *et al.*, 2006; Hall *et al.*, 2008), et en Islande (Étienne et Paris, 2009), où leur origine a été attribuée à des événements météo-marins extrêmes de type tempêtes ou ouragans (Hansom et Barltrop, 2008; Hansom *et al.*, 2009). Dans la littérature anglo-saxone ils sont dénommés « *Cliff-Top Storm Deposits* » ou CTSDs. Ils se distinguent des dépôts de « *tsunamis* » par certaines caractéristiques essentielles. On ne les trouve que sur des falaises bordant des eaux profondes, où l'amortissement des houles est minimal. C'est le cas pour l'île de Banneg qui est située au nord de l'archipel de Molène et où les profondeurs atteignent 50 m à 2 km de la côte ouest (fig. 1). Les accumulations sont érigées en amas isolés ou plus typiquement en remparts ou barrages étirés parallèlement au bord de la falaise. Les blocs constituant ces accumulations sont majoritairement anguleux. Ils ne proviennent donc pas de l'estran où l'action abrasive des vagues tend à les émousser ou les arrondir, mais sont arrachés au sommet des falaises, voire à la plateforme rocheuse sommitale dépourvue de végétation que les anglo-saxons appellent « *wave scoured platform* » (Hall *et al.*, 2006). La taille et la forme des blocs dans les accumulations sont fonction de la densité du réseau de diaclases et de fractures de la roche mère constituant la zone source. L'absence de tri granulométrique dans les dépôts est généralement attribuée par les auteurs à leur remaniement répété par les vagues de tempête, et les distingue ainsi des dépôts de tsunami qui sont généralement mis en place lors d'un seul épisode (William *et al.*, 2004). Dans certains cas, sur la face exposée des accumulations, les blocs sont adossés les uns aux autres, et forment un tuilage qui fait face aux houles incidentes. Les dépôts de l'île de Banneg entrent dans la catégorie des CTSDs (plus communément qualifiés d'amas ou de barrages cyclopéens en français), leur description morphologique et sédimentologique, ainsi que l'analyse des conditions hydrodynamiques présidant à leur mise en place ont fait l'objet de plusieurs articles (Hallégouët, 1982, 1984; Fichaut et Hallégouët, 1989, Fichaut et Suanez, 2007, 2008; Suanez *et al.*, 2009).

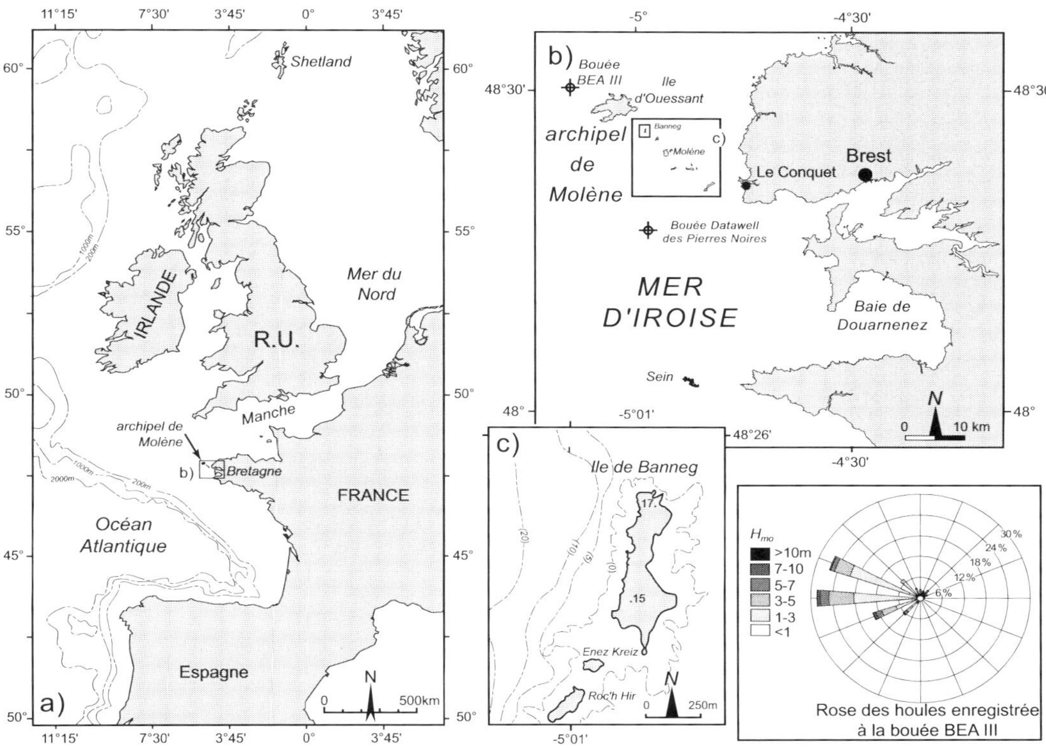

Figure 1 : Localisation de l'île de Banneg
Location map

La tempête du 10 mars 2008 a profondément modifié la morphologie des amas et des barrages cyclopéens de l'île de Banneg. À partir de l'analyse de ces changements morphologiques, le premier objectif de cet article a été d'analyser, et plus particulièrement de caractériser les dynamiques d'arrachement, de transport et de dépôt qui œuvrent à la mise en place de ces formes particulières. Le second objectif a été d'améliorer la compréhension des processus de construction des amas et des barrages cyclopéens ; enfin, la comparaison effectuée avec les tempêtes de l'hiver 1989-1990 a permis de mieux comprendre les phénomènes de remaniement qui les affectent sur le long terme.

Les amas cyclopéens de l'île de Banneg

Dans une étude précédente, les amas de blocs cyclopéens de l'île de Banneg ont été précisément décrits (Fichaut et Suanez, 2007, 2008 ; Suanez *et al.*, 2009). Ils sont localisés sur la côte occidentale exposée aux houles atlantiques, en arrière de tous les rentrants (fig. 2). Localement ils forment un semis de blocs isolés présent jusqu'à la côte est, comme au centre et au centre nord de l'île. Toutefois l'essentiel des blocs constitue des accumulations dont le volume et la disposition varient suivant les secteurs. En général, elles sont érigées en remparts rectilignes sous forme de barrages, parallèles aux sommets de falaises (cf. amas du centre et du nord), ou en trains d'amas dont la forme en plan est légèrement arquée comme celle des rentrants à l'arrière desquels ils sont déposés (cf. amas du centre sud et du sud). Localement ces barrages sont disposés en plusieurs lignes parallèles entre elles, séparées par des secteurs de pelouse aérohaline ou de roche nue. On trouve une double série au sud où les amas n° 36, n° 37 et n° 38 sont en haut de falaise en avant des remparts n° 39 et n° 35 (fig. 2). Enfin dans la partie centrale de l'île les accumulations peuvent former des séries triples. C'est le cas au centre où la première rangée est constituée par les amas n° 28, n° 25 et n° 22, la deuxième par le rempart n° 24, et la troisième par les amas n° 23 et n° 19. Au centre sud on trouve aussi successivement les remparts n° 31 et n° 30, puis l'amas n° 23d en retrait. Dans les séries triples, les accumulations proches de la falaise sont les plus volumineuses. Des agencements comparables ont été dépeints aux îles Shetland par D. M. Williams et A. M. Hall (2004). Dans un cas seulement, au centre nord, les amas éparpillés un peu partout en arrière de la falaise ont une répartition qui semble totalement aléatoire.

Travail de terrain et méthodes de traitement des données

Comme on le verra, lors de la tempête, des centaines de blocs d'un poids variant de quelques dizaines de kilos à quelques dizaines de tonnes ont été déplacés dans l'île. Certains ont été arrachés à la roche en place, d'autres ont été prélevés dans des amas existants ou en divers endroits de la partie sommitale de l'île, avant d'être de nouveau déposés à des distances très variables suivant les secteurs. Déterminer et quantifier de manière exhaustive l'ensemble des modifications morphologiques intervenues lors de cet événement est impossible. Toutefois, plusieurs méthodes ont permis d'analyser les changements intervenus et de caractériser le contexte morphodynamique des processus ayant agit au cours de l'événement. Ces données permettent de proposer un modèle décrivant la mise en place et l'évolution historique de ces amas.

Analyse des conditions hydrodynamiques

Le travail réalisé sur les conditions hydrodynamiques s'est attaché à quantifier les niveaux d'eau extrêmes à la côte de manière à déterminer les conditions durant lesquelles la hauteur du jet de rive ou *runup*, lors du déferlement des vagues a atteint et/ou dépassé le sommet des falaises. Comme l'ont montré plusieurs auteurs, c'est en effet dans ces conditions que l'arrachement et le déplacement des blocs cyclopéens prend place (Noormets *et al.*, 2004 ; Dawson, 1999 ; Dawson et Shi, 2000 ; Hansom et Hall, 2009 ; Hall *et al.*, 2008).

L'estimation des niveaux d'eau extrêmes à la côte a reposé sur la combinaison de deux paramètres agissant sur la déformation du plan d'eau : le *runup*, calculé à partir de l'équation de H. Mase (1989) en reprenant la méthodologie suivie dans la précédente étude (Fichaut et Suanez, 2008), et la marée observée. Les données de houles utilisées pour le calcul du *runup* proviennent des enregistrements par la bouée Datawell des Pierres Noires, les données marégraphiques proviennent quant à elles du marégraphe du Conquet (cf. Cariolet *et al.*, ce volume).

Analyse des changements morphologiques

La topographie de l'île avait été levée en détail au DGPS en 2005 (Fichaut et Suanez, 2008). Immédiatement après la tempête, une nouvelle campagne de levés a porté sur les secteurs ayant manifestement subi les modifications les plus importantes. L'analyse des processus d'érosion a reposé sur un inventaire des zones de départ des blocs permettant ainsi de déterminer l'origine du matériel déplacé par la tempête. La démarche a consisté à recenser les cicatrices d'arrachement dans la roche en place, facilement identifiables du fait de l'absence de lichens et de la présence d'angles vifs au niveau des cassures (photo 1A). Concernant le remaniement des blocs isolés, initialement déposés sur le substrat rocheux ou dans des amas déjà constitués, l'absence de cicatrices nettes a rendu plus difficile l'identification des zones de départ. Ces dernières ont été localisées grâce à l'absence de lichens et de plantes vasculaires, respectivement sur la roche en place et dans les sols développés au sein des diaclases et des fissures, attestant de la présence d'un bloc antérieurement à la tempête. Ainsi, 180 cicatrices d'arrachement et/ou de traces d'enlèvement ont été recensées et positionnées au DGPS. Parallèlement, la taille et le poids des blocs déplacés

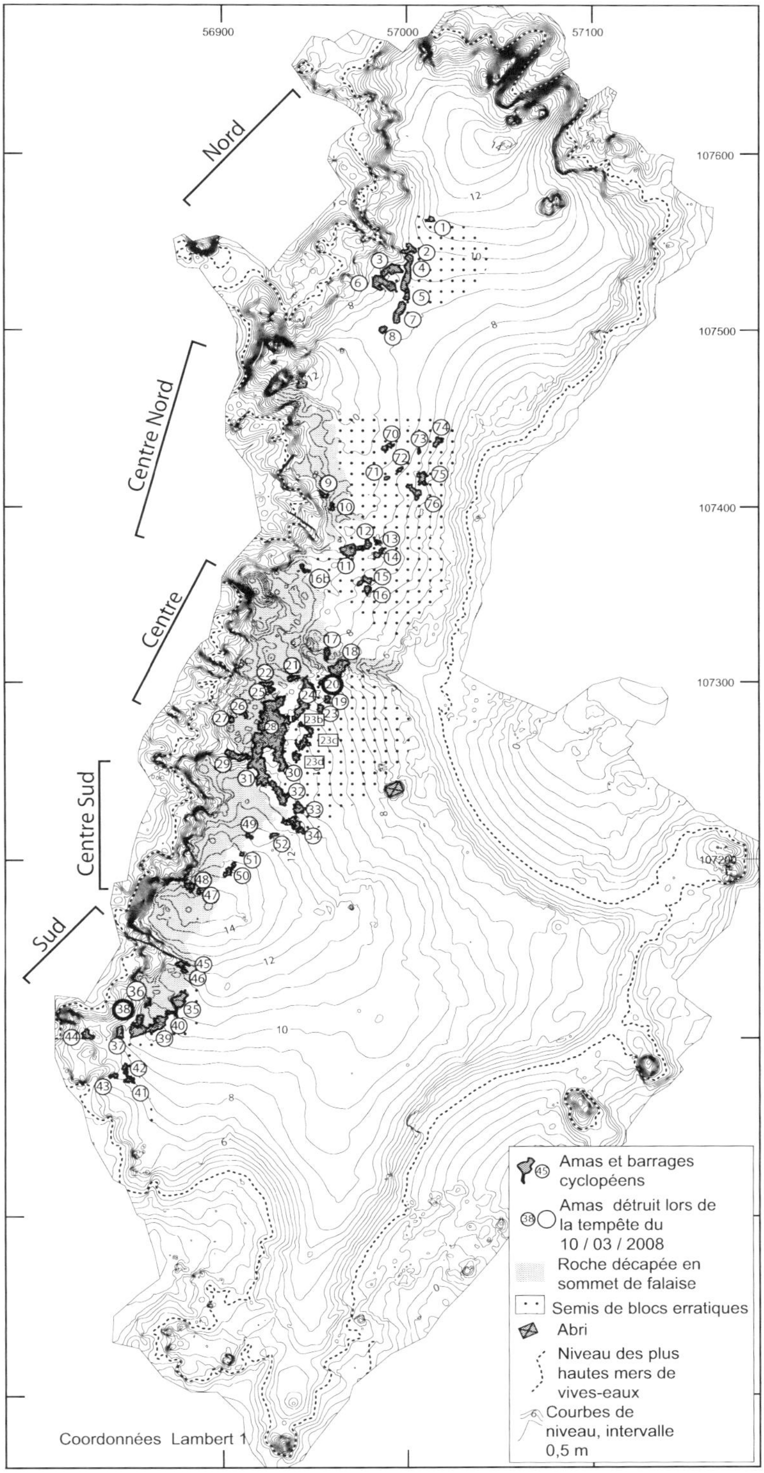

Figure 2 : Localisation des amas et barrages cyclopéens sur l'île de Banneg (d'après Fichaut et Suanez, 2008, modifié)

Location of CTSDs on Banneg Island (modified after Fichaut and Suanez, 2008)

ont été respectivement mesurés et calculés en tenant compte de la densité des leucogranites de Banneg égale à 3,1 (*a*-axe x *b*-axe x *c*-axe x densité).

Photo 1 : A : arrachage et transport de blocs en haut de falaise à Banneg lors de la tempête du 10 mars 2008. 1 : cicatrice d'arrachement, angles vifs et absence de lichen. 2 : trajectoire des blocs (cliché S. Suanez, avril 2008) ; B : amas n° 20 avant la tempête (2005) ; C : amas n° 20 après la tempête du 10 mars 2008. 1 : cicatrice de l'amas n° 20 (clichés B. Fichaut) ; D : mottes de pelouse arrachées lors de la tempête du 10 mars 2008 en arrière des falaises du centre sud de Banneg (cliché B. Fichaut, avril 2008).

A: quarrying and transportation of clasts on cliff-top on Banneg Island during the 10th March 2008 storm. 1: quarrying socket with sharp edges and lack of lichen. 2: direction of transportation; B: cluster #20 before the storm (2005); C: cluster #20 after the 10 march 2008 storm. 1: socket of cluster #20; D: turf removed during the 10 march 2008 storm inland of south centre cliffs of Banneg Island.

Analyse historique de l'évolution morphologique des amas

L'analyse diachronique de photographies récentes prises au sol constitue un autre volet de l'étude. Tous les amas avaient été photographiés en 2005 et 2006, en prévision justement de l'apparition éventuelle d'un événement susceptible de les remanier. Ils ont été à nouveau photographiés selon le même angle après la tempête. Cette analyse diachronique a permis de déterminer la distance et le sens de déplacement de certains blocs, voir même, la disparition complète de certains amas (photos 1B et 1C). Cette analyse photo-interprétative, couplée à un travail de terrain a permis de déterminer le déplacement de 64 blocs dont les points de départ et d'arrivée ont été relevés au

DGPS (photo 1A), et dont les dimensions ont été mesurées. Parallèlement, ont été positionnés 14 blocs dont l'origine est restée inconnu, mais qui ont été déplacés sur de très grandes distances, ce qui atteste de l'énergie exceptionnelle de l'événement. Enfin, la morphodynamique des amas et barrages cyclopéens sur le long terme a été étudiée à partir de la comparaison de photographies obliques dont les plus anciennes datent de 1979. Ce travail a permis de reconstituer les modalités de l'évolution des amas au cours des évènements tempétueux les plus morphogènes.

Contexte hydrodynamique et phénomènes de submersion

Comme il a été rappelé par J.-M. Cariolet *et al.* (ce volume), les hauteurs significative et maximale de la houle, mesurées par la bouée Datawell des Pierres Noires située à 8 miles au sud de l'île de Banneg, ont atteint respectivement 10,85 m et 18,17 m en milieu d'après-midi. Le niveau de pleine mer a été atteint vers 19 heures au marégraphe du Conquet, alors que les hauteurs maximales de la houle approchaient 15 m et que la surcote météorologique était comprise entre 50 et 60 cm. L'estimation théorique du *runup* montre que le déferlement des vagues sur la côte occidentale de l'île a pu atteindre 12,5 m pour des hauteurs de houle maximum. Si l'on combine ces hauteurs d'eau à la marée observée, les niveaux d'eau extrêmes à la côte ont pu dépasser 15,5 m de hauteur du centre au sud de l'île, soit 2 à 7 m au dessus de l'altitude maximum du haut de falaise. Au centre nord et au nord de l'île de Banneg où les pentes de l'avant côte sont plus faibles le *runup* aurait atteint seulement 9,5 m soit une hauteur équivalente ou légèrement supérieure à celle des falaises. Nous verrons ultérieurement que l'estimation de ces valeurs du *runup* par l'approche théorique est en adéquation avec les observations de terrain faites notamment sur les laisses de tempête et la position des cicatrices d'arrachement.

Au nord de l'île, le jet de rive a atteint le sommet de la falaise où quelques blocs ont été déplacés, mais aucun indice de submersion n'a été relevé sur la pelouse située en arrière. À cet endroit la masse d'eau générée par le déferlement des vagues n'a donc pas franchi le haut des falaises, ce que confirment les faibles valeurs du *runup* calculées pour ce secteur. Au sud de l'île, la présence de quelques mottes de pelouse arrachées et de débris déposés en arrière des amas permet d'estimer à peu près la limite de la zone inondée. Les masses d'eau ont franchi la falaise jusqu'à 12 mètres d'altitude et se sont écoulées vers l'anse d'Ar Lenn en suivant la pente du versant (fig. 3).

La partie centrale de l'île, dont les altitudes sont comprises entre 9 et 14 m, a été quant à elle entièrement submergée. La limite méridionale de submersion, soulignée par une laisse de dépôts continue (algues, débris flottés), a été relevée au DGPS. Elle débute en retrait de la falaise à 14 m d'altitude ce qui correspond aux niveaux de *runup* calculés et se poursuit jusqu'à la côte est. La limite septentrionale est moins nette mais a pu être estimée (figs. 2 et 3). En effet, dans ce secteur, des graviers et cailloux érodés dans les altérites en sommet de falaise au nord de l'amas n° 9 ont été déposés en voile fin et discontinu sur les pelouses situées en arrière. Il est difficile de calculer l'épaisseur de la tranche d'eau qui a franchi cette partie de l'île, mais on peut avancer quelques estimations. Comme cela avait déjà été le cas lors des tempêtes de l'hiver 1989-1990 (Fichaut et Hallégouët, 1989), localement, l'écoulement d'eau a été torrentiel. C'est le cas en arrière des amas du centre sud et au niveau du talweg creusé en gorge au centre de l'île. Au centre sud, le versant situé en arrière des amas n° 48 et n° 50 culmine entre 12 et 14 m en haut des falaises, puis s'étend avec une pente moyenne de 6 % jusqu'à la côte est. Sur ce versant, des plaques de pelouse et de sol, dont la superficie pouvait atteindre 4 m^2, ont été arrachées à divers endroits (photo 1D). L'intérieur de la cabane, dont la porte est pourtant tournée en abri du flux (fig. 3), a été inondé. Juste au nord de ce secteur, en arrière des principaux barrages de l'île (amas n° 28, n° 30 et n° 31) disposés en 2 à 3 séries parallèles, la pelouse est restée intacte. Il est vraisemblable que la nappe d'eau générée par le déferlement des vagues a été canalisée entre les barrages et s'est déversée à la fois vers le sud et vers la gorge centrale (fig. 4).

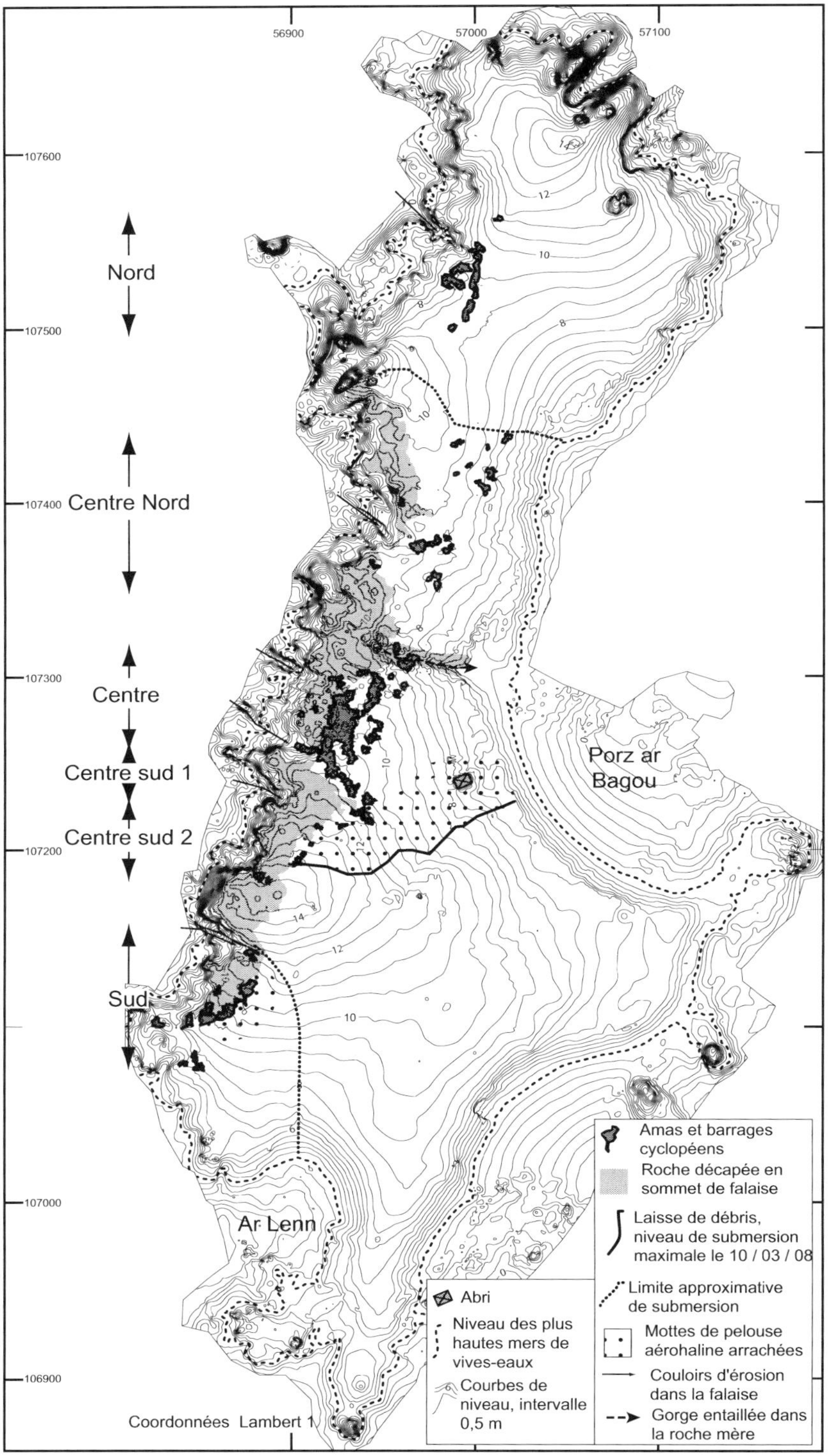

Figure 3 : Localisation des secteurs submergés lors de la tempête du 10 mars 2008 sur l'île de Banneg

Location of submerged areas on Banneg Island during the 10th March 2008 storm

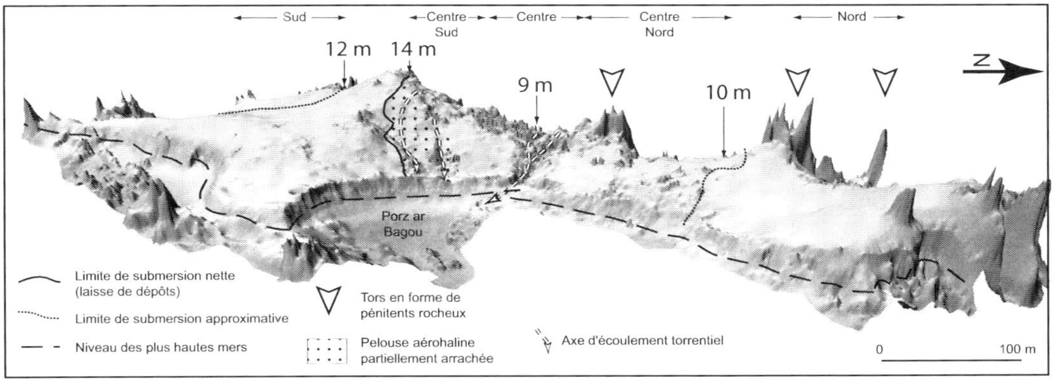

Figure 4 : Submersion de la partie centrale de l'île de Banneg lors de la tempête du 10 mars 2008
Submersion of the central part of Banneg Island during the 10th March 2008 storm

C'est bien sûr dans la gorge et ses abords que la submersion a été maximale. La faible altitude de cette partie de l'île (environ 9 m) a favorisé le passage d'une tranche d'eau importante générant un flux particulièrement puissant qui a considérablement modifié la morphologie de la gorge et de ses abords. Comme le montre la figure 4, l'amas n° 18 situé dans l'axe de la gorge, d'un volume de 12 m^3, a été presque totalement emporté le flot. De même, l'amas n° 20 reposant à 2 m au dessus du talweg de la gorge a totalement disparu ainsi que la moitié de l'amas n° 17 (fig. 5 – **planche IV**, photos 2A et 2B). Dans la partie orientale du centre de l'île située entre la gorge et la cabane, cinq blocs pesant de 0,3 à 1,4 tonnes ont été retrouvés en position renversée dans la pelouse à des distances comprises entre 50 et 90 m du sommet de la falaise occidentale (se rapporter à la figure 7C). Ces blocs n'ont pas été retournés sur place car aucune cicatrice dans la pelouse environnante n'atteste de leur présence initiale. Ils ne proviennent pas non plus de la plage de Porz ar Bagou qui est constituée de galets, et qui supposerait surtout des dynamiques d'arrachage et de transport inverse à l'orientation des houles de tempêtes. Ils ont donc été prélevés sur le versant ouest de l'île et transportés sur des distances inconnues vers l'est. Au débouché de la gorge située sur la côte orientale, un ombilic de 1,6 m de profondeur a été creusé par le flot torrentiel (photos 2C et 2D). Une partie des blocs enlevés en amont a été déposées sous la forme de deux lobes parallèles à 40 m du rivage sur l'estran de Porz ar Bagou (fig. 5C – **planche IV**). Au vu de ces données il est vraisemblable qu'au plus fort de la submersion, l'épaisseur de la tranche d'eau dépassait 3 m dans la gorge et qu'elle était au minimum de 1 m sur le versant situé en arrière des amas du centre sud. Partout au nord de la gorge la tranche d'eau était certainement moins épaisse et le flux beaucoup moins puissant car la pelouse n'a pas été écorchée et en dehors des abords immédiats des hauts de falaises, aucun bloc n'a été déplacé.

Érosion des falaises et origine du matériel cyclopéen

L'existence d'amas cyclopéens pose le problème de l'origine des blocs formant ces accumulations. L'origine des CTSDs dans les îles britanniques a été bien décrite par A. M. Hall *et al.* (2006, 2008). Ces auteurs ont montré que lorsqu'il y avait un estran à la base des falaises (ce qui n'est pas le cas des falaises plongeantes), ce dernier pouvait fournir des blocs mais en quantité réduite, et dans ce cas, les blocs étaient très émoussés, voir arrondis. En fait, l'essentiel des dépôts cyclopéens provient de la falaise en elle-même dont l'érosion croît de la base, où elle est très limitée, vers le sommet et la plateforme rocheuse sommitale qui constituent donc les principales sources d'alimentation. Selon ces auteurs cet étagement de l'érosion résulte de deux phénomènes

Photo 2 : A et B : enlèvement partiel de l'amas n° 17 à Banneg, lors de la tempête du 10 mars 2008 (A) : situation en 2005, (B) : situation en avril 2008. 1 : bloc enlevé. 2 : bloc déposé. 3 : cicatrice d'enlèvement (clichés B. Fichaut); C et D : débouché sur la côte orientale de la gorge du centre de l'île de Banneg (C) : situation en 2005, (D) : situation en avril 2008. Noter le creusement de la plage sablo-caillouteuse qui atteint 1,6 m, et l'apport de blocs durant la tempête (clichés B. Fichaut, octobre 2005 et avril 2008).

A and B: cluster #17 partially removed during the 10th March 2008 storm on Banneg Island (A): 2005, (B): April 2008. 1: clast removed. 2: clast deposited. 3: socket; C and D: mouth of the gorge on the eastern coast of Banneg Island (C): 2005, (D): April 2008. Note the 1.6 m deep pit dug in the upper sandy beach and deposition of blocks during the storm.

concomitants. Les vagues morphogènes sont très hautes et tendent à déferler non pas en pied de falaise, mais sur la falaise elle-même ou en son sommet. Ce faisant, elles contribuent à exploiter et densifier le réseau de diaclases aux hauts niveaux. L'existence des amas est donc conditionnée par les caractéristiques de l'hydrodynamisme et par la structure de la roche en place.

Contexte lithostructural : une prédisposition à l'arrachage de blocs

L'île de Banneg est entièrement constituée de granite d'âge paléozoïque, appelé « leucogranite de Ploudalmézeau ». La côte ouest, entaillée en falaises, présente une morphologie dont les caractéristiques et l'évolution dépendent en partie de la structure de la roche mère, et plus particulièrement des plans de diaclases. D'une allure grossièrement rectiligne, cette côte occidentale présente dans le détail une succession de rentrants et de saillants plus ou moins marqués (fig. 2). Les saillants correspondent à des secteurs où les diaclases forment un réseau orthogonal assez lâche, conférant à la roche qui les constitue une résistance plus importante à l'érosion marine. Ainsi, ils forment les points hauts de l'île constitués le plus souvent de tors aux allures de « pénitents rocheux » lorsque les diaclases verticales l'emportent sur les diaclases horizontales (fig. 4 et photo 3A). Au droit de ces saillants l'altitude du sommet des falaises dépasse partout 12 m et le plus souvent 14 m, et la pente de l'escarpement est toujours supérieure à 50 %. En arrière de ces points hauts il n'y a jamais d'amas ou de barrages cyclopéens. Cette morphologie s'observe pour tous les saillants à l'exception de celui qui sépare les secteurs sud et centre sud. Pour ce dernier, la partie sommitale de la falaise présente de nombreuses diaclases horizontales appelées « diaclases de détente », qui découpent l'affleurement rocheux en de grandes dalles horizontales (photo 3B). Cette particularité lithostructurale explique le fait que ce point haut ait une forme de dôme arrondi à l'inverse des « pénitents rocheux » décrits précédemment (fig. 4). De même, la forte densité du réseau de diaclases que l'on observe sur la partie sommitale de la falaise, fait que l'on trouve à cet endroit quelques dalles isolées en arrière du dôme.

Photo 3 : A : tor granitique sur la côte ouest de Banneg, entre le nord et le centre nord (cliché. B Fichaut) ; B : dôme rocheux formant un saillant entre les rentrants du centre sud et du sud de Banneg. 1 : réseau lâche de diaclases délimitant de grands parallélépipèdes granitiques. 2 : diaclases de détente débitant la roche en dalles subhorizontales. 3 : boules de granite dépourvues d'algues et de lichens, abrasées lors de la tempête du 10 mars 2008 (cliché B. Fichaut, avril 2008) ; C : au sud de Banneg, bloc de 42 tonnes arraché lors de la tempête du 10 mars 2008 et déposé à l'envers à 7 mètres de son point de départ (cliché B. Fichaut, avril 2008) ; D : en arrière de l'amas n° 24, dalle de 7,2 tonnes retournée par une vague à 40 mètres en retrait du haut de falaise (cliché B. Fichaut, avril 2008).

A: granite headland on the western coast of Banneg between north and centre north area; B: rocky headland between south ansd south centre sectors on Banneg Island. 1: massive jointing bounding hudge cuboidal blocks. 2: high density of horizontal joints bouning falt rocky clasts. 3: edge-rounded lichen and algae free clasts abrased during the 10th March 2008 storm; C: in the south of Banneg, this 42 tons clast was removed during the 10th March 2008 storm and deposited upside down 7 m inland; D: on the lee side of ridge n° 4, 50 meters inland from the cliff edge, this 7.2 tons slab was flipped upside down during the 10th March 2008 storm.

Dans les rentrants, en bas de falaise, le réseau de diaclases est également très lâche, orthogonal et individualise d'énormes éléments rocheux en forme de parallélépipède. Lorsqu'ils sont dégagés ils constituent sur l'estran des amas de boules ou des quadrilatères très émoussés dont la masse varie d'une tonne à plusieurs dizaines de tonnes (photo 3B). Par contre, dès la mi-hauteur de la falaise, le granite est affecté par un réseau de diaclases « de détente » très dense, qui découpe la roche en grandes dalles horizontales et/ou en quadrilatères de taille plus réduite. Ces caractéristiques lithostructurales distinguent les rentrants des saillants et rendent ces derniers beaucoup plus sensibles à l'érosion marine. Dans les rentrants, l'apex des falaises, dont la pente de l'escarpement est généralement plus faible, est en moyenne entre 8 et 9 mètres d'altitude. C'est également en arrière des rentrants que sont érigés l'essentiel des amas et des barrages cyclopéens (fig. 2).

Zones d'arrachage de blocs cyclopéens

Le travail de terrain effectué postérieurement à la tempête du 10 mars a permis d'identifier et de localiser au DGPS 180 cicatrices d'arrachement de blocs dans la roche en place, et/ou traces attestant de la remobilisation de blocs isolés (fig. 6). Ce chiffre ne reflète certainement pas le nombre effectif de blocs qui ont été arrachés et déplacés car si l'inventaire des cicatrices est assez exhaustif, celui des traces de remobilisation de blocs reste incomplet. En effet, parfois ce sont des amas entiers qui ont été dégagés par l'érosion (figs. 7C et 7E), dans ce cas, il est alors difficile d'avoir le nombre exact de blocs déplacés. Dans d'autres conditions, certains blocs isolés déposés sur un substrat irrégulier laissaient passer suffisamment de lumière pour qu'une végétation pousse sous eux. Dans ce cas, identifier la trace de leur mobilisation a été impossible. Toutefois, en dépit de ces imprécisions, il est possible de déterminer assez précisément les secteurs pourvoyeurs de blocs. La cicatrice d'arrachage la plus basse se situe à 3,9 m d'altitude NGF, soit 40 cm au-dessus du niveau des plus hautes mers de vive-eau ; les plus hautes ont été mesurées à 14,3 m NGF (fig. 6). Au centre sud, toutes les cicatrices et les traces de remobilisation sont à plus de 10 m d'altitude NGF (fig. 7D), alors qu'au centre, au centre nord et au nord elles sont toutes à moins de 10 m NGF (figs. 7A, 7B et 7C). Toutefois, cette distinction ne fait qu'illustrer la différence de hauteur des falaises de ces secteurs et n'apporte guère d'enseignements si ce n'est que les vagues ont pu arracher des blocs à 11 m au-dessus du niveau des plus hautes mers de vive-eau. L'analyse de la position relative des points de départ est plus riche en information car elle montre que 60 % des blocs ont été enlevés non pas sur la falaise mais sur la plateforme rocheuse sommitale située en arrière (fig. 6 et tableau 1).

Secteur	Nombre de cicatrices sur falaises	Nombre de cicatrices sur plate-forme en retrait	% de cicatrices au-dessus du sommet de falaise
Sud	26	26	50
Centre Sud	3	25	90
Centre	15	41	73
Centre Nord	4	13	76
Nord	20	7	25
Total	**68**	**112**	**62**

Tableau 1 : Altitude relative des cicatrices d'arrachement de blocs sur les falaises occidentales de l'île de Banneg lors de la tempête du 10 mars 2008

Relative elevation of quarrying sockets on the western cliff of Banneg Island generated during the 10th of March 2008

Dans le détail toutefois, la localisation des points de départ des blocs varie selon les secteurs. Au nord, l'érosion concerne essentiellement le haut de falaise et montre que l'observation morpholo-

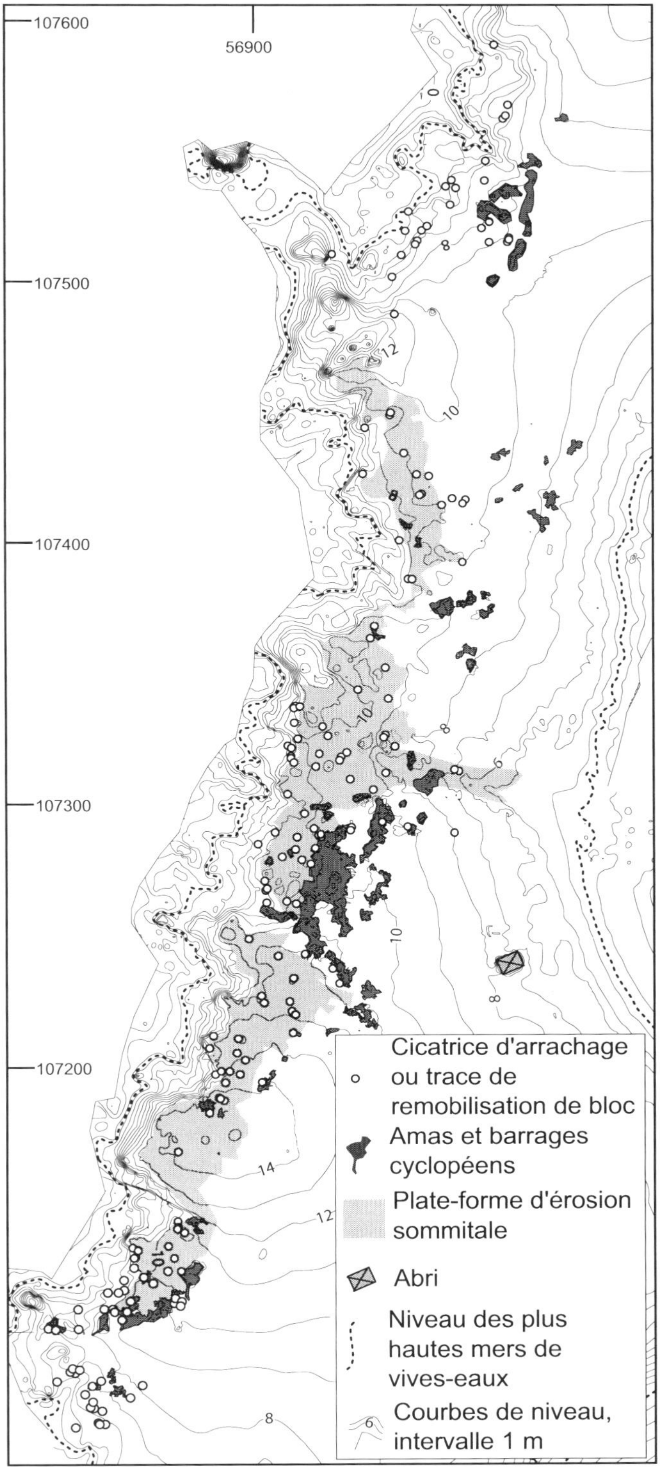

Figure 6 : Localisation des cicatrices d'arrachement ou d'enlèvement de blocs sur la côte ouest de Banneg

Location of quarrying sockets on the western coast of Banneg

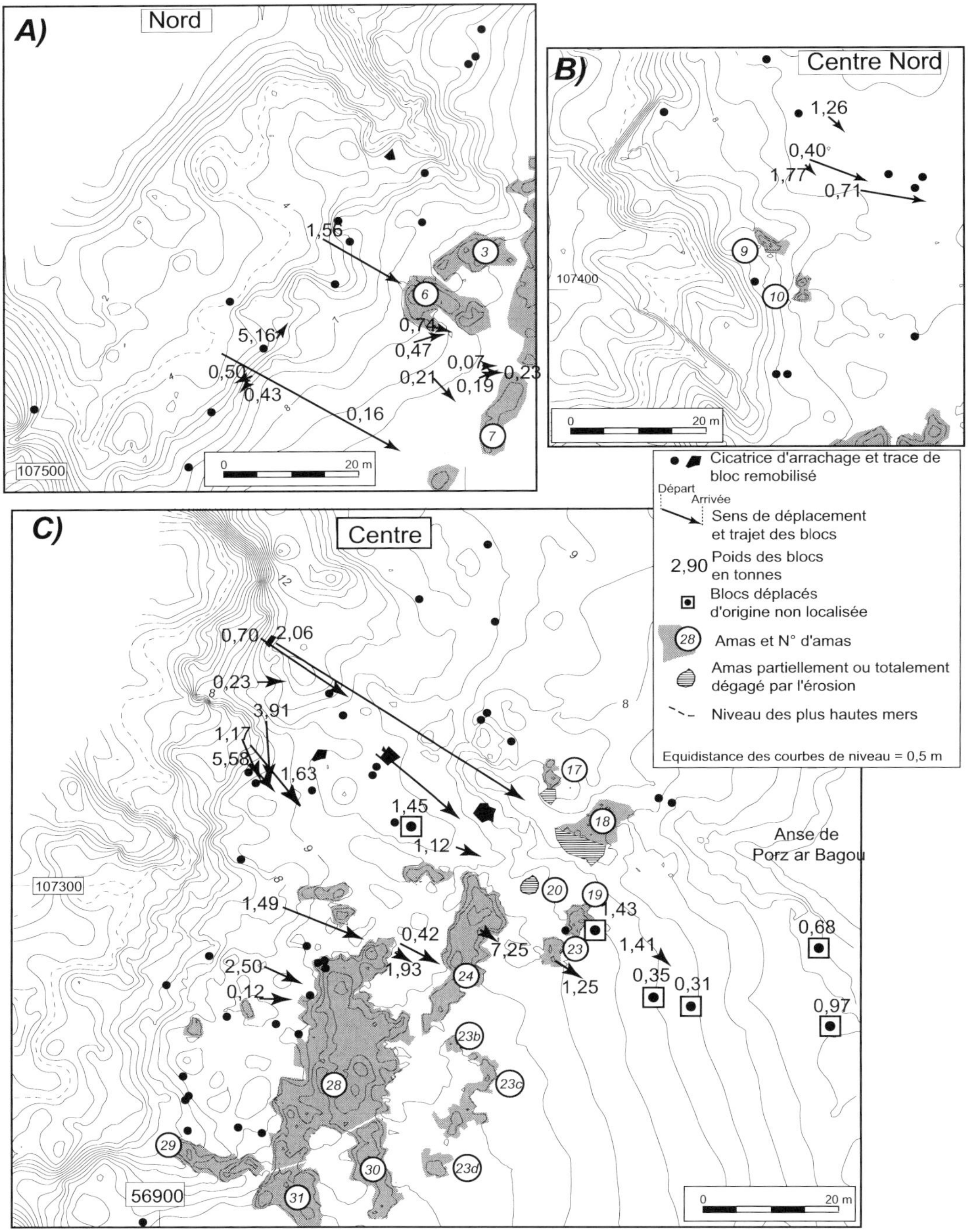

Figure 7 : Localisation des amas et barrages cyclopéens, des cicatrices et des trajectoires des blocs arrachés lors de la tempête du 10 mars 2008 sur l'île de Banneg

Location of CTSDs, quarrying sockets and direction of transportation of blocks during the 10th March 2008 storm on Banneg Island

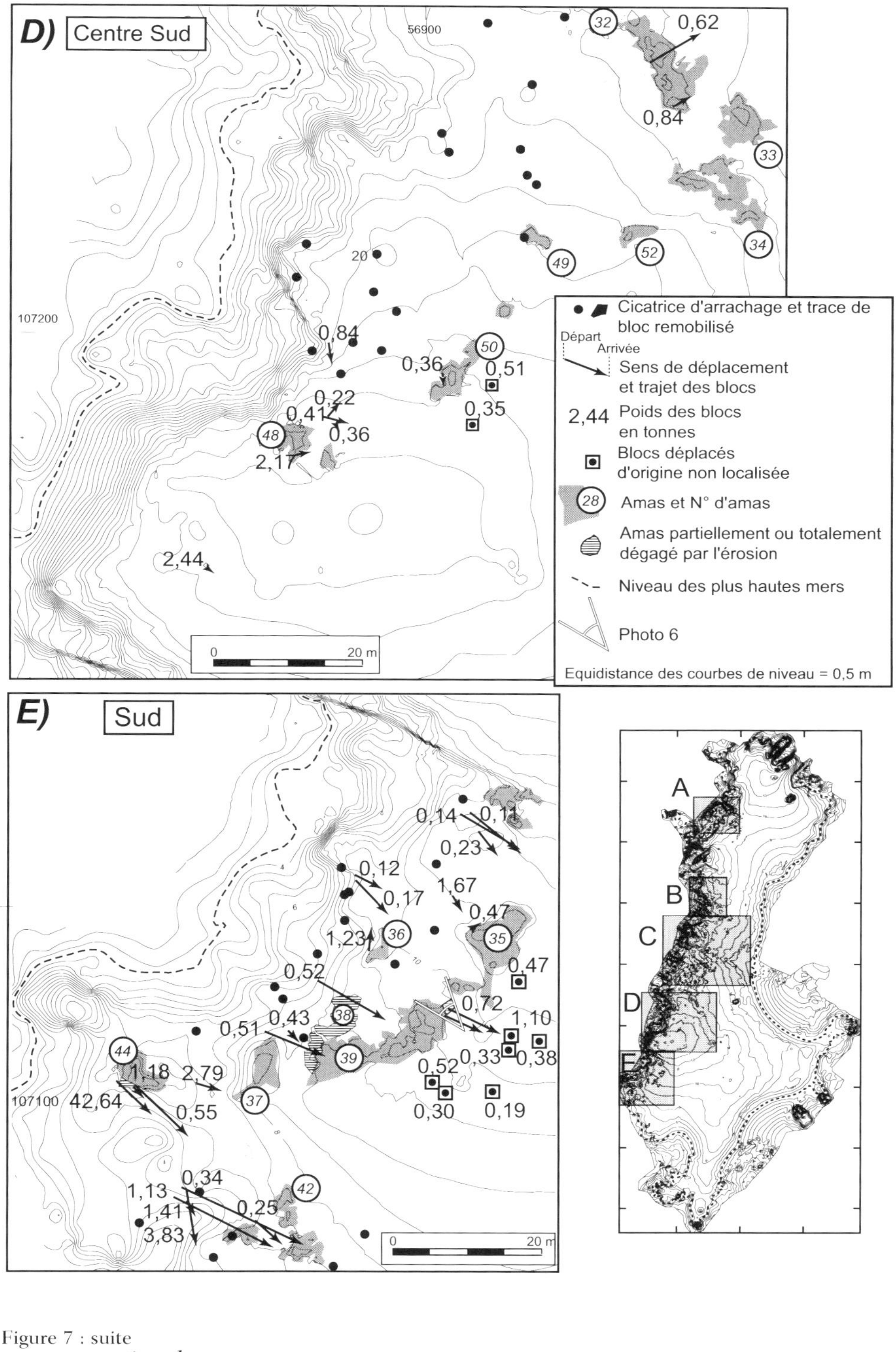

Figure 7 : suite
continued

gique est ici en parfait accord avec les résultats acquis précédemment par l'analyse des conditions hydrodynamiques lorsque l'on sait que le *runup* a à peine dépassé le sommet de la falaise (ce qui avait déjà été le cas lors des tempêtes de l'hiver 1989-1990, cf. B. Fichaut et B. Hallégouët, 1989). Le caractère morphodynamique particulier de ce secteur est d'autant plus attesté que c'est le seul endroit de l'île où l'on note l'absence d'une plateforme sommitale rocheuse « dénudée », et que le sommet de falaise se raccorde à un versant végétalisé (fig. 7A). Au sud de l'île, la forte proportion de blocs arrachés à la falaise résulte du fait que la côte la plus méridionale est orientée parallèlement à la direction de la houle incidente ; le déferlement ne se fait donc pas face à la falaise mais le long de cette dernière. (fig. 7E). Dans toute la partie centrale de l'île, c'est en arrière des falaises, au niveau de la plateforme rocheuse sommitale, que l'érosion a été maximale. Au centre, ceci s'explique comme nous l'avons vu par le fait que c'est l'endroit le plus bas de l'île. Cette caractéristique morphologique fait que l'action du déferlement des vagues s'étend bien au-delà du bord de la falaise ; elle conditionne également le passage d'une tranche d'eau suffisamment importante pour générer des écoulements torrentiels permettant comme on l'a vu, le déblaiement d'amas et/ou de blocs isolés, notamment au niveau de la gorge. Comme nous l'avons montré, ces écoulements ont déplacé des blocs atteignant 1 tonne jusqu'aux abords de la côte orientale située sous le vent. Pour autant, il convient de ne pas sous-estimer le rôle très important des conditions hydrodynamiques lors de ces tempêtes, et notamment les effets spectaculaires du *runup*, lorsque l'on note qu'au centre sud où les falaises culminent entre 10 à 14 m NGF, et que la pente de l'escarpement est comprise entre 35 et 60 % (soit un véritable mur rocheux faisant face aux vagues), le départ de dalles rocheuses de plus de 2 tonnes a été enregistré (fig. 7D). Dans ces conditions, l'arrachage des dalles ne peut s'expliquer par un écoulement laminaire de la tranche d'eau submergeant la falaise. On ne peut pas non plus envisager que le déferlement ait pu se produire de telle sorte que les vagues passaient directement par-dessus le sommet des falaises, du moins pas lorsque celles-ci culminent à 14 m d'altitude. Il est plus vraisemblable que les déferlements se faisaient sur la partie haute de l'escarpement de falaise, et que la masse d'eau, par phénomène de rebond, retombait de quelques mètres à quelques dizaines de mètres en arrière du bord de falaise, arrachant des blocs dans la roche en place, et/ou déplaçant des blocs isolés déjà présents. Ces processus morphodynamiques seront décrits ultérieurement.

En définitive, l'analyse des dynamiques d'arrachage de blocs confirme bien l'idée que seules la partie haute de l'escarpement de falaise et la plateforme rocheuse sommitale située en arrière, fournissent le matériel lithique à l'origine de la construction des amas et des barrages cyclopéens. Cette répartition montre également que la zone d'alimentation est située au dessus des plus hautes mers de vive-eau ; comme l'atteste notamment l'absence de blocs arrondis ou simplement émoussé dans les accumulations, l'estran ne fournit donc aucun élément. Dans une étude précédente, la granulométrie de 900 blocs provenant des amas a montré qu'il s'agit essentiellement de dalles anguleuses et qu'elles sont donc arrachées de part et d'autre des hauts de falaises (Fichaut et Suanez, 2008 ; Suanez *et al.*, 2009).

Arrachage de blocs et dynamique de recul de l'escarpement de falaise

Comme nous l'avons souligné précédemment, l'estran rocheux n'a subi aucune érosion notable durant la tempête. Les seuls impacts ont concerné les phénomènes de frottements « abrasifs » exercés par le va et vient des boules de plusieurs tonnes déplacées par les vagues, ayant enlevé la couverture de lichens qui les recouvrait ou qui tapissait la roche en place (photo 3B). Cela tient à deux raisons essentielles. D'une part, la faible pente (fig. 2) et la topographie chaotique de l'estran rocheux entraînent une déperdition de l'énergie des déferlements tant que la mer n'est pas haute. D'autre part, comme nous l'avons montré, le très grand espacement des diaclases fait que même à énergie égale le dégagement de blocs est bien plus difficile qu'en haut de falaise. De toute évidence, l'érosion, et par là même, le recul de l'escarpement de falaise intervient essentiellement durant la période encadrant la pleine mer, du fait de l'élévation du plan d'eau. Dans ces conditions, l'action morphogène des vagues est beaucoup plus efficace dans la partie sommitale de la falaise, et ce d'autant plus que cette zone est fortement fragilisée par le réseau de diaclases très dense. Des processus du même ordre ont été décrits aux îles Shetland sur les falaises de Grind of the Navir (Hall *et al.*, 2008). Dans ce cas aussi, l'action érosive des vagues est maximale depuis la partie médiane de l'abrupt jusqu'à la plateforme rocheuse sommitale. Pour autant, l'escarpement de falaise reste vertical. Les auteurs expliquent cela par le fait qu'aux Shetland, la puissance énergétique des vagues déferlant en haut de falaise entraîne l'agrandissement et la propagation des diaclases jusque qu'à la base de l'abrupt qui recule aussi. Ces processus entretiennent la verticalité des falaises. Sur l'île de Banneg, alors que le sommet de l'abrupt s'érode, la base reste stable. Le recul des falaises se fait donc à l'inverse des modèles classiques qui expliquent que pour des escarpements rocheux, c'est l'ablation de matériel aux bas niveaux qui entraîne l'érosion du matériel situé au-dessus entretenant ainsi la verticalité de l'ensemble. En conséquence, sur l'île de Banneg, la pente de l'escarpement, au lieu de tendre vers la verticalité, diminue graduellement. C'est ce qui explique la pente souvent faible des falaises de l'île, surtout dans les rentrants. Nous verrons ultérieurement que ce particularisme permet de mieux cerner l'agencement des amas dans l'île et de comprendre les processus dynamiques à l'origine de leur mise en place.

Dynamique de transport et de dépôt des blocs cyclopéens

Trajectoire des déplacements de blocs

Le trajet de 63 blocs déplacés le 10 mars 2008 a pu être reconstitué à partir de la localisation de leurs points de départ et d'arrivée (fig. 7). Cet échantillon n'est cependant pas statistiquement représentatif du total des déplacements sédimentaires, puisque la seule analyse comparative des photos prises au sol montre que ce sont plusieurs centaines de blocs qui ont bougé. Le poids des 63 blocs varie de 0,07 à 42 tonnes. Il n'existe pas de corrélation significative entre le poids, la distance parcourue, la dénivelée franchie, ou encore la position du point d'arrachement par rapport aux sommets de falaises. Les seules données morphométriques donnent toutefois une indication sur l'intensité des processus morphodynamiques qui ont agit durant l'événement. Le bloc le plus gros (42 tonnes) a été arraché de la roche mère à 3 mètres au-dessus des plus hautes mers de vive-eau et s'est déposé à l'envers 7 m plus loin. Au passage il a emporté une partie de l'amas n° 44 (photo 3C, fig. 7E). Au centre, une dalle de 7 tonnes, déposée à 40 m en retrait du sommet de falaise sur l'amas n° 24, a été retournée (photo 3D). Dans le même secteur une autre, pesant 2 tonnes, s'est déposée à 45 m de son point de départ (fig. 7C). Au centre sud, une dalle de 2,4 tonnes a été déplacée à 14,5 m d'altitude (fig. 7D).

L'analyse des trajectoires montre que la direction majoritaire est WNW-ESE et correspond à l'orientation principale des houles incidentes (fig. 1). L'étude des déplacements et des dépôts des blocs cyclopéens au sein des séries doubles ou triples permet d'améliorer la compréhension des processus hydrodynamiques associés au déferlement des vagues. À partir de là, la question se pose de savoir si les séries parallèles ont été édifiées et évoluent de manière diachrone, auquel cas il faudra tenter d'en recréer la chronologie, ou si au contraire leur construction et leur évolution se font simultanément. Si l'on s'en tient à la première hypothèse, on peut penser qu'a priori les amas situés en retrait sont le résultat d'événements extrêmes anciens et que plus on se rapproche de la falaise plus les accumulations sont récentes et engraissées par des apports plus fréquents, et par là même plus volumineuses. Nous allons voir que les enseignements acquis sur la dynamique d'arrachage et de déplacement des blocs lors de la tempête du 10 mars, peuvent être utilisés dans l'interprétation des modifications intervenues au cours de tempêtes précédentes (notamment lors de l'hiver 1989-1990) et permettent de répondre partiellement à cette question.

Modalités des déplacements de blocs au sein des amas

Lors de la tempête du 10 mars 2008

L'analyse qui suit est basée sur la comparaison de photographies obliques prises en 2005/2006, puis immédiatement après la tempête du 10 mars 2008. Elle porte sur un double barrage localisé au sud de l'île et constitué de l'amas n° 36 en première ligne, et du rempart n° 39 situé à 13 m en retrait du haut de falaise. Elle repose également, sur une série triple située au centre et constituée des amas n° 28, n° 24 et n° 23 (fig. 7C et 7E).

Au sud de l'île, l'amas n° 39 de seconde ligne, été très fortement remanié lors de la tempête du 10 mars (photos 4A et 4B). Cinq blocs de forme quadrangulaire situés dans sa partie nord ont été enlevés (photos 4C et 4D) dont deux, pesant respectivement 0,26 et 0,72 tonnes, ont été retrouvés à 6 et 8 m en retrait de leur point de départ. Le sens de leur déplacement (fig. 7E) correspond à l'orientation des houles incidentes. Par contre, l'amas n° 36 situé en première ligne, et les blocs attenants localisés dans l'axe du passage de la vague, n'ont pas bougé. Il est donc évident qu'une vague, ou une masse d'eau issue d'un déferlement, est passée en volute au-dessus du sommet de falaise à 9 m d'altitude, avant de retomber en arrière au niveau de l'amas n° 39.

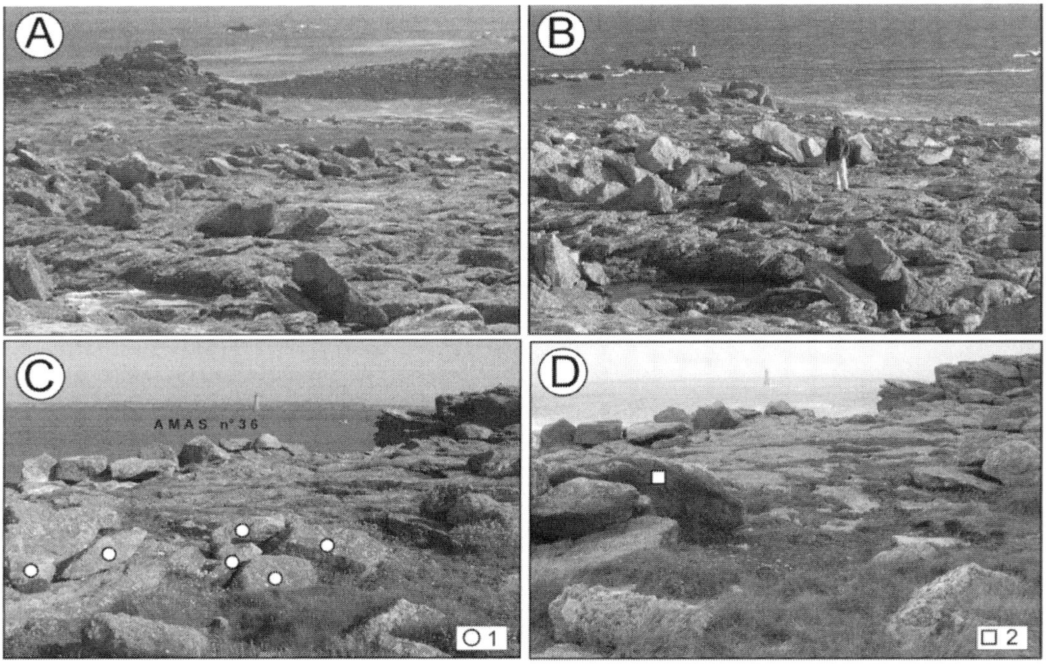

Photo 4 : A : barrages n° 35 et n° 39 au sud de l'île en 2005 ; B : en avril 2008 (B). Noter l'apport de nouveaux blocs ; C et D : modification du barrage n° 39 lors de la tempête du 10 mars 2008 (C) : situation en 2006, (D) : situation en 2008. 1 : blocs enlevés. 2 : blocs apportés (clichés B. Fichaut).

A: ridges #35 and #39 in the south sector in 2005; B: April 2008. Note the deposition of new clasts; C and D: morphological changes of ridge #39 due to the 10th March 2008 storm (C): June 2006, (D): April 2008. 1: removed clasts. 2: deposited clasts.

La série triple du centre de l'île est constituée du rempart n° 28 en première ligne, haut de 2,5 m, et reposant à 15 m en retrait du bord de falaise, puis viennent les amas n° 24 et n° 23 situés en arrière. Le 10 mars, la face exposée de l'amas n° 28 a été peu modifiée. Quelques rares blocs ont été enlevés, d'autres sont venus se déposer au pied du rempart et la crête a gardé la même topographie qu'avant la tempête (photos 5A et 5B). En arrière par contre, les changements ont été beaucoup plus importants. Les blocs 1 (1,93 tonnes) et 2 (0,42 tonnes), reposant initialement en abri du rempart n° 28 ont été déplacés, alors que les blocs X, X1, X2, dont le premier est sur la face exposée de cette accumulation, n'ont pas bougé (fig. 7C, 8B et 8C). La face avant de l'amas n° 24 situé en seconde ligne, a perdu un certain nombre de blocs de petite taille, et la dalle 4 (7,25 tonnes) a été enlevée au sommet et retournée sur le revers (photo 3D). Dans le même temps, cette accumulation a été engraissée par un apport massif de blocs de toutes tailles que l'on peut voir éparpillés sur la pelouse située en avant (photo 6). Le volume de cette accumulation a donc augmenté. Enfin, sur l'amas n° 23 situé en troisième ligne et pourtant protégé par les deux premiers barrages, un bloc pesant 1,2 tonnes a été arraché et projeté à 5 m de son emplacement initial. Dans tous les cas les blocs ont été déplacés dans la même direction que celle des vagues incidentes (WNW-ESE). Dans ce secteur, le fait que les blocs aient étés enlevés sous abri de

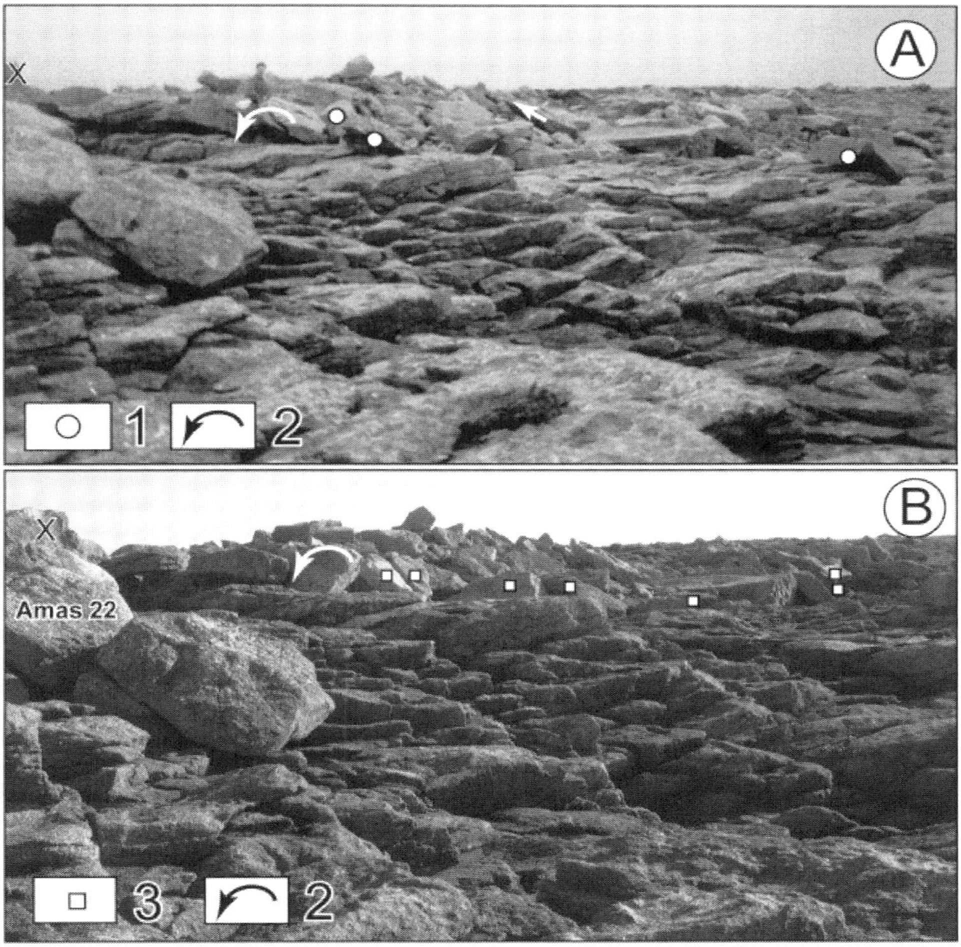

Photo 5 : Modifications morphologiques de la face exposée du barrage 28 entre 1990 et 2008
1 : blocs enlevés le 10 mars 2008. 2 : blocs déplacés le 10 mars 2008. 3 : blocs apportés le 10 mars 2008 (clichés B. Hallégouët : mars 1990, B. Fichaut : avril 2008).

Morphological changes of the exposed face of ridge #28 between 1990 and 2008
1: removed clasts during the storm. 2: displaced clasts during the storm. 3: deposited clasts during the storm.

manière sélective montre qu'ils n'ont pas été emportés par un écoulement laminaire torrentiel. Il est vraisemblable qu'une ou plusieurs masses d'eau issues de déferlement ont été propulsées et ont décollé en haut de falaise avant d'atterrir en arrière de l'amas n° 28 localisé en première ligne. Elles ont ensuite rebondi une première fois en arrachant une dalle au sommet de l'amas n° 24 de seconde ligne, puis une seconde fois sur l'amas n° 23 situé à 55 m de l'apex de la falaise.

Ces deux exemples montrent qu'au cours de cet événement les barrages de première ligne ont été localement épargnés alors que dans le même temps, ceux qui se trouvent en arrière ont été remaniés.

Lors des tempêtes de 1989-1990

Les observations réalisées depuis plusieurs décennies dans le cadre des suivis naturalistes (ornithologie, biologie, etc.), permettent d'affirmer que seuls deux événements réellement morphogènes sont intervenus au cours des cinquante dernières années. Il s'agit des tempêtes de l'hiver 1989-1990 (Fichaut et Hallégouët, 1989), et de celle du 10 mars 2008. Au centre de l'île nous disposons de photos de 1979, 1990, 2005, 2008, qui encadrent ces événements.

Lors des tempêtes de 1989-1990, l'amas n° 28 situé en première ligne a là encore été peu remanié. En effet, comme le montre la photo 5A la plupart des blocs sont couverts de lichens ce qui indique qu'ils n'ont pas été bougés et/ou renversés (ceci n'exclut pas bien sûr que certains blocs aient pu retomber à l'endroit après avoir été déplacés). Sur le revers de l'amas, les blocs X, X1 et X2 sont restés en place (fig. 8A) mais les blocs jonchant la pelouse ont été enlevés et l'amas n° 24 en seconde ligne, a vu sa morphologie complètement bouleversée. Sur ce dernier, nombre de blocs présents antérieurement ont disparu ou ont été remaniés sur place, l'abondance de dalles dépourvues de lichens, et donc déposées à l'envers, atteste de leur arrivée récente (photo 6A). Parallèlement, son volume a fortement augmenté (fig. 8). Enfin, l'amas n° 23 situé en troisième ligne, est entièrement constitué de blocs retournés ce qui semble indiquer qu'il a été mis en place lors de cet événement.

Comme pour la tempête du mois de mars 2008, les observations faites sur celles de l'hiver 1989-1990 montrent que là où les accumulations sont disposées en séries parallèles, les barrages de première ligne ont été peu affectés. Dans le même temps, les remaniements morphologiques et volumiques ont été très importants en deuxième ligne et localement, comme au centre de l'île, une troisième série s'est mise en place. Ces observations permettent de proposer un modèle spatio-chronologique de la mise en place des amas et de leur agencement sur l'île de Banneg.

Modèle spatio-chronologique de la mise en place des amas

Lé modèle que nous proposons repose sur une analyse menée en deux temps. Elle porte tout d'abord sur le secteur centre de l'île où nous disposons des données les plus précises. Ensuite le modèle est étendu au reste de l'île.

Au centre de l'île les amas et barrages forment un volume de 560 m³ (Fichaut et Suanez, 2008) À cela il faut rajouter les blocs erratiques déposés sur les pelouses à l'intérieur de l'île et ceux qui forment une accumulation de plusieurs centaines de mètres cubes au débouché de la gorge. Tout ce matériel lithique provient de prélèvements répétés aux dépens de la falaise, sur un linéaire de 80 m, et presque exclusivement au sommet de l'abrupt. La mise en place de ces dépôts s'inscrit dans une évolution dont le premier stade est marqué par un escarpement de falaise plus verticale qu'aujourd'hui, son sommet était alors plus haut et plus avancé vers le large. Dans un premier temps l'érosion a créé et engraissé l'amas n° 28 qui initialement était plus éloigné du bord de la falaise qu'il ne l'est actuellement (fig. 9A). Par la suite, le recul, cantonné à la partie haute de l'escarpement de falaise, a induit une diminution progressive de sa pente générale. Dans ce contexte, le jet de rive des vagues les plus hautes est propulsé à l'oblique sur la face de la falaise, où il continue d'enlever du matériel. Il décolle à la rupture de pente sommitale, et laisse tomber une partie des blocs sur la face exposée du premier barrage qu'il franchit en volute. Les principaux remaniements interviennent en arrière là ou retombe la masse d'eau. Au niveau de la zone

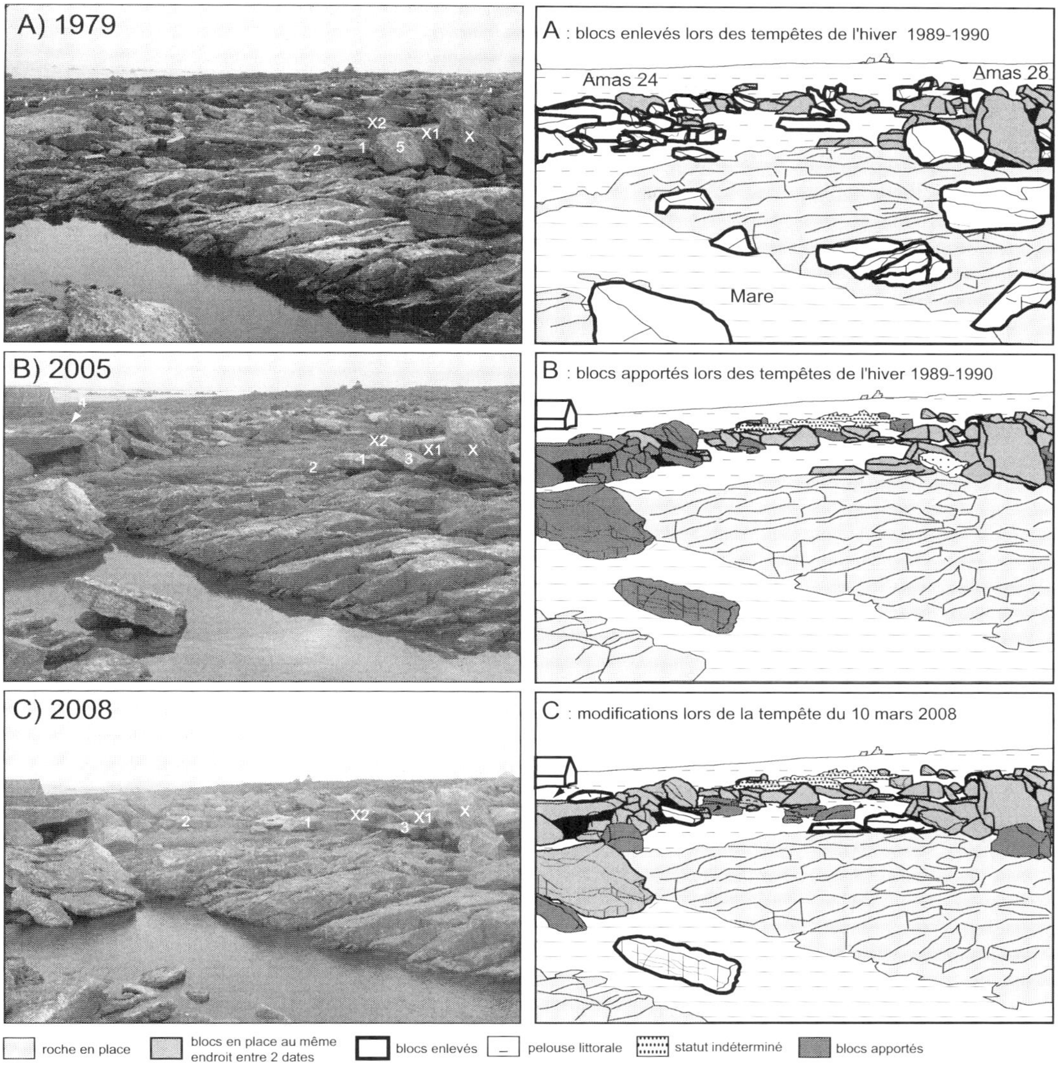

Figure 8 : Évolution de la morphologie de la face abritée du barrage n° 28, et de la face exposée du barrage n° 24 au centre de Banneg, entre 1979 et avril 2008 (clichés B. Hallégouët, juin 1979, B. Fichaut, octobre 2005, avril 2008)
Morphological changes of the lee side of the ridge #28 and of the exposed face of the ridge #24 in the centre sector of Banneg, between 1979 and 2008

de rebond, un second barrage se met en place (fig. 9B). Le fait que la pente de l'escarpement de falaise ne cesse de diminuer implique qu'à terme, de plus en plus de vagues franchissent le premier barrage. Ceci explique l'importance des remaniements et l'augmentation du volume de l'amas n° 24 en seconde ligne, ainsi que la construction et l'évolution de l'amas n° 23 en troisième ligne, fruit d'un deuxième rebond de la masse d'eau (fig. 9C).

En divers points de l'île, la disposition et la morphologie des amas reflètent les différents stades de cette évolution progressive. Le stade initial existe dans le secteur centre sud 2 (fig. 7D). À cet endroit la falaise a une pente toujours supérieure à 50 %. Son sommet dépasse partout 11,5 m

Photo 6 : Modifications de la morphologie de la face exposée du barrage n° 24 entre 1990 et 2008 (clichés B. Hallégouët : mars 1990, B. Fichaut : avril 2008)

Morphological changes of the exposed face of the ridge #24 between 1990 and 2008

NGF et atteint localement 14 m. En retrait les amas constituent une rangée unique en forme de chapelet (amas n° 32 à n° 48). Ils sont peu volumineux et proches de la falaise là où elle est la plus haute (amas n° 48), ils sont par contre plus éloignés et plus massifs lorsque son altitude est plus basse (amas n° 32).

La disposition en double barrage au sud de l'île constitue l'étape suivante. Nous l'avons précédemment décrite au niveau des amas n° 36 et n° 39 qui sont situés en retrait d'une falaise haute de 9 m et dont la pente est comprise entre 30 et 40 %. Lors de la tempête du 10 mars 2008 l'amas n° 36 situé en première ligne n'a enregistré aucune modification morphologique alors que l'amas n° 39 a été fortement remanié. Une partie des blocs qui y ont été prélevés se sont accumulés en arrière où ils forment une ébauche de troisième ligne.

La disposition en triple barrage que nous avons décrite au centre de l'île constitue le dernier stade de ce modèle. Elle existe aussi au centre sud 1. Dans ce secteur, la pente de la falaise est du même ordre qu'au centre (30 à 40 %) mais l'escarpement est plus haut (11 m). Le 10 mars seuls quelques blocs ont été déplacés dans ce dernier ensemble.

Enfin, quelle que soit la disposition en double ou triple barrage, un stade encore plus évolué peut s'observer comme à l'extrême sud de l'île (amas n° 38 et n° 39). En effet à cet endroit, en particulier au niveau de l'amas n° 38 (fig. 7E) la pente de la falaise très régulière n'est plus que de 30 % et se raccorde par une rupture de pente à peine perceptible au versant situé en arrière. L'amas n° 38 qui constituait la première ligne a été totalement détruit le 10 mars et les blocs enlevés sont venus alimenter l'amas n° 39 situé en arrière, ou sont carrément passés par-dessus. On peut donc penser qu'à terme, les barrages situés en première ligne sont destinés à être détruits au profit d'amas situés plus en retrait (fig. 9C).

Discussion et conclusion

Le travail d'analyse quantitative réalisé dans le cadre de cette étude vient confirmer les observations essentiellement qualitatives, qui avaient été faites par B. Fichaut et B. Hallégouët (1989) après les tempêtes de l'hiver 1989-1990. Il permet également d'améliorer la connaissance des processus morphodynamiques de mise en place et d'évolution des amas de blocs cyclopéens. Il convient tout d'abord de préciser que malgré les fortes conditions météomarines enregistrées le 10 mars 2008, cette tempête n'a pas été aussi virulente que celles de l'hiver 1989-1990. Cela tient au fait que la houle était moins importante lorsque l'on compare les hauteurs maximales atteintes le 10 mars en milieu d'après-midi (de 18 à 18,20 m, cf. J.-M. Cariolet *et al.*, ce volume) à celles enregistrées durant les tempêtes de 1989-1990 (> 20 m) (Fichaut et Suanez, 2008). Le caractère exceptionnel de cet épisode s'explique avant tout par la conjonction de ces fortes houles et d'une marée de vive-eau de coefficient 106. Pour autant, les impacts morphogéniques de cette tempête auront été similaires à ceux observés 20 ans plus tôt.

D'un point de vue morphodynamique, l'analyse des processus d'arrachement de blocs a montré le rôle important joué par les conditions lithostructurales. Cet élément prépare et facilite le débitage des dalles là où le réseau de diaclases est particulièrement dense, c'est-à-dire, dans la partie sommitale des falaises. Il est important de souligner que le rôle du diaclasage de la roche dans les processus d'arrachement des blocs n'est pas propre aux granites, il prévaut également dans les calcaires, les ignimbrites et les basaltes (Noormets *et al.*, 2002, 2004 ; Jones et Hunter, 1992 ; Hall *et al.*, 2008 ; Étienne et Paris, 2009). Ce paramètre intervient également dans le dessin du linéaire côtier car il commande les vitesses de recul de la falaise, et dans la morphologie des accumulations de blocs. Ainsi, les rentrants sont caractérisés par une fracturation très dense de la roche qui fragilise l'escarpement de falaise à un niveau beaucoup plus bas que sur les saillants. Le recul est alors plus important, et s'accompagne d'une production plus abondante de blocs ; c'est donc à l'arrière de ces secteurs que l'on trouve les amas cyclopéens les plus volumineux. À l'inverse, les saillants correspondent à des zones où les diaclases forment un réseau orthogonal beaucoup plus lâche, conférant à la roche qui les constitue une résistance plus importante à l'érosion marine.

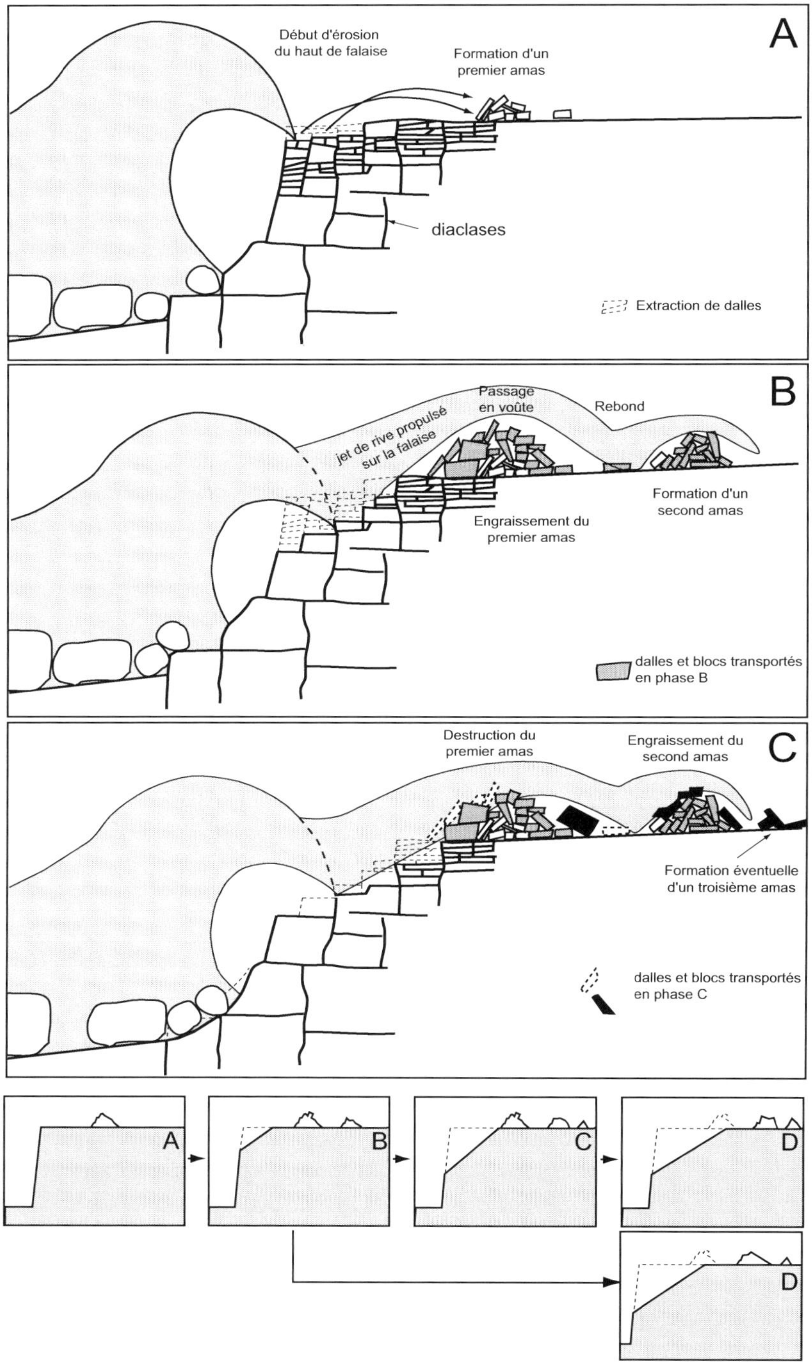

Figure 9 : Schéma de l'évolution spatio-chronologique des amas et barrages cyclopéens sur l'île de Banneg
Spatio-chronological scheme of evolution of CTSDs on Banneg Island

Dans ces secteurs, les accumulations de blocs (lorsqu'il y en a) sont très réduites. Les conditions lithostructurales interviennent enfin dans les processus d'érosion et dans la morphologie de l'escarpement de falaise. Le recul étant plus rapide au sommet qu'à la base de la falaise, il se traduit par une diminution de la verticalité de l'escarpement marqué alors par une pente atteignant au maximum 30 %. Comme nous l'avons souligné, cette évolution va à l'encontre des schémas classiques décrivant le recul des falaises.

Enfin, cette étude a permis de confirmer le rôle important des tempêtes océaniques dans la mise en place et l'évolution des accumulations de blocs cyclopéens. Elle corrobore ainsi les observations faites en Irlande, sur les îles d'Aran (William *et al.*, 2004 ; Hall *et al.*, 2006), sur les îles des archipels de l'Écosse (Orkney et Shetland Islands) (Hall *et al.*, 2006 ; Hall *et al.*, 2008 ; Hansom et Hall, 2009), et sur la péninsule de Reykjanes en Islande (Étienne et Paris, 2009), montrant que l'origine de ces dépôts ne pouvait être attribuée qu'à des événements météomarins extrêmes de type tempêtes ou ouragans, et non à des tsunamis. Le modèle spatio-chronologique que nous proposons permet également de mieux comprendre les dynamiques de mise en place des barrages multiples qui dans la plupart des cas, interrogent sur l'action de processus diachroniques ou synchrones (Nott, 2000). Comme nous l'avons montré, les doubles ou triples séries d'amas se construisent suivant des stades successifs décrivant les dynamiques d'arrachage, de transport et de dépôt des blocs cyclopéens. Ces dispositions originales trouvent donc leur origine dans des processus polygéniques et diachrones. Elles sont également le résultat de la relation entre les phénomènes hydrodynamiques, notamment l'action des masses d'eau générée par le déferlement, et la morphologie (recul de la falaise).

Bibliographie

Atwater B. F., 1992. Geological evidence for earthquakes during the past 2000 years along the Copalis River, southern coastal Washington, *Journal of Geophysical Research,* vol. 97, n° B2, p. 1901-1919.

Atwater B. F., Moore A. L., 1992. A tsunami about 1000 years ago in Puget Sound, Washington, *Science,* n° 258, p. 1614-1617.

Bryant E.A., Young R. W., Price D. M., 1992. Evidence of tsunami sedimentation on the southeastern coast of Australia, *The Journal of Geology,* vol. 100, p. 753-765.

Cariolet J.-M., Costa S., Caspar R., Ardhuin F., Magne R., Goasguen G. Aspects météo-marins de la tempête du 10 mars 2008 en Atlantique et en Manche, *Norois*, ce volume.

Etienne S., Paris R., 2009. Boulder accumulations related to storms on the south coast of the Reykjanes Peninsula (Iceland), *Geomorphology*, vol. 114, n° 1/2, p. 55-70.

Fichaut B., Hallégouët B., 1989. Banneg : une île dans la tempête, *Penn ar Bed,* n° 135, p. 36-43.

Fichaut B., Suanez S., 2007. Les amas cyclopéens de Banneg, *Penn ar Bed,* n° 199/200, p. 13-24.

—, 2008. Les blocs cyclopéens de l'île de Banneg (archipel de Molène, Finistère) : accumulations supratidales de forte énergie, *Géomorphologie, relief, processus, environnement,* n° 1, p. 15-32.

Goff J., Chargué-Goff C., Nichol S., 2001. Paleotsunami deposits: a New Zealand perspective, *Sedimentary Geology,* vol. 143, n° 1/2, p. 1-6.

Hall A. M, Hansom J. D., Williams D. M., Jarvis J., 2006. Distribution, geomorphology and lithofacies of cliff-top storm deposits: Examples from the high-energy coasts of Scotland and Ireland, *Marine Geology,* vol. 232, n° 3/4, p. 131-155.

Hall A. M., Hansom J. D., Jarvis J., 2008. Patterns and rates of erosion produced by high energy wave processes on hard rock headlands: The Grind of the Navir, Shetland, Scotland, *Marine Geology,* vol. 248, n° 1/2, p. 28-46.

Hansom J. D., Barltrop N. D. P., Hall A.M. 2008. Modelling the processes of cliff-top erosion and deposition under extreme storm waves, *Marine Geology,* vol. 253, n° 1/2, p. 36-50.

Hansom J. D., Hall A. M., 2009. Magnitude and frequency of extra-tropical North Atlantic cyclones: a chronology from cliff-top storm deposits, *Quaternary International*, vol. 195, n° 1/2, p. 42-52.

Hallégouët B., 1982. Géomorphologie de l'archipel de Molène, *Penn ar Bed*, n° 110, p. 83-97.
—, 1984. Contribution à l'étude morphologique de l'archipel de Molène (Finistère), *Etudes géographiques sur la Bretagne et questions diverses*. Actes du 107e Congrès National des Sociétés Savantes, Brest 1982, Secteur de Géographie, Paris, CTHS, p. 61-77.
Jones B., Hunter I. G., 1992. Very large boulders on the coast of Grand Cayman: the effects of giant waves on rocky coastlines, *Journal of Coastal Research*, vol. 8, n° 4, p. 763-774.
Maouche S., Morhange C., Meghraoui M., 2009. Large boulder accumulation on the Algerian coast evidence tsunami events in the western Mediterranean, *Marine Geology*, vol. 262, n° 1/4 p. 96-104.
Mase H., 1989. Randomwave runup height on gentle slopes, *Journal of Waterway, Port, Coastal, and Ocean Engineering*, vol. 115, n° 5, p. 649-661.
Mastronuzzi G., Sansò P., 2004. Large boulder accumulation by extreme waves along Adriatic coast of southern Apulia (Italy), *Quaternary International*, vol. 120, n° 1, p. 173-184.
Mastronuzzi G., Pignatelli C., Sansò P., 2006. Boulder fields: a valuable morphological indicator of paleotsunami in the Mediterranean Sea, *Zeitschrift für Geomorphologie. N. F.*, n° Suppl. 146, p. 173-194.
Mastronuzzi, G., Pignatelli, C., Sansò, P., Selleri G., 2007. Boulder accumulations produced by the 20th February 1743 tsunami along the coast of southeastern Salento (Apulia region, Italy), *Marine Geology*, vol. 242, n° 1, p. 191-205.
Nichol S. L., Lian O. B., Carter C. H., 2003. Sheet-gravel evidence for a late Holocene tsunami run-up on beach dunes, Great Barrier Island, New Zealand, *Sedimentary Geology*, vol. 155, n° 1/2, p. 129-145.
Noormets R., Felton E. A., Crook K. A. W., 2002. Sedimentology of rocky shorelines: 2. Shoreline clasts on the north of Oahu, Hawaii – origins and history, *Sedimentary Geology*, vol. 150, n° 1/2, p. 31-45.
Noormets R., Crook K. A. W., Felton E. A., 2004. Sedimentology of rocky shorelines: 3. Hydrodynamics of clast emplacement and transport on a shore platform, Oahu, Hawaii, *Sedimentary Geology*, vol. 172, n° 1/2, p. 41-65.
Nott J., 2000. Records of prehistoric tsunamis from boulder deposits – evidence from Australia, *Science of Tsunami Hazards*, vol. 18, n° 1, p. 3-14.
Pinegina T. K., Bourgeois J., 2001. Historical and paleo-tsunami deposits on Kamchatka, Russia: long-term chronologies and long-distance correlations, *Natural Hazards and Earth System Sciences*, n° 1, p. 177-185.
Scicchitano G., Monaco C., Tortorici L. 2007. Large boulder deposits by tsunami waves along the Ionian coast of south-eastern Sicily, Marine Geology, vol. 238, n° 1/4, p. 75-91.
Suanez S., Fichaut B., Magne R., 2009. Cliff-top storm deposits on Banneg Island, Brittany, France: effects of giant waves in the Eastern Atlantic Ocean, *Sedimentary Geology*, vol. 220, n° 1/2, p. 12-28.
Vott A., Bruckner H., May S. M., Lang., Herd R., Brockmuller S., 2008. Strong tsunami impact on the Bay of Aghios Nikolaos and its environs (NW Greece) during Classical-Hellenistic times. *Quaternary International*, vol. 181, n° 1, p. 105-122.
Williams D. M., Hall, A. M., 2004. Cliff-top megaclasts deposits of Ireland, a record of extreme waves in the North Atlantic-storms or tsunamis?, *Marine Geology*, vol. 206, n° 1/4, p. 101-107.
Young R. W., Bryant E. A., Price D. M., 1996. Catastrophic wave (tsunami?) transport of boulders in southern New South Wales, Australia, *Zeitschrift für Geomorphologie. N. F.*, n° 40, p. 191-207.

Remerciements

Nous tenons à remercier la DIREN Bretagne qui a financé ce travail. Un grand merci à J-Y. Le Gall et D. Bourlès, gardes-animateurs de la Réserve Naturelle d'Iroise (Bretagne Vivante-SEPNB), pour leur aide précieuse en matière de logistique. Nous remercions enfin toutes les personnes qui ont aimablement accepté de nous fournir les données hydrodynamiques nécessaires à la réalisation de cette étude, F. Adhuin et R. Magne du SHOM (Brest) pour les enregistrements de houle, G. Wöppelmann de l'université de La Rochelle pour la mise à disposition des données marégraphiques via *la base de données SONEL.*

Cet article a été reçu le 28 avril 2009 et définitivement accepté le 22 janvier 2010.

Norois, n° 215, 2010/2, p. 59-75

Franchissement et migration des cordons de galets par *rollover*
Impact de la tempête du 10 mars 2008 dans l'évolution récente du Sillon de Talbert (Côtes-d'Armor, Bretagne)

Pierre Stéphan, Serge Suanez, Bernard Fichaut
Géomer – LETG UMR 6554 CNRS
(Université de Bretagne Occidentale),
Institut Universitaire Européen de la Mer, Technopole Brest-Iroise, place Nicolas-Copernic – 29280 Plouzané, France
pierre.stephan@univ-brest.fr, serge.suanez@univ-brest.fr, bernard.fichaut@univ-brest.fr

Résumé
Cette étude analyse dans un premier temps l'impact de la tempête du 10 mars 2008 sur l'évolution récente du Sillon de Talbert correspondant à une flèche de galets située sur la façade septentrionale de la péninsule armoricaine. Dans un second temps, le rôle des épisodes de franchissement dans le recul récent par rollover *de ce cordon est étudié à partir d'un suivi topo-morphologique annuel, réalisé au DGPS entre 2002 et 2008, auquel s'ajoute une analyse des conditions météo-marines enregistrées durant cette période. Le 10 mars 2008, la forte agitation liée à la tempête Johanna coïncide avec une marée de vive-eau de coefficient 106, entraînant un franchissement important du Sillon de Talbert par les vagues. Cet épisode météo-marin extrêmement morphogène se solde par un transfert massif de sédiments en direction du revers et un recul du cordon d'une dizaine de mètres en moyenne. Ce recul particulièrement brutal marque la fin d'une phase de stabilité enregistrée entre 2002 et 2007, caractérisée par l'absence d'épisode de franchissement significatif. La tempête Johanna est suivie d'une période de reconstitution relativement rapide de la crête et une tendance à l'exhaussement du cordon est observée sous des conditions météo-marines plus clémentes entre les mois de mars et de septembre 2008. Cette réponse traduit ainsi une bonne résilience du cordon à l'impact d'événements brutaux. Enfin, les résultats mettent en évidence plusieurs phases d'activité morphogène sur le Sillon de Talbert. Ces phases sont également reconnues sur d'autres secteurs littoraux de Bretagne et s'inscrivent dans des cycles décennaux d'évolution des rivages qui pourraient être associés aux variations pluri-annuelles de l'indice hivernal d'oscillation nord-atlantique.*

Mots clé : Cordon de galets – franchissement – rollover *– flèche littorale – Bretagne – tempête – érosion – suivi topo-morphologique – DGPS – niveau marin – niveau d'eau*

Abstract
Crestal overtop and gravel barrier migration by rollover. Impact of 10th March 2008 storm on the actual evolution of Sillon de Talbert (Côtes-d'Armor, Brittany)
This research concerns the morphological impact caused by the storm Johanna (10 Marsh 2008) on the recent evolution of Sillon de Talbert, a swash-aligned gravel spit located in

the north of Brittany. The role played by overwash events on gravel barrier rollover processes between 2002 and 2008 is also studied by analysing topographic and oceanographic data set collected in Sillon de Talbert coastal area. In March 2008, the high tide levels associated to stormy wave conditions caused the flooding of the spit which migrated landward 10 m. This erosional phase occurred after a long period of stability related to a low morphogenic activity between 2002 and 2007. After the storm Johanna, a crestal overtoppping phase is measured between March and September 2008 showing the great resilience of the barrier to an extrem event. This results show different phases of morphogenic activity on the Sillon de Talbert, also recognised on other coastal areas along the Brittany coastline, which could be related to hivernal NAO index oscillations.

Key words : *gravel barrier – overwash – rollover – spit – Brittany – storm – erosion – topo-morphological survey – DGPS – sea-level – water level*

Les travaux portant sur la dynamique générale des cordons de galets ont mis en évidence leur évolution par *rollover*, mécanisme entraînant le roulement progressif des formes d'accumulation sur elles-mêmes et leur recul vers l'intérieur des terres (Carter *et al.*, 1987, 1989 ; Carter et Orford, 1993 ; Forbes *et al.*, 1991, 1995 ; Héquette et Ruz, 1991 ; Orford *et al.*, 1991 ; 1995). Le mécanisme de *rollover* se caractérise par un déplacement de matériel sédimentaire issu de la face externe vers le revers du cordon. Ce transfert sédimentaire s'effectue le plus souvent de manière épisodique et suppose l'intervention d'événements météo-marins au cours desquels les plus hauts jets de rive franchissent le sommet des accumulations. En contexte macro-tidal, ce franchissement s'effectue généralement lorsqu'une pleine mer de vive-eau coïncide avec le passage d'un fort coup de vent ou d'une tempête près des côtes.

L'impact des épisodes de franchissement sur la morphologie des cordons de galets a été décrit en détail par J. D. Orford et R. W. G. Carter (1982) et J. D. Orford *et al.* (1991), sur la base de simples observations de terrain. Quatre types de réponse morphologique ont été identifiés selon l'importance du franchissement (fig. 1). Tout d'abord, lorsque les plus hauts jets de rive atteignent tout juste la crête, les cordons tendent à s'exhausser (phénomène dit d'*overtopping* par les anglosaxons). L'infiltration des jets de rive dans les interstices du sédiment diminue la compétence de la nappe de retrait et explique cette tendance à l'accrétion sommitale (Holman et Sallenger, 1985 ; Butt et Russel, 2000 ; Masselink et Li, 2001 ; Buscombe et Masselink, 2006). Ensuite, dans un contexte de léger débordement des cordons par les plus hauts jets de rive, la crête est érodée et s'abaisse topographiquement. Généralement dans ce cas, le volume de matériel déversé sur le revers n'est pas suffisant pour entraîner un recul significatif des accumulations par *rollover*. C'est donc uniquement lors d'événements météo-marins associant de très hauts niveaux d'eau et des vagues de tempête que toute la partie haute des cordons est susceptible de se déverser sur le revers. Dans ce contexte l'écrêtement s'accompagne d'un transfert important de galets en direction du revers permettant un recul significatif des cordons par *rollover*. J. D. Orford *et al.* (1991) rappellent que, dans ces conditions, la rupture des cordons est également possible.

Dans la continuité de ces travaux, D. L. Forbes *et al.* (1995) ont insisté sur les effets de seuil qui caractérisent le mécanisme de *rollover*. Les auteurs ont montré que le fonctionnement morphodynamique non linéaire des cordons de galets, dont la mobilité se marque par des périodes de stabilité plus ou moins longues, est caractérisé par de courtes phases d'érosion brutale et de recul liées uniquement à l'intervention d'événements météo-marins importants, voire extrêmes. Malgré l'intérêt que représente l'analyse fine de tels épisodes morphogènes pour la gestion de la mobilité des cordons de galets, les recherches menées sur le sujet sont peu nombreuses jusqu'à présent. Cette lacune tient probablement à la difficulté de cerner de tels épisodes dont l'occurrence est généralement très faible.

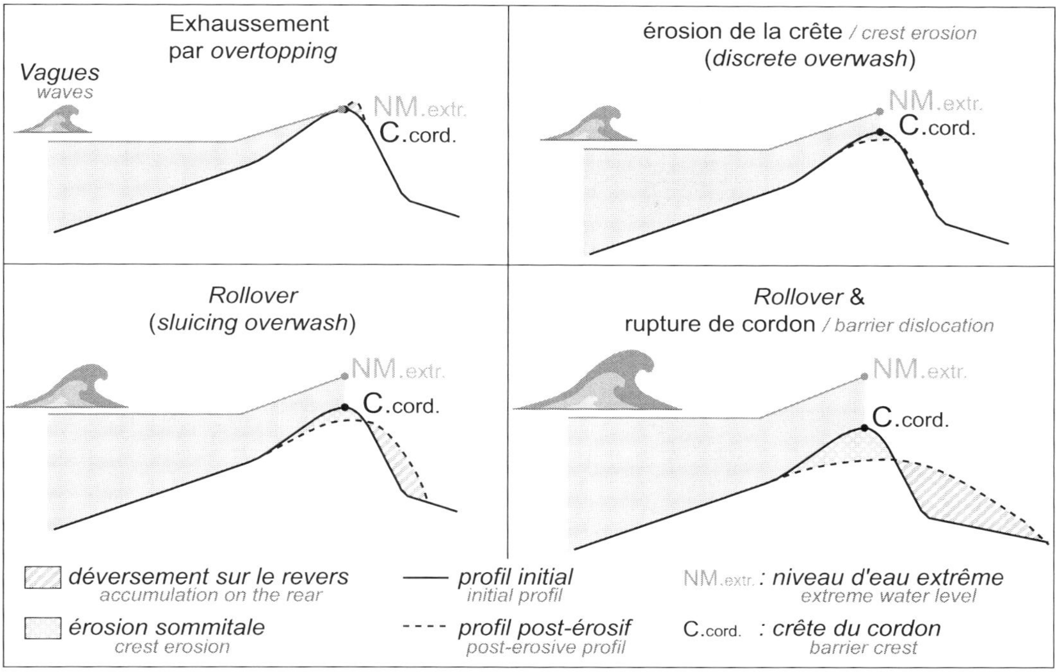

Figure 1 : Réponses morphologiques des cordons de galets selon l'importance du franchissement (d'après J. D. Orford et R. W. G. Carter, 1982).
Morphological responses associated to overwash conditions on a gravel barrier

La tempête Johanna, du 10 mars 2008, constitue l'un des événements les plus morphogènes de ces dernières années le long des côtes de Bretagne (Cariolet *et al.*, ce volume). La conjonction d'une forte agitation marine avec une marée de vive-eau a réuni les conditions météo-marines favorables au franchissement des accumulations littorales par les plus hauts jets de rive et, dans le cas des cordons de galets, à leur recul par *rollover*.

Cet article se propose donc d'examiner l'impact de cet événement extrême sur la mobilité du Sillon de Talbert, flèche de galets située sur la façade septentrionale de Bretagne, et de replacer cet épisode au sein d'une évolution pluriannuelle par le biais d'un suivi topo-morphologique effectué au DGPS entre 2002 et 2008. Parallèlement, cette recherche s'est attachée à définir le rôle des épisodes de franchissement dans la mobilité du cordon en reconstituant les conditions météo-marines lors du suivi et en retraçant notamment la chronologie des épisodes morphogènes.

Le secteur d'étude

Le Sillon de Talbert se situe sur la façade septentrionale de la péninsule armoricaine (fig. 2). Il forme une flèche à pointe libre qui s'allonge en direction du nord-est sur une distance d'environ 3,2 km et une largeur moyenne de 100 m, avant de s'évaser dans sa partie distale en se recourbant sous la forme d'un crochet adoptant une morphologie, dite en tête d'épingle (photo 1A). Dans son prolongement, l'archipel d'Olonne forme un ensemble d'îlots granitiques reliés entre eux par plusieurs accumulations de galets submersibles à pleine mer (photo 1B).

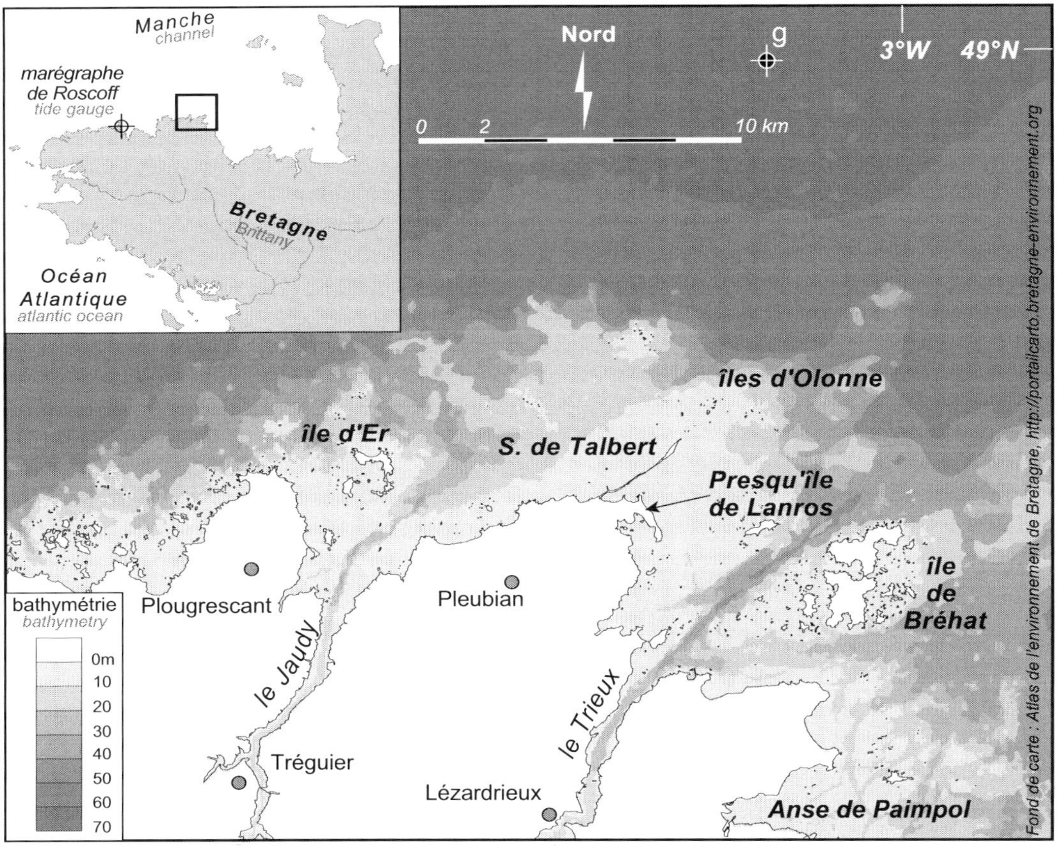

Figure 2 : Localisation du Sillon de Talbert
Location maps of Sillon de Talbert

Ce cordon représente actuellement un volume sédimentaire estimé à 1,23.10^6 m^3 qui se compose de sables, graviers et galets en proportion variable le long du cordon. Quatre unités morphosédimentaires peuvent être distinguées à partir de la racine jusqu'à la pointe de la flèche (fig. 3 – **planche V**). La première unité, essentiellement sableuse, s'étend sur une distance de 500 m et présente une faible pente (comprise entre 5 % et 12 %). La crête de l'accumulation est coiffée par une dune dont l'altitude dépasse par endroits 14 m CM (Cote Marine). Cette section bénéficie de la protection de nombreux écueils sur le platier rocheux. La seconde unité morphosédimentaire correspond à la partie proximale du cordon et se compose d'un mélange très hétérométrique de sables et de galets mal triés (médiane des galets : 52 mm, indice de tri : 1,15) (Morel, 1997). Le cordon montre une pente douce (entre 5 % et 7 %) et un profil très surbaissé dont le sommet atteint à peine l'altitude de 11,5 m CM (fig. 3 – **planche V**).

La troisième unité correspond à la partie médiane du cordon, essentiellement composée de galets (médiane des galets : 2,6 mm) (Morel, 1997). L'accumulation présente un profil nettement plus redressé et son altitude atteint en moyenne 12,5 m CM (fig. 3 – **planche V**). Enfin, la quatrième unité morphosédimentaire forme la partie distale du Sillon de Talbert qui se termine par une série de crochons rabattus sur le revers du cordon par la diffraction. Du point de vue morphodynamique, c'est dans ce secteur que l'aspect réfléchissant du cordon est le plus

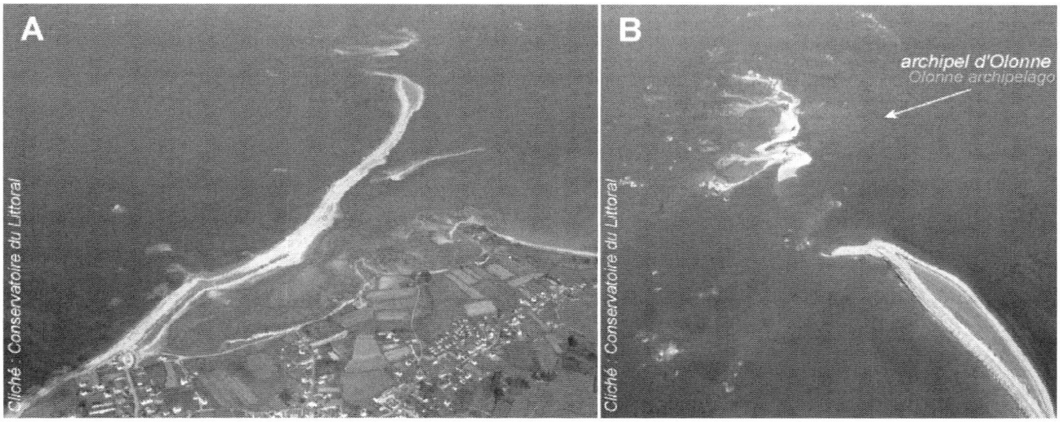

Photo 1 : Vues aériennes du Sillon de Talbert (mars 2007)
A : Sillon de Talbert dans son ensemble. B : partie distale du Sillon et archipel d'Olonne.
Aerial views of Sillon de Talbert

accentué. La pente de la plage est de 15 % en moyenne et la crête se situe à une altitude de 13 m CM (fig. 3 – **planche V**).

L'ensemble du secteur est situé en contexte macrotidal, avec un marnage maximum de 10,85 m. Les houles dominantes proviennent essentiellement de l'ouest-nord-ouest. Les hauteurs significatives (H_{sig}) sont comprises entre 1 et 1,5 m, les périodes (T_{pic}) entre 9 et 10 secondes. Lors des épisodes tempétueux, la hauteur maximum des vagues peut toutefois dépasser 9 m et la période 20 secondes (Stéphan, 2008a). Dans ces conditions, le Sillon de Talbert joue un rôle de barrière naturelle. Il offre ainsi une situation d'abri aux îles de l'archipel de Bréhat à l'est (fig. 2) et évite la submersion par les vagues de la Presqu'île de Lanros au sud (fig. 2) dont une grande partie (environ 10 ha) est située sous le niveau des plus hautes mers astronomiques. Par ailleurs, son orientation générale par rapport aux directions dominantes des houles implique un faible transport longitudinal vers sa partie distale, l'essentiel du transport sédimentaire s'effectuant de manière transversale, de la plage en direction du revers.

L'analyse diachronique de cartes anciennes et de photographies aériennes a montré que le Sillon de Talbert connaît un recul par *rollover* estimé à environ 0,5 m/an depuis 1770 (Pinot, 1994). Cette dynamique régressive, particulièrement rapide au cours des trois derniers siècles, trouve son origine dans une situation de pénurie sédimentaire, résultant de la faiblesse des apports récents en matériel grossier. En effet, pour son alimentation, le cordon a essentiellement bénéficié de l'érosion d'un cordon fossile d'âge éémien dont il ne reste aujourd'hui que quelques plaquages sur l'estran.

Afin de freiner ce recul et d'éviter l'ouverture de brèches, plusieurs interventions de stabilisation ont été entreprises sur le cordon au cours des cinquante dernières années. La plus remarquable d'entre elles a été l'édification en 1974, d'une digue frontale en enrochements longue d'environ 2 km. Toutefois, les fortes tempêtes hivernales qui ont marqué la décennie 1980 ont provoqué un affaissement considérable du cordon. De nouvelles brèches se sont ouvertes dans les années 1990 tandis que le recul du cordon s'est poursuivi en dépit des enrochements (Morel, 1997 ; Pinot, 1994). En 2001, la gestion du Sillon de Talbert a été confiée au Conservatoire du Littoral, optant pour la suppression de la digue frontale en enrochements dont les blocs ont été concassés (photo 2A), avant d'être disposés en arrière de la flèche sous la forme de trois cordons artificiels servant d'ados (photo 2B). Le matériel concassé a aussi servi à colmater artificiellement deux larges brèches ouvertes dans la partie proximale de la flèche. Parallèlement, une surveillance régulière de l'évolution littorale a été mise en place sous la forme d'un suivi topo-morphologique dont nous présentons ici les résultats.

Depuis janvier 2007, le Sillon est classé Réserve Naturelle Régionale en raison entre autres de la « particularité » géomorphologique qu'il représente à l'échelle de la Bretagne.

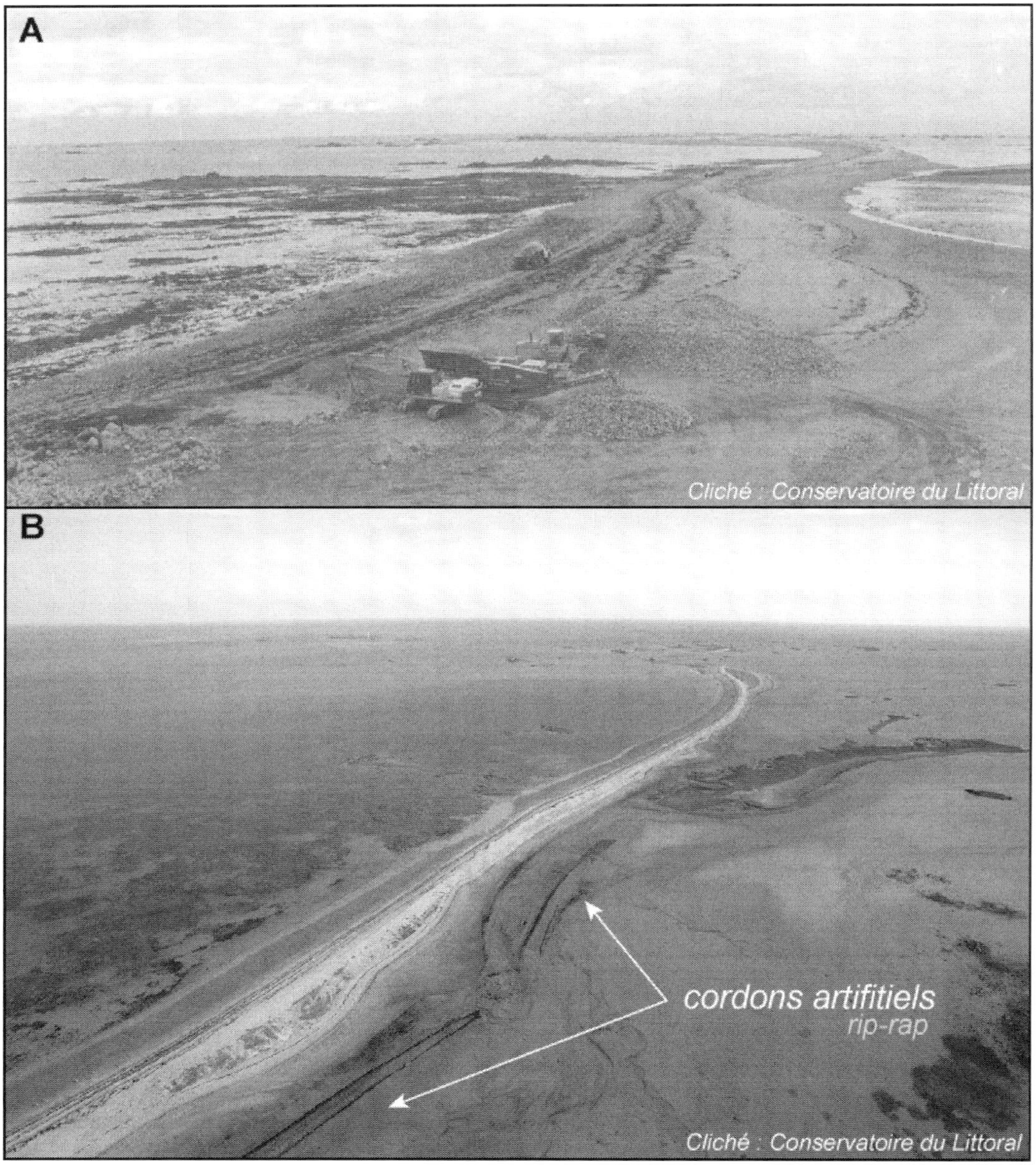

Photo 2 : Vues aériennes du Sillon de Talbert durant les travaux de suppression de la digue frontale en enrochement (A) et après la mise en place des cordons artificiels en arrière de la flèche (B)

Aerial views of Sillon de Talbert during the suppression of the rip-rap along the spit (A) and after the construction of the artificial accumulations behind the spit (B)

Méthodologie

Le rôle du franchissement par les vagues de tempête dans la mobilité du Sillon de Talbert a été étudié à partir d'un suivi topo-morphologique couplé à l'analyse des conditions météo-marines et plus particulièrement, celle des plus hauts niveaux d'eau à la côte.

Le suivi topo-morphologique du Sillon

Le suivi topo-morphologique repose sur sept campagnes de mesure topographique réalisées entre 2002 et 2008. À l'exception des données obtenues au mois d'octobre 2002 à partir d'un levé Lidar dont la précision altitudinale a été estimée à 10 cm (Boersma et Hoenderkamp, 2003), toutes les mesures topographiques ont été réalisées à l'aide d'un DGPS en mode cinématique (RTK), avec une précision horizontale et verticale respective de 2 cm (x, y) et de 1,5 cm (z) (Suanez *et al.*, 2008). Les mesures ont été raccordées au système géodésique français à partir d'une borne IGN située à proximité du Sillon de Talbert. Le système de géoréférencement qui a été retenu correspond au Lambert II étendu et les altitudes ont été raccordées dans un premier temps au système IGN69, avant d'être converties en cotes marines (soit +5,12 m par rapport à la cote NGF). Le traitement des données a été réalisé sous le logiciel Surfer 8.0. La méthode du krigeage avec intégration de lignes de rupture a été retenue comme modèle d'interpolation pour la construction de Modèles Numérique de Terrain (MNT) de résolution métrique. La comparaison des différents MNT a permis d'obtenir à la fois les valeurs de recul ou d'avancée du cordon, mesurées à la base du revers, et les variations altitudinales de la crête, en termes d'exhaussement et/ou d'abaissement. Ces mesures ont été réalisées le long de 110 transects disposés perpendiculairement au cordon et espacés d'une trentaine de mètres les uns des autres.

L'analyse des conditions météo-marines

L'analyse des épisodes de franchissement repose sur la reconstitution des hauts niveaux d'eau à la côte entre 2002 et 2008 le long de quatre transects et le croisement de ces données avec la topographie du Sillon de Talbert. Les quatre transects choisis sont jugés représentatifs des quatre unités morphosédimentaires qui composent la flèche : racine (P006), parties proximale (P048), médiane (P075) et distale (P100). Le franchissement peut être défini par la formulation suivante (Stéphan, 2008) :

$$\Delta_{Subm} = N.M._{extr.}\ [M_{pred} + (s^{+} \text{ ou } s^{-} + R2\ (\eta + R_{swash})] > C_{cord} \quad (1)$$

où Δ_{Subm} est la hauteur de la colonne d'eau lors du franchissement, C_{cord} est l'altitude de la crête et $N.M._{extr.}$ correspond aux niveaux marins extrêmes définis comme la somme des trois composantes intervenant dans la génération de hauts niveaux d'eau à la côte (fig. 4), à savoir :

– la marée prédite (M_{pred}) définie comme l'oscillation quotidienne du plan d'eau liée à la marée astronomique ;

– la surcote (s^{+}) et la décote (s^{-}) qui s'expliquent à la fois par des variations de pression barométrique et par l'intervention de vents violents poussant les masses océaniques à la côte ;

– la somme (R_2) des phénomènes de *setup* (η) et de *swash runup* (R_{swash}) étroitement dépendants des conditions d'agitation marine au niveau du rivage. Le *setup* correspond à une déformation du plan d'eau entre le point de déferlement des vagues et la ligne de rivage tandis que le *runup* est la hauteur du jet de rive atteinte dans la zone de *swash*.

Les données de marée prédite (M_{pred}) ont été obtenues en hauteurs d'eau horaires par simulation numérique à partir du modèle de marée du SHOM, intégrant une cinquantaine de composantes harmoniques de la marée. Les valeurs de surcote (s^{+}) et de décote (s^{-}) ont été calculées à partir des enregistrements marégraphiques du port de Roscoff, distant d'une cinquantaine de kilomètres du

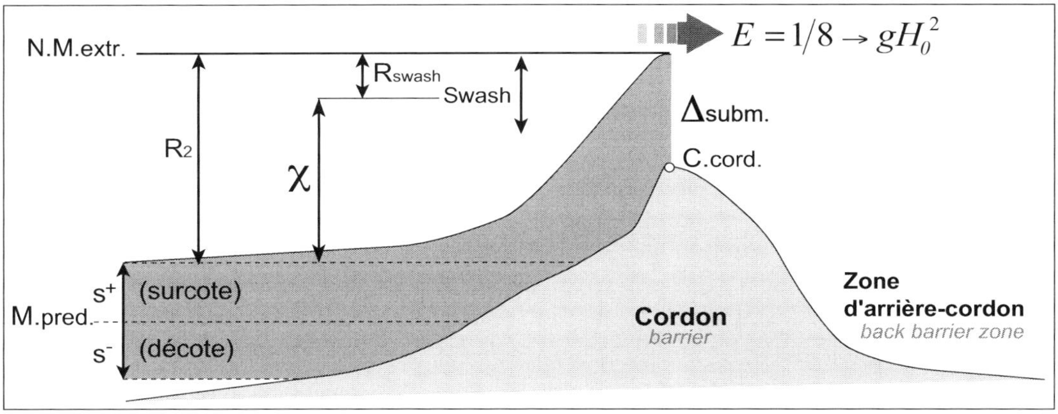

Figure 4 : Paramètres utilisés pour déterminer les hauts niveaux d'eau à la côte et pour hiérarchiser les épisodes de franchissement
Parameters used to define high water levels and to quantify morphological impact of flooding events

secteur d'étude (fig. 2). Cet éloignement induit probablement un certain déphasage et des écarts d'amplitude dans les pics de surcote et de décote dont nous ne pouvons pas tenir compte. Il faut donc considérer ici les données marégraphiques comme une estimation comportant une part d'incertitude non négligeable. Les valeurs de *setup* (η) et de *sawsh runup* (R_{swash}) ont été calculées à partir des équations proposées par H.F. Stockdon *et al.* (2006) :

$$R_2 = 0{,}043(H_0L_0)^{1/2} \qquad (2)$$

$$R_2 = 1{,}1\left(0{,}35\beta_f(H_0L_0)^{1/2} + \frac{\left[H_0L_0(0{,}563\beta_f^2+0{,}004)\right]^{1/2}}{2}\right) \qquad (3)$$

$$R_2 = 0{,}73\beta_f(H_0L_0)^{1/2} \qquad (4)$$

où, R_2 correspond à la hauteur atteinte par 2 % des plus hauts jets de rives, β_f est la pente calculée sur toute la longueur de la plage, H_0 et L_0 correspondent respectivement à la hauteur significative et à la longueur d'onde des houles au large. Ces formules empiriques ont été élaborées à partir de mesures de terrain réalisées entre 1982 et 1997 sur dix plages situées en Hollande (Ruessink *et al.*, 1998) et dans les États de Caroline du Nord (Holman, 1986 ; Holland et Holman, 1993, 1996), de Californie (Holland *et al.*, 1995) et d'Oregon (Ruggiero *et al.*, 2001) aux États-Unis. La morphologie de ces dix plages et les conditions hydrodynamiques régnant lors de ces campagnes de mesure ont permis de déterminer les phénomènes de *setup* et de *runup* pour une large gamme de conditions environnementales. Trois équations sont ainsi proposées en fonction de l'état morphodynamique de la plage, défini par le nombre d'Iribarren ξ_0 (Battjes, 1974) d'équation:

$$\xi_0 = \beta_f / (H_0 / L_0)^{1/2} \qquad (5)$$

Pour un état dissipatif (ξ_0 <0,3), la formule [2] est utilisée ; pour un état intermédiaire (0,3<ξ_0 <1,25) il est préconisé d'employer la formule [3] ; la formule [4] s'emploie pour un état réfléchissant (ξ_0 >1,25) (Stockdon *et al.*, 2006).

Les paramètres de la houle, nécessaires au calcul du *setup* et du *runup*, ont été obtenus par simulation numérique à partir d'un modèle de vagues développé par le service « Vague et Littoral » du SHOM, utilisant les données de vents fournies par le Centre Européen de Prévision météorologique (ECMWF). Sous le logiciel Crest, les vagues ont ensuite été propagées jusqu'au point γ de coordonnées 3,046°W et 48,964°N, situé au large de notre secteur d'étude (fig. 2), en emboîtant un modèle de tracé de rayons à plus grande échelle spatiale, tenant compte de la bathymétrie locale.

Les épisodes de franchissement reconnus ont également été hiérarchisés en calculant la densité d'énergie des vagues à la côte lors du franchissement, suivant la formule :

$$E = 1/8\ \rho\, g H_0^2 \qquad (6)$$

où E est la somme de l'énergie par unité de surface (J.m^{-2}), ρ est la masse volumique de l'eau (1027 kg/m^3 pour une eau salée).

Résultats

La tempête Johanna et son impact morphosédimentaire sur le Sillon de Talbert

Entre les mois de septembre 2007 et mars 2008, le Sillon de Talbert a connu une érosion considérable (fig. 5). Les transferts sédimentaires, estimés à 120 000 m^3 (soit 10 % du volume total de l'édifice) se sont opérés essentiellement de la plage vers l'arrière du cordon, témoignant d'une véritable dynamique de *rollover*. À l'exception de sa racine et de sa partie proximale, la flèche a reculé d'une dizaine de mètres en moyenne vers l'est. Par endroits, le recul du cordon a dépassé 20 m et s'est accompagné d'un abaissement de la crête de 1,5 m en moyenne (fig. 5).

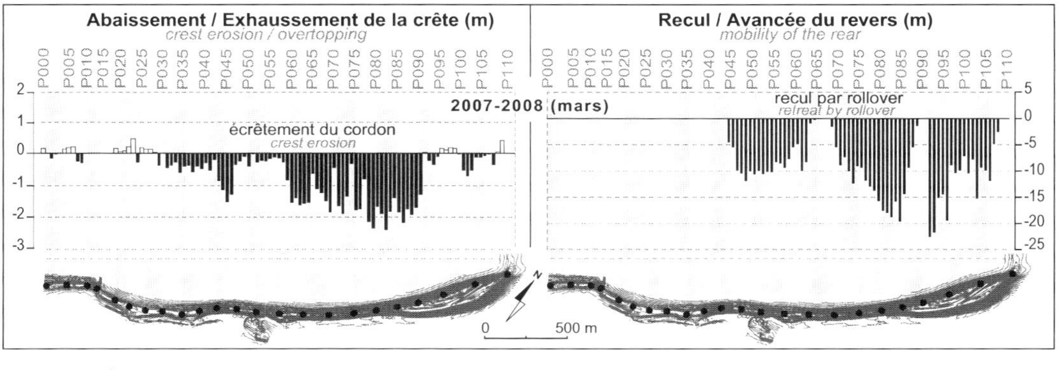

Figure 5 : Évolutions morphologiques mesurées sur le Sillon de Talbert entre les mois de septembre 2007 et de mars 2008

Morphological evolutions of Sillon de Talbert between September 2007 and March 2008

Ces changements morphologiques particulièrement brutaux sont en grande partie le résultat de la tempête Johanna, des 10 et 11 mars 2008. L'analyse détaillée des conditions météo-marines (fig. 6) montre qu'au moins deux épisodes de franchissement majeurs se sont succédés lors du passage de cet événement tempétueux près du Sillon de Talbert. Un premier franchissement est survenu dans la matinée du 10 mars, entre 9 heures et 10 heures (UT+ 1 heure). Des conditions marégraphiques exceptionnelles en sont à l'origine. En effet, la pleine mer de vive-eau de coefficient 106 a coïncidé avec un pic de surcote dont les valeurs ont atteint 60 cm au port de Roscoff (fig. 6). En revanche, les vagues de secteur ouest (direction 280°N) n'ont pas été particulièrement fortes, même si leur hauteur au large a pu atteindre 5,2 m. Ce contexte a toutefois suffi à entraîner une première submersion du cordon par les plus hauts jets de rive et un écrêtement important de l'édifice. Par la suite, un deuxième épisode de franchissement est survenu dans la soirée du 10 mars et a duré entre trois et quatre heures. Cette fois, les vagues d'ouest (direction 290°N) ont été nettement plus fortes que dans la matinée et leur hauteur a atteint 9,5 m au large du Sillon (fig. 6). C'est donc probablement dans ce contexte de très forte agitation marine que s'est opéré l'essentiel des transferts sédimentaires en direction du revers. À l'issue de ces deux épisodes particulièrement morphogènes, les portions les plus fragilisées du Sillon ont pu subir à nouveaux plusieurs épisodes de franchissement durant les phases de pleines mers. En effet, jusqu'au 13 mars, la hauteur des vagues est restée importante (entre 4 et 6 m) et les coefficients de marée ont diminué lentement (fig. 6), si bien que les plus hauts jets de rive ont pu franchir à nouveau un cordon déjà largement écrêté.

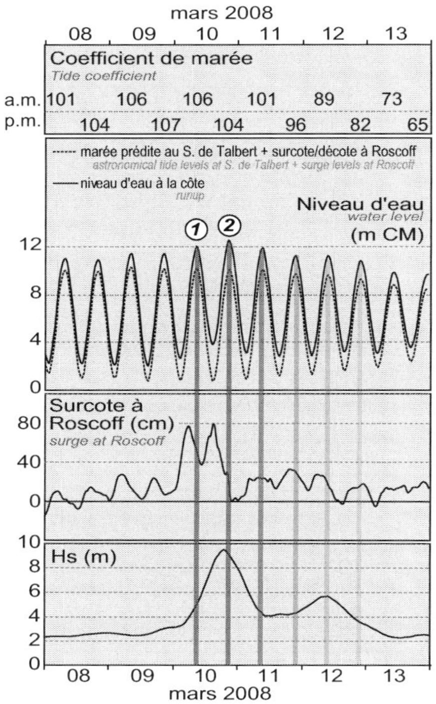

Figure 6 : Conditions météo-marines sur le secteur du Sillon de Talbert entre le 08 et le 13 mars 2008

Tide and wave conditions between 08 and 13 March 2008 on Sillon de Talbert

Un contexte anté-tempétueux de stabilité morphogénique

Le suivi topographique du Sillon de Talbert réalisé depuis 2002 montre que la tempête Johanna a marqué la fin d'une période de relative stabilité morphologique. Entre les mois d'octobre 2002 et de mai 2006, le recul du cordon est resté très ponctuel, de faible ampleur et s'est limité à la partie médiane du Sillon (fig. 7). D'une manière générale, la crête s'est exhaussée sur toute la longueur de la flèche traduisant une consolidation de la partie haute du cordon par le biais des processus dit d'*overtopping*. L'analyse des conditions météo-marines montre en effet que cette période correspond à une phase de calme morphogénique marquée par l'absence d'épisode de franchissement significatif le long du cordon (fig. 8). Les variations altitudinales de la crête les plus significatives, mesurées entre 2003 et 2005 dans la partie proximale, doivent être attribuées uniquement à la suppression de la digue frontale en enrochement en novembre 2004 et au colmatage de deux brèches ouvertes dans les années 1990.

Certes, entre les mois de mai 2006 et septembre 2007, des modifications morphologiques plus importantes ont été observées (fig. 7). La portion comprise entre les transects P045 et P060 a été largement écrêtée, connaissant également un recul par *rollover* de 5 à 10 m. À cela s'est ajouté l'ouverture de cinq brèches dans la partie haute du cordon, entre les transects P070 et P085, provoquant un abaissement de la crête de 1 m en moyenne. Les données météo-marines indiquent que les principaux changements ont pris place lors des épisodes tempétueux qui ont marqué l'hiver 2006/2007, traduisant ainsi un renforcement des conditions météo-marines tempétueuses durant cette période (fig. 8). Par ailleurs, un recul important du revers a été observé dans la partie distale de la flèche, entre les transects P090 et

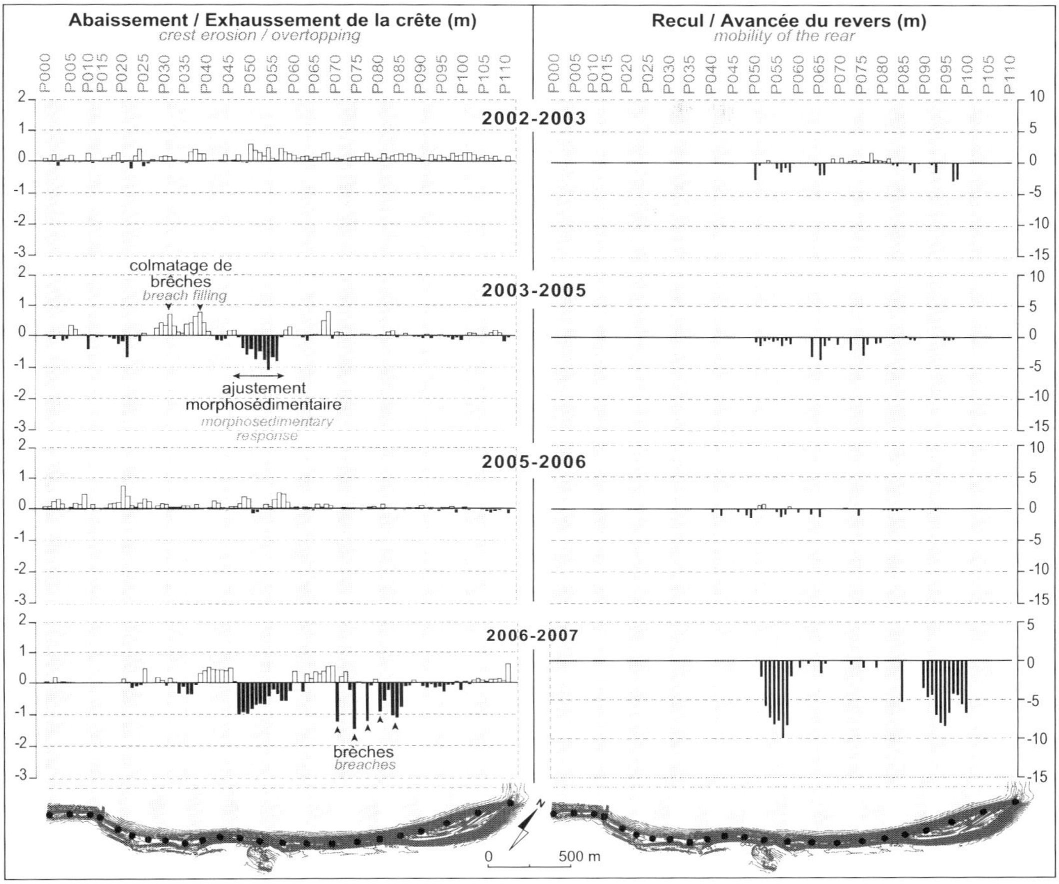

Figure 7 : Évolutions morphologiques mesurées sur le Sillon de Talbert entre les mois d'octobre 2002 et de septembre 2007
Morphological evolutions of Sillon de Talbert between October 2002 and September 2007

P100, et a résulté vraisemblablement de projections de galets liées au déferlement de vagues puissantes sur la plage.

Réponse post-érosive et résilience du Sillon de Talbert

Les levés topographiques réalisés au mois de septembre 2008 après la tempête Johanna ont montré que le cordon s'est reconstitué rapidement (fig. 9), sous des conditions météo-marines plus clémentes (fig. 8). La crête du cordon a connu un exhaussement rapide d'environ 50 cm dans les parties proximale, médiane et distale de la flèche. Ainsi, la période estivale ayant succédé à l'épisode des 10 et 11 mars 2008 semble avoir favorisé un processus de reconstitution progressive de la crête par *overtopping*. Toutefois, à cela s'est ajouté un recul général du cordon d'environ 2 m qui s'explique par des épisodes de franchissement désormais plus fréquents, mais peu morphogènes, comme on peut l'observer au niveau des profils P075 et P100 (fig. 8).

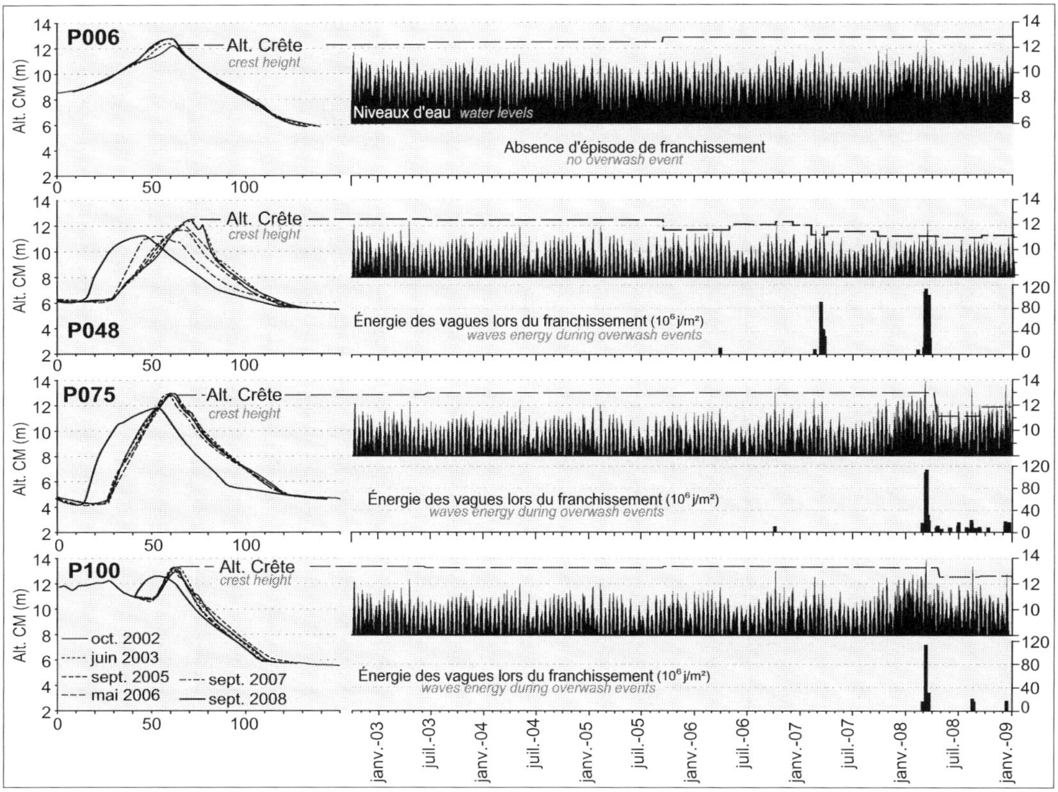

Figure 8 : Chronologie des hauts niveaux d'eau, énergie des vagues lors des épisodes de franchissement et évolutions morphologiques le long des transects P006, P048, P075 et P100

Chronology of high water levels, waves energy during overwash events and morphological evolutions along transects P006, P048, P075 and P100

Discussion

Lors de l'épisode du 10 mars 2008, deux types de fonctionnement morphodynamique ont pu être observés le long du Sillon de Talbert. Les parties médiane et distale du Sillon de Talbert ont connu une véritable dynamique de roulement de la forme sur elle-même vers l'intérieur des terres (*rollover*), tandis qu'à la racine du Sillon et dans sa partie proximale, le franchissement s'est simplement traduit par le creusement de couloirs d'érosion à travers la crête, au débouché desquels se sont mis en place des lobes de débordement. Ces réponses différentes s'expliquent en grande partie par la granulométrie du matériel sédimentaire qui constitue les quatre unités morphosédimentaires du Sillon. En effet, les parties médiane et distale sont constituées majoritairement de graviers et de galets, tandis que la fraction sableuse est quasi-inexistante, du moins en surface. Dans ces secteurs, la réponse du cordon au franchissement a donc été identique à celle décrite pour les accumulations de galets *stricto sensu* (Orford et Carter, 1982). À l'inverse, à la racine et dans la partie proximale du Sillon où domine la fraction sableuse, les changements morphologiques observés s'apparentent à celles décrites sur les cordons sableux de type île-barrière (Leatherman, 1979, 1983 ; Stockdon *et al.*, 2007).

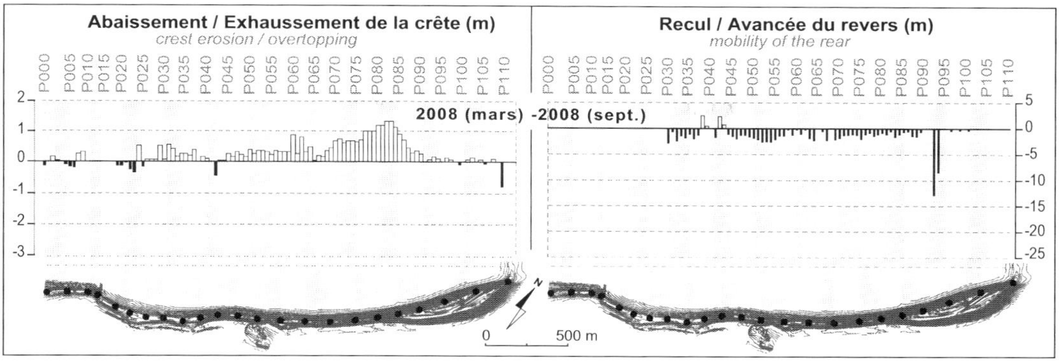

Figure 9 : Évolutions morphologiques mesurées sur le Sillon de Talbert entre les mois de mars 2008 et de septembre 2008
Morphological evolutions of Sillon de Talbert between March 2008 and September 2008

Le renforcement des conditions météo-marines durant l'hiver 2006-2007, suivi par la tempête Johanna du 10 mars 2008, contrastent avec la période de calme hydrodynamique observée entre 2002 et 2006. Ce changement progressif vers des conditions plus morphogènes relève, semble-t-il, de cycles reconnus plus largement à une échelle régionale. Ainsi, la phase de stabilité du Sillon de Talbert observée entre 2002 et 2006 s'inscrit dans une période de faible activité morphogène observée sur de nombreux secteurs littoraux de Bretagne. En rade de Brest, par exemple, les levés topo-morphologiques effectués par P. Stéphan (2008a) sur plusieurs flèches de galets montrent des évolutions mineures de 2003 à 2006. En baie de Saint-Michel-en-Grève, le suivi réalisé par S. Suanez et P. Stéphan (2006) durant cette même période a montré une tendance à l'engraissement des cordons dunaires de fond de baie, liée à l'absence d'hivers véritablement tempétueux. En outre, la faible pluviométrie des années 2003 et 2005 aurait été favorable à la déflation éolienne sur les estrans et au transport de sédiments vers les hauts de plages et les massifs dunaires. Dans le sud du Finistère, les travaux de B. Hallégouët et A. Hénaff (2006) ont également montré une tendance à la progradation des rivages au cours des dernières années. Pour les auteurs, cette phase de régénération des systèmes littoraux aurait débuté au début des années 1990, succédant à une période d'activité morphogène plus importante entre 1974 et 1990. Les conditions de calme météorologique et océanique des dernières années, marquées par des hivers froids et moins tempétueux, auraient ainsi contribué à diminuer l'importance des processus d'érosion, entraînant la reconstitution naturelle des rivages. Enfin, sur l'île de Banneg en mer d'Iroise, l'analyse des conditions météo-marines menée par S. Suanez *et al.* (2009) a également montré une diminution de la fréquence des épisodes de hauts niveaux d'eau à partir de 2002, liée à une réduction significative des événements météo-marins de forte intensité. En revanche, la décennie 1980, caractérisée par des hivers plus tempétueux, aurait donné lieu à des épisodes de hauts niveaux d'eau plus fréquents et vraisemblablement plus propices à l'érosion des formes littorales.

Plusieurs éléments peuvent être avancés pour expliquer ces tendances décennales à l'érosion ou à l'engraissement des rivages à l'échelle de la Bretagne. R. Bouligant et P. A. Pirazzoli (1999) ont pu identifier des cycles de 11 à 16 ans dans l'amplitude du phénomène de surcote à Brest qui s'expliquerait par la fréquence plus ou moins forte des vents d'afflux (Pirazzoli, 2000). Selon P.A. Pirazzoli *et al.* (2004), la périodicité de ces vents pourrait être associée aux variations de l'indice d'Oscillation Nord Atlantique (NAO) qui présente, lui aussi, des cycles d'environ 10 ans (Hurrell, 1995 ; Hurrell et Deser, 2009). Le passage d'une phase négative à une phase positive de l'indice correspondrait à une augmentation du gradient de pression méridien sur l'Atlantique Nord (Rogers, 1984), induisant un renforcement des vents dominants de direction ouest et sud-ouest en hiver au-delà de la latitude

45° N. Cette configuration suppose donc un déplacement des centres dépressionnaires vers le nord et, de ce fait, une augmentation de l'activité des tempêtes en Bretagne. Sur la figure 10, les principaux épisodes morphogènes recensés sur le Sillon de Talbert au cours des cinquante dernières années par J.-P. Pinot (1994), V. Morel (1997) et B. Latteux (2000) ont été replacés sur la courbe des variations de l'indice NAO hivernal. Il est intéressant de constater que ces événements sont survenus pour l'essentiel lors des phases positives de l'indice NAO. L'épisode de 1987 (fig. 10) est le seul à s'être produit au cours d'une année à NAO négatif. La période de faible activité morphogène entre 2002 et 2006 correspond, par contre, à une phase de faible variation de l'indice, tandis que le renforcement des conditions météo-marines observées à partir de l'hiver 2006-2007 coïncide à nouveau avec une phase positive du NAO. Ainsi, à l'échelle décennale, la variabilité climatique intervenant à l'échelle de l'Atlantique Nord semble constituer un agent de forçage de premier ordre dans l'évolution du Sillon de Talbert, en contrôlant notamment la fréquence et l'intensité des épisodes tempétueux favorables au franchissement du cordon par les vagues lors des pleines mers de vive-eau. Moins probables, des événements extrêmement morphogènes restent néanmoins possibles lors d'une période peu tempétueuse, comme l'illustre l'épisode de 1987.

Il est possible que le renforcement des conditions météo-marines observé sur le Sillon de Talbert durant l'hiver 2006-2007, tout comme l'épisode du 10 mars 2008, marque la fin d'une période de faible activité morphogène en Bretagne et signifie l'amorce d'une nouvelle tendance érosive au cours de la prochaine décennie. Outre les côtes bretonnes, l'ensemble de la façade atlantique française est peut-être affecté par ce changement de cycle morphogénique, comme semble le montrer la tempête Klaus qui a frappé la côte des Landes le 24 janvier 2009, ou encore la tempête Quinten du 10 février 2009 survenue par un coefficient de marée de 105.

Cette étude permet, enfin, d'insister sur le caractère extrêmement spasmodique de la mobilité des cordons de galets, se traduisant par des phases de stabilité plus ou moins longues comme nous l'avons mesuré entre 2002 et 2006 sur le Sillon de Talbert, et de courtes phases de recul par *rollover*, lors d'événements météo-marins extrêmes tels que l'épisode du 10 mars 2008. Ainsi, les principaux changements morphologiques s'opèrent en quelques heures seulement, dès lors qu'un niveau d'eau élevé à la côte fait porter l'action des vagues au sommet des cordons et permet le déversement de matériel sur le revers. Comme l'a montré S. Costa (2005), le fonctionnement non-linéaire des accumulations de galets s'explique ainsi par des effets de seuil qui caractérisent les processus morphogènes à l'origine du recul des accumulations littorales. Sur les côtes macro-tidales, le dépassement de ces seuils nécessite généralement un contexte météo-marin exceptionnel associant une pleine mer de vive-eau et le passage d'une dépression atmosphérique près des côtes (Costa, 1997 ; Suanez et Stéphan, 2006 ; Stéphan, 2008b). Une telle conjonction est relativement rare. L'analyse des niveaux d'eau extrêmes réalisée par P. Stéphan (2008a) sur le Sillon de Talbert permet d'estimer la période de retour de l'épisode du 10 mars 2008 à environ 20 ans. Le long du profil P075, par exemple, les plus hauts jets de rive ont alors dépassé la cote de 14,1 m CM. Un tel niveau d'eau n'avait pas été atteint depuis le mois de janvier 1990 où une violente tempête avait également coïncidé avec une pleine mer de vive-eau.

Conclusion

Cette étude a montré qu'en favorisant le franchissement d'une large partie du Sillon de Talbert par les vagues de tempête, l'épisode météo-marin du 10 mars 2008 a été responsable d'un transfert massif de sédiments en direction du revers et d'un recul du cordon par *rollover* d'une dizaine de mètres en moyenne. Ce recul, considérable au regard des volumes sédimentaires mobilisés (120 000 m^3), contraste avec la relative stabilité du Sillon observée entre 2002 et 2007. Il permet d'insister sur le caractère très spasmodique de la mobilité des cordons de galets et sur les effets de seuils qui caractérisent les processus morphogènes. Par ailleurs, la tendance post-érosive du Sillon de Talbert à l'exhaussement montre que les cordons de galets sont souvent des systèmes relativement résilients, quand bien même ils connaissent une situation de pénurie sédimentaire.

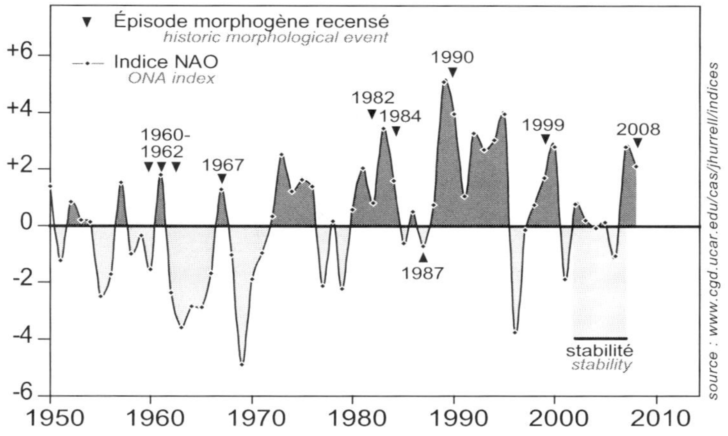

Figure 10 : Variations de l'indice NAO hivernal et épisodes les plus morphogènes sur le Sillon de Talbert entre 1950 et 2008

NAO index variations and extrem events counted on Sillon de Talbert between 1950 and 2008

La tempête Johanna est le premier épisode véritablement érosif qu'a connu le Sillon de Talbert depuis la suppression des ouvrages de stabilisation en enrochements, décidée par le Conservatoire du Littoral en 2004. Désormais, la politique de gestion de l'érosion s'appuie sur des interventions ponctuelles visant à accompagner le recul du cordon tout en évitant qu'il se rompe. Après le 10 mars 2008, plusieurs amorces de brèches ont donc été artificiellement colmatées. Toutefois, ces mesures ont été jugées insuffisantes par une partie de la population locale, vraisemblablement traumatisée par les dommages causés par Johanna dans les communes voisines. Précisons, en effet, qu'après la tempête, une quinzaine de demandes de reconnaissance de catastrophe naturelle a été déposée dans le seul département des Côtes-d'Armor. Ainsi, les craintes de voir disparaître le Sillon de Talbert ont resurgi après l'épisode du 10 mars ; ces mêmes craintes qui avaient conduit les collectivités locales à mettre en place les enrochements le long du cordon dans les années 1970. Cependant, si les mesures prises par le Conservatoire sont contestées, elles paraissent bien plus adaptées à la dynamique actuelle du Sillon que des ouvrages de stabilisation classiques. Par ailleurs, on peut se réjouir du classement du site en Réserve naturelle régionale en 2006, ce statut imposant désormais que toute intervention anthropique sur le site soit soumise à une réflexion préalable.

Bibliographie

Battjes J. A., 1974. Surf Similarity, *Proceedings of the 14th Coastal Engineering Conference*, American Society of Civil Engineers, p. 466-480.

Boersma S. M., Hoenderkamp K., 2003. *Tregor*, final report IFREMER, Amsterdam, janvier 2003, 25 p.

Bouligand R., Pirazzoli P. A., 1999. Les surcotes et les décotes marines à Brest, étude statistique et évolution, *Oceanologica Acta*, vol. 22, n° 2, p. 153-166.

Buscombe D., Masselink G., 2006. Concepts in gravel beach dynamics, *Earth-Science Reviews*, vol. 79, p. 33-52.

Butt T., Russell P., 2000. Hydrodynamics and cross-shore sediment transport in the swash-zone of natural beaches: a review, *Journal of Coastal Research*, vol. 16, n° 2, p. 255-268.

Cariolet J.-M., Costa S., Caspar R., Ardhuin F., Magne R., Goasguen G., 2010. Aspects météo-marins de la tempête du 10 mars 2008 en Atlantique et en Manche, *Norois*. Ce volume.

Carter R. W. G., Johnston T. W., McKenna J., Orford J. D. 1987. Sea-level, sediment supply and coastal changes : examples from the coast of Ireland, *Progress in Oceanography*, vol. 18, p. 79-101.

Carter R. W. G., Forbes D. L., Jennings S.C., Orford J. D., Shaw J., Taylor R.B., 1989. Barrier and lagoon coast evolution under differing relative sea-level regimes: examples from Ireland and Nova Scotia, *Marine Geology*, vol. 88, p. 221-242.

Carter R. W. G., Orford J. D. 1993. The morphodynamics of coarse clastic beaches and barriers: a short- and long-term perspective, *Journal of Coastal Research*, SI n° 15, p. 158-179.

Costa S., 2005. Falaises à recul rapide et plages de galets : de la quantification des dynamiques d'un système complexe à la caractérisation des risques induits, Mémoire d'Habilitation à Diriger des Recherches, Département de Géographie, Université de Bretagne Occidentale, Brest, 310 p.

—, 1997. Dynamique sédimentaire et risque naturel : l'impact des aménagements, des variations du niveau marin et des modifications climatiques entre la baie de Seine et la baie de Somme, Thèse de Doctorat en géographie, Université Paris I, Paris, 376 p.

Forbes D. L., Taylor R. B., Orford J. D., Carter R. W. G., Shaw J., 1991. Gravel-barrier migration and overstepping, *Marine Geology*, vol. 97, p. 305-313.

Forbes D. L., Orford J. D., Carter R. W. G., Shaw J., Jennings S. C., 1995. Morphodynamic evolution, self-organisation, and instability of coarse-clastic barriers on paraglacial coast, *Marine Geology*, vol. 126, p. 63-85.

Hallégouët B., Hénaff A. 2006. Évolution récente et gestion des espaces littoraux de l'ouest Cornouaille, *Les actes des rencontres de l'ouest Cornouaille « Quelles pistes de développement pour le territoire ? »*, mai-juin 2005, Association Ouest Cornouaille Promotion (AOCP), Pont-L'Abbé, p. 20-34.

Héquette A., Ruz M. H., 1991. Spit and Barrier Island Migration in the Southeastern Canadian Beaufort Sea, *Journal of Coastal Research*, vol. 7, n° 3, p. 677-698.

Holland K. T., Raubenheimer B., Guza R. T., Holman R. A., 1995. Runup kinematics on a natural beach, *Journal of Geophysical Research*, vol. 100, C3, p. 4985-4993.

Holland K. T., Holman R. A., 1993. Statistical distribution of swash maxima on natural beaches, *Journal of Geophysical Research*, vol. 98, C6, p. 10271-10278.

—, 1996. Field observations of beach cusps and swash motions, *Marine Geology*, vol. 134, p. 77-93.

Holman R. A., Sallenger A.H., 1985. Setup and swash on a natural beach, *Journal of Geophysical Research*, vol. 90, C1, p. 945-953.

Holman R. A., 1986. Extreme value statistics for wave run-up on a natural beach, *Coastal Engineering*, vol. 9, p. 527-544.

Hurrell J. W., 1995. Decadal trends in the North Atlantic Oscillation: regional temperatures and precipitations, *Science*, vol. 291, p. 676-679.

Hurrell J. W., Deser C., 2009. North Atlantic climate variability: the role of the North Atlantic Oscillation, *Journal of Marine Systems*, vol. 78, n° 1, p. 28-41.

Latteux B., 2000. *Projet de préservation et de restauration du Sillon de Talbert- Baie de Lanros et ses abords immédiats (commune de Pleubian), 1re partie : Analyse du patrimoine et de ses problèmes*, Conservatoire de l'espace littoral et des rivages lacustres, 81 p.

Leatherman S. P., 1979. Migration of Assateague Island, Maryland, by inlet and overwash processes, *Geology*, vol. 7, n° 2, p. 104-107.

—, 1983. Barrier dynamics and landward migration with Holocene sea-level rise, *Nature*, vol. 301, p. 415-417.

Masselink G., Li L., 2001. The role of swash infiltration in determining the beachface gradient: a numerical study, *Marine Geology*, vol. 176, p. 139-156.

Morel V., 1997. *De la géomorphologie à la gestion des cordons de galets littoraux de bassin de la Manche et de ses abords : études de cas (Bretagne, Haute-Normandie, sud Angleterre) et réflexions générales*, Thèse de doctorat en géographie, Université de Bretagne Occidentale, Brest, 386 p.

Orford J. D., Carter R. W. G., Forbes D. L., 1991. Gravel barrier migration and sea level rise: some observations from Story Head, Nova Scotia, Canada, *Journal of Coastal Research*, vol. 7, n° 2, p. 477-488.

Orford J. D., Carter R. W. G., McKenna J., Jennings S. C., 1995. The relationship between the rate of mesoscale sea-level rise and the rate of retreat of swash-aligned gravel-dominated barriers, *Marine Geology*, vol. 124, p. 177-186.

Orford J. D., Carter R. W. G., 1982. Crestal overtop and washover sedimentation on a fringing sandy gravel barrier coast, Carnsore Point, southeast Ireland, *Journal of Sedimentary Petrology*, vol. 52, n° 1, p. 265-278.

Pinot J.-P., 1994. Fixer le plan ou gérer le profil : l'exemple du Sillon du Talberv, *Cahiers Nantais*, n° 41-42, p. 307-316.

Pirazzoli P. A., 2000. Surges, atmospheric pressure and wind change and flooding probability on the Atlantic coast of France, *Oceanologica Acta*, vol. 23, n° 6, p. 643-661.

Pirazzoli P. A., Regnauld H., Lemasson L. 2004. Changes in storminess and surges in western France during the last century, *Marine Geology*, vol. 210, p. 307-323.

Rogers J. C., 1984. The association between the North Atlantic Oscillation and the Southern Oscillation in the Northern Hemisphere, *Monthly Weather Review*, vol. 112, p. 1999-2015.

Ruessink B. G., Kleinhaus M. G., van den Beukel P. G. L., 1998. Observations of swash under highly dissipative conditions, *Journal of Geophysical Research*, vol. 103, C2, p. 3111-3118.

Ruggiero P., Komar P. D., McDougal W. G., Marra J. J., Beach R. A., 2001. Wave runup, extreme water levels and the erosion of properties backing beaches, *Journal of Coastal Research*, vol. 17, n° 2, p. 407-419.

Stéphan P., 2008a. *Les flèches de galets de Bretagne : morphodynamiques passée, présente et prévisible*, Thèse de doctorat de Géographie, Université de Bretagne Occidentale, 558 p.

—, 2008b. Mobilité des cordons littoraux et submersions marines. Les flèches de galets de la rade de Brest (Bretagne, France), *European Journal of Environmental and Civil Engineering*, vol. 12, n° 1-2, p. 161-178.

Stockdon H. F., Holman R. A., Howd P. A., Sallenger A. H., 2006. Empirical parameterization of setup, swash and runup, *Coastal Engineering*, vol. 53, p. 573-588.

Stockdon H. F., Thompson D. M., Fauver A., 2007. *Vulnerability of National Park Service Beaches to inundation during a direct hurricane landfall: Cape Lookout National Seashore*, US Geological Survey, report 2007-1376, 8 p.

Suanez S., Dehouck A., Stéphan P., 2008. Incertitude de la mesure de terrain en géomorphologie littorale, Approche statistique et quantification des marges d'erreur, *dans : Incertitude et environnement, la fin des certitudes scientifiques*, P. Allard, D. Fox, B. Picon (dir.), Aix-en-Provence, Edisud, coll. « Écologie Humaine », p. 127-139.

Suanez S., Stéphan P., 2006. Forçages météo-marins et dynamique morphosédimentaire saisonnière des cordons dunaires. Exemple de la baie de Saint-Michel-en-Grève (Côtes-d'Armor, Bretagne), *Géomorphologie : Relief. Processus. Environnement*, n° 2, p. 91-110.

Suanez S., Fichaut B., Magne R., 2009. Cliff-top storm deposits on Banneg Island, Brittany, France: effects of giant waves in the Eastern Atlantic Ocean, *Sedimentary Geology*, vol. 220, n° 1-2, p. 12-28.

Cet article a été reçu le 30 juin 2009 et définitivement accepté le 3 mars 2010.

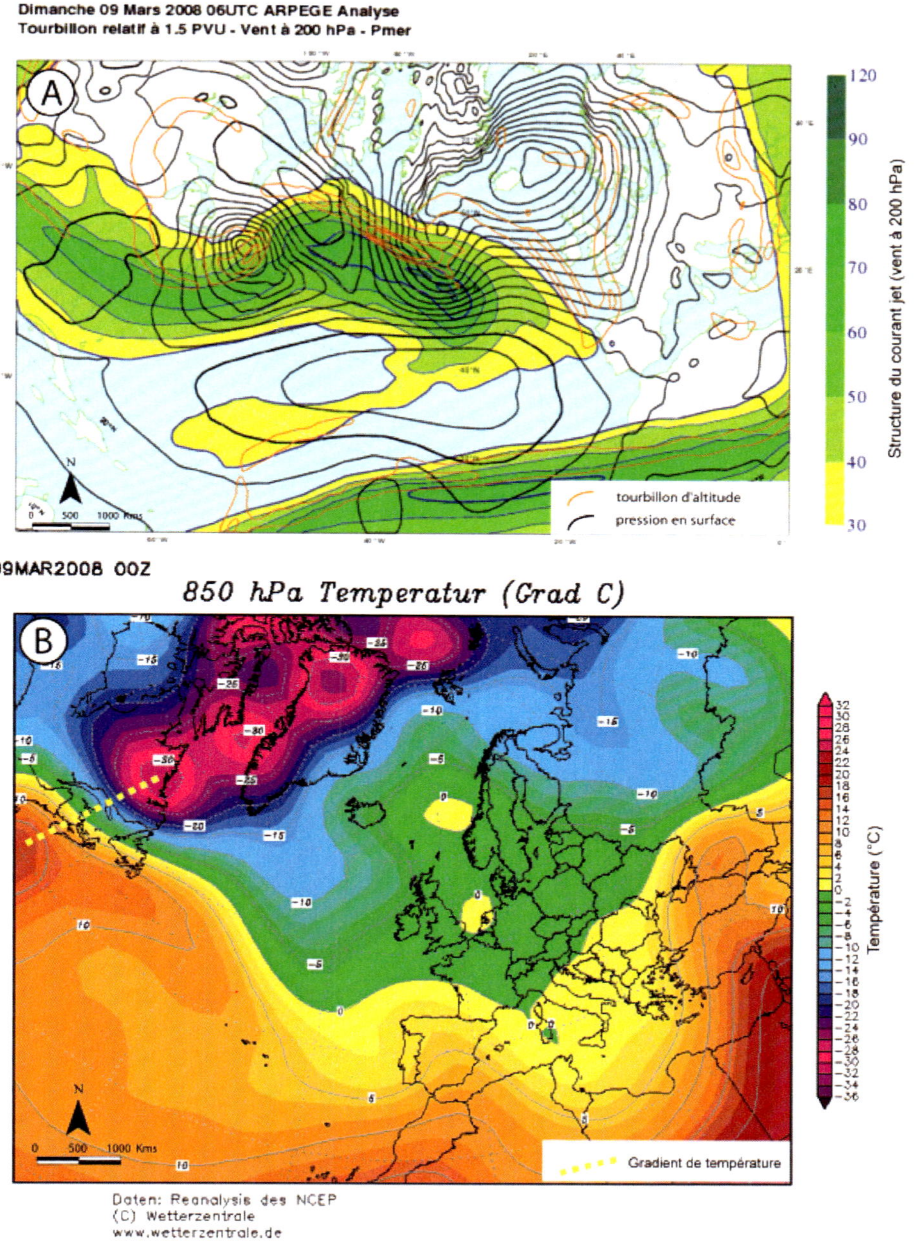

Figure 7 : A : Carte issue du modèle global de Météo-France représentant les vents à 200 hPa (on remarque la structure du courant jet en vert), la pression en surface (isolignes noires) et les tourbillons d'altitude (isolignes orange) le 9 mars 2008 à 06 h 00 UTC. B : carte de la température à 850 hPa le 9 mars 2008 à 00 h 00 UTC. On remarque le très fort gradient de température au niveau de la côte est du Canada qui « alimente » le courant-jet (source : *www.wetterzentrale.de/topkarten/fsreaeur.html*)

A : Chart showing wind at 200 hPa (we can observe jet stream in green), surface pressure and vortex the 9th of march 2008 at 06 heures UTC. B : chart of temperature at 850 hPa the 9th of march 2008 at 00:00 UTC. We observe the huge temperature gradient around the East coast of Canada, which power the jet stream (Source : www.wetterzentrale.de/topkarten/fsreaeur.html)

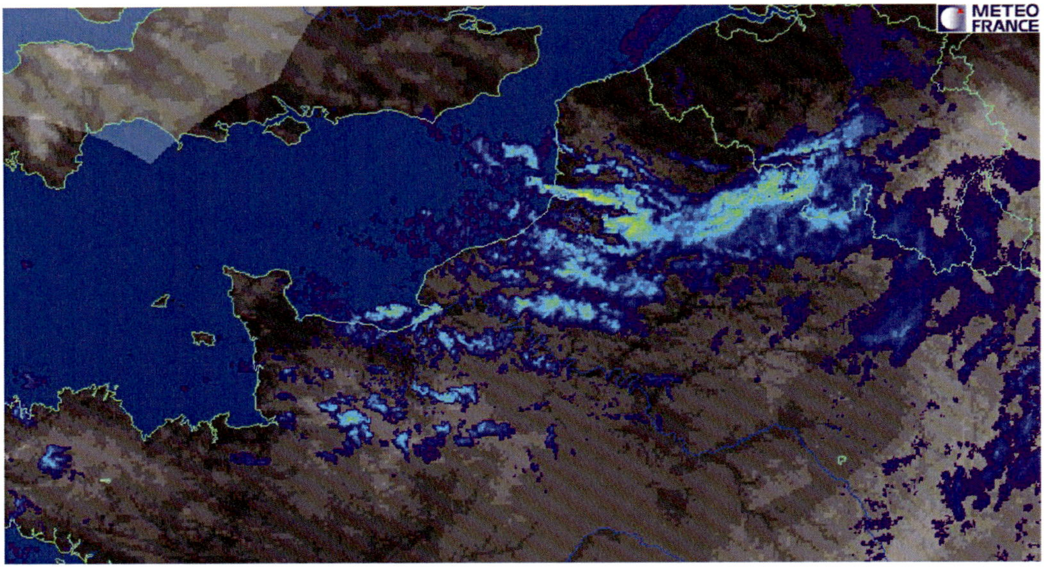

Figure 9 : Image radar d'une partie du Nord-Ouest de la France le 11 mars 2008 à 00 h 30 UTC (au moment des submersions de la côte d'Albâtre) : pas d'entité météorologique définie mais plutôt une « traîne » en Manche qui persiste en raison d'un léger forçage d'altitude (source : Météo-France)

Radar image of a part of North West of France the 11th of march 2008 at 00 h 30 UTC (during inundations on the côte d'Albâtre) : any meteorological entity defined but a residue in the Channel which persist because of a light altitude forcing (source : Météo-France)

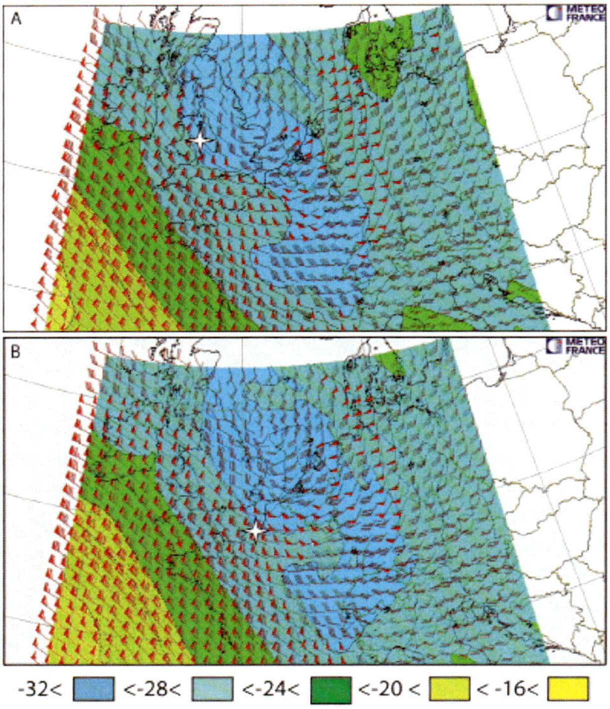

Figure 10 : Évolution de la température et des vents à 500 hPa prévue par le modèle « Aladin » (base 12 heures UTC le 10 mars 2008), pour le 10 mars à 21 heures UTC (a) et le 11 mars à 00 h UTC (b).
Une « bulle » de l'ordre de -30 degrés (étoile), située sur le Pays de Galles pour 21 heures UTC est visible dans les parages de la baie de Somme pour 00 h UTC. Son passage en Manche renforcera l'instabilité de la masse d'air et l'intensité des rafales de vent (source : Météo-France)

Temperature and wind at 500 hPa evolution calculated by the model "Aladin" (base 12 heures UTC the 10th of march 2008), for the 10th of march at 21 heures UTC (a) and the 11 march at 00 h UTC (b). A 30 degrees "bubble" (star), located on Wales at 21:00 UTC is visible around the Baie de Somme at 00 h UTC (source : Météo-France).

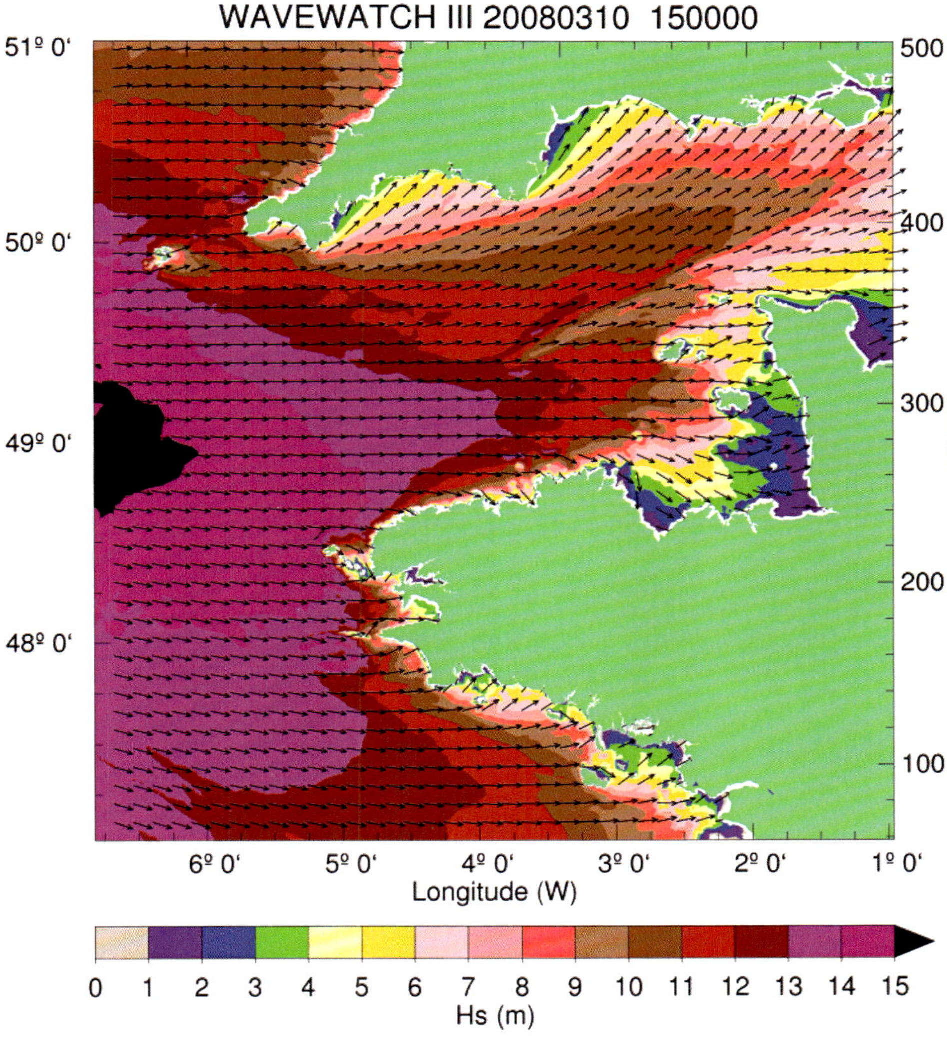

Figure 13 : Simulation des conditions d'agitation au niveau de la Bretagne et de la Manche le 10 mars 2008 à 15 h 00 UTC (la simulation a été obtenue grâce au modèle numérique WAVEWATH III™ [Source : SHOM])

Wave conditions simulation around Brittany and in the Channel the 10th àf march 2008 at 15 h 00 UTC (the simulation has been obtain with WAVEWATH III™ numerical model [Source : SHOM])

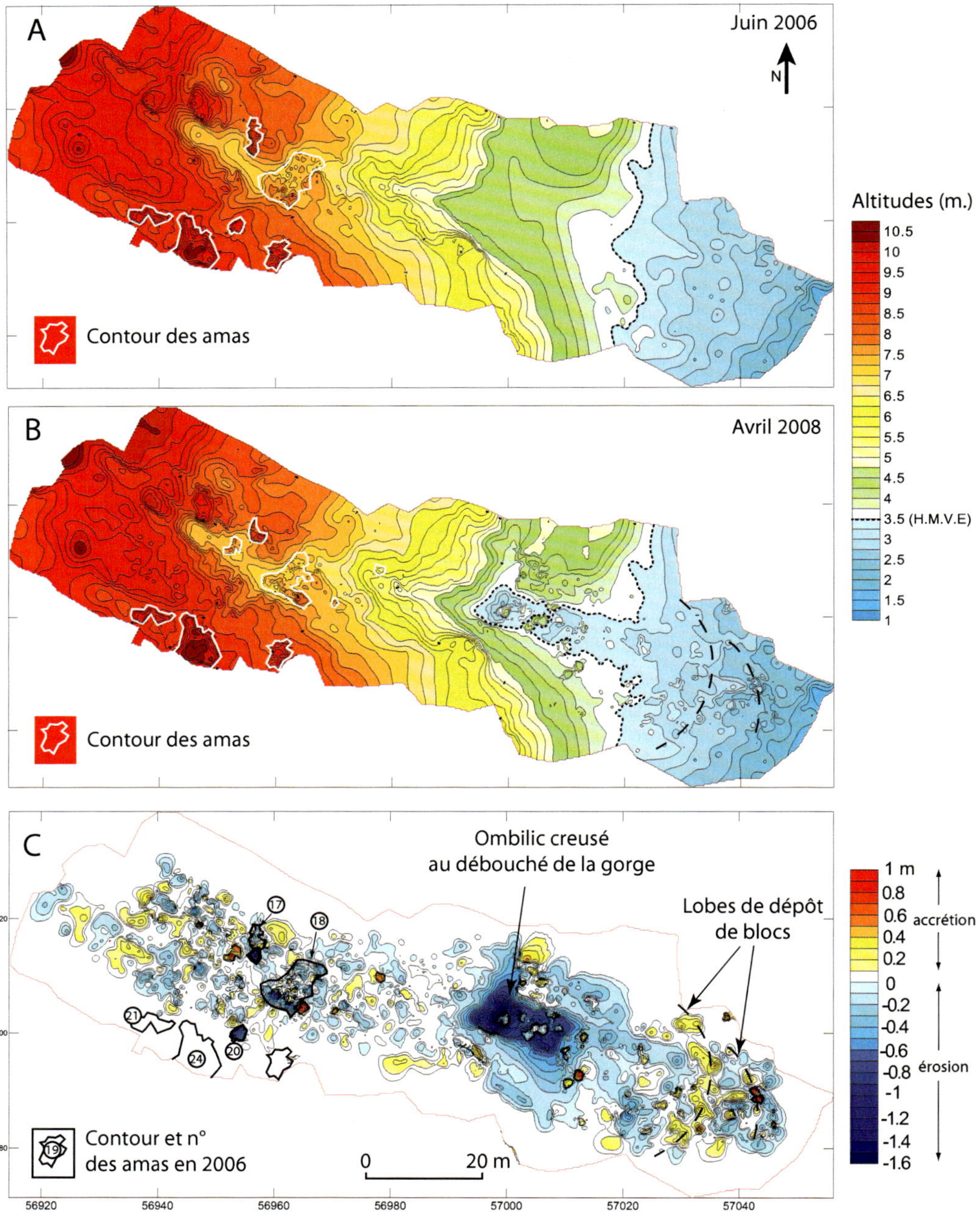

Figure 5 : Modifications de la topo-morphologie de la gorge et de ses abords, au centre de l'île de Banneg, lors de la tempête du 10 mars 2008

Topo-morphological changes of the gorge and surrounding area in the centre of Banneg Island during the 10th March 2008 storm

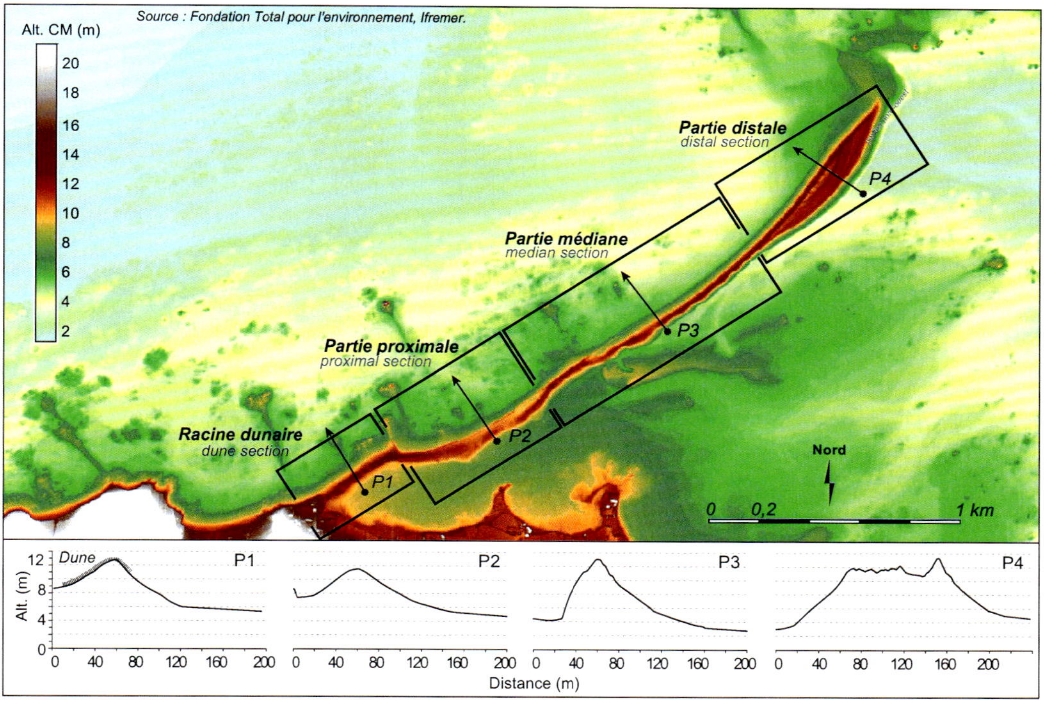

Figure 3 : Levé Lidar d'octobre 2002 et profils topographiques caractéristiques des différentes unités morpho-sédimentaires du Sillon de Talbert

Lidar topographic survey (October 2002) and transects realised on the different morphosedimentary units of the Sillon de Talbert

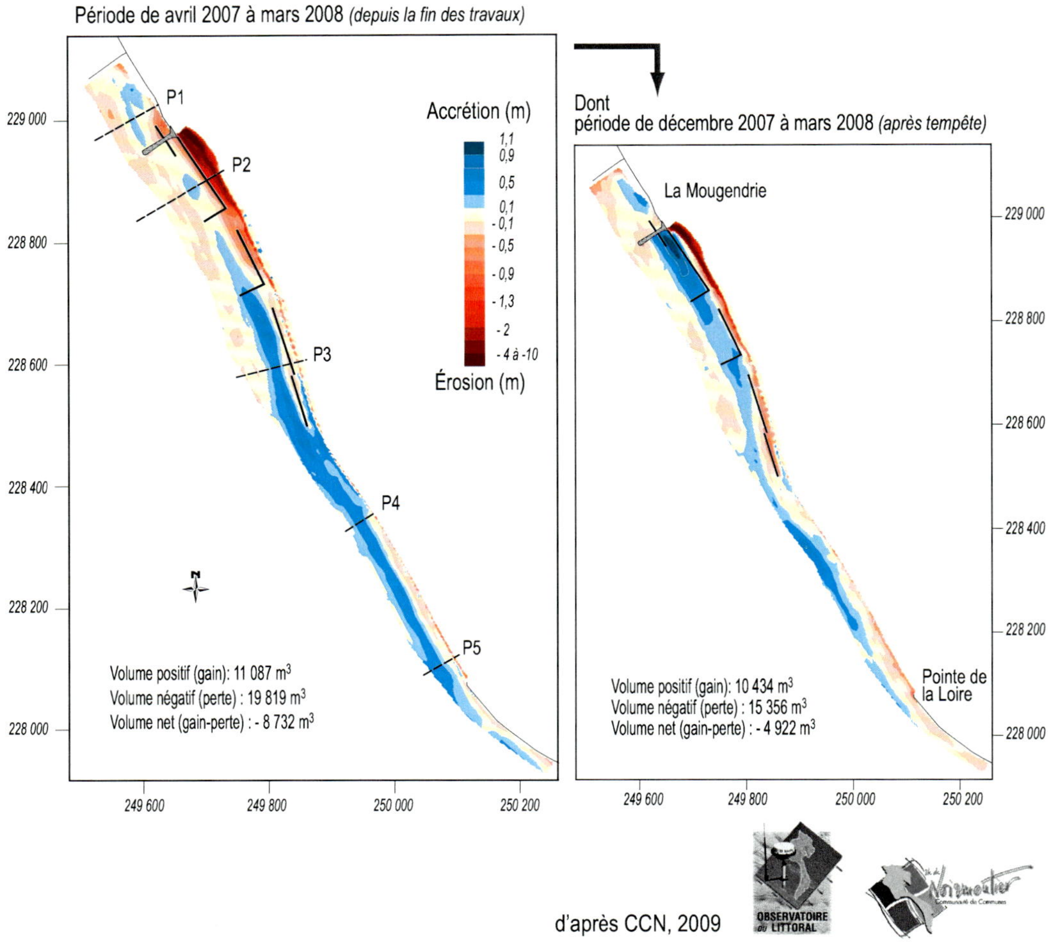

Figure 7 : Cubatures du site des Éloux avant-après tempête 2008
Les Éloux beach sediment budget before and after the 10 march 2008 storm

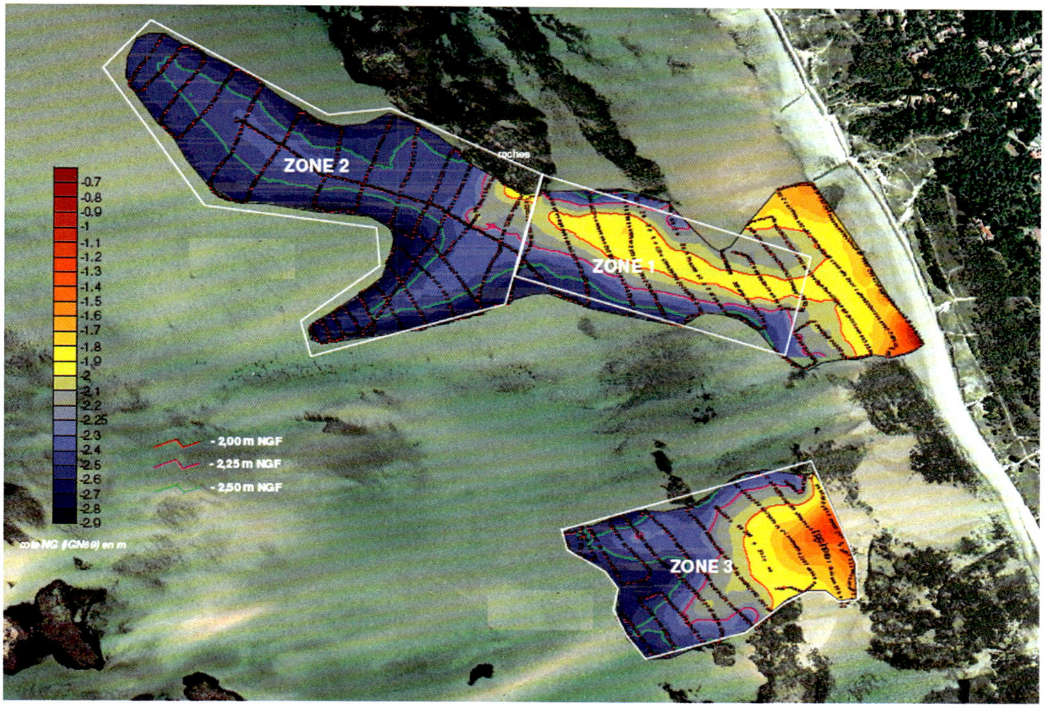

Figure 8 : Mise en évidence de dépôts sédimentaires en zone intertidale pouvant être remobilisés dans le contexte d'une tempête comme celle de mars 2008

Intertidal sand banks source likely to be solicited by major storms like March 2008 storm

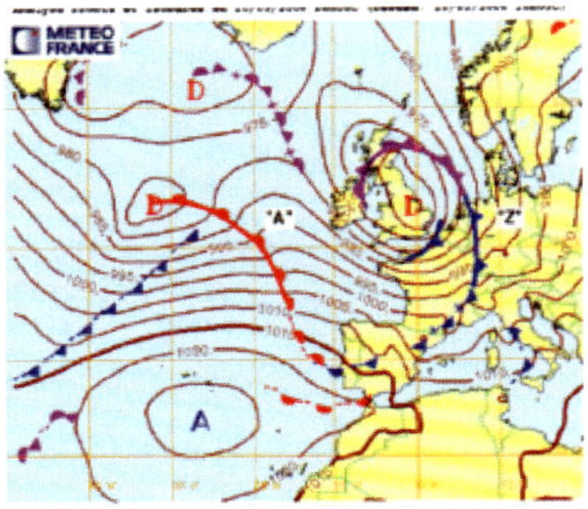

Figure 4 : Carte synoptique des pressions le 10 mars 2008 (à 20 h 00 heure locale) ; situation de front froid secondaire et de traîne (Source Météo-France)

Pressure synoptic situation the 10 mars 2008 (at 8h00 PM)

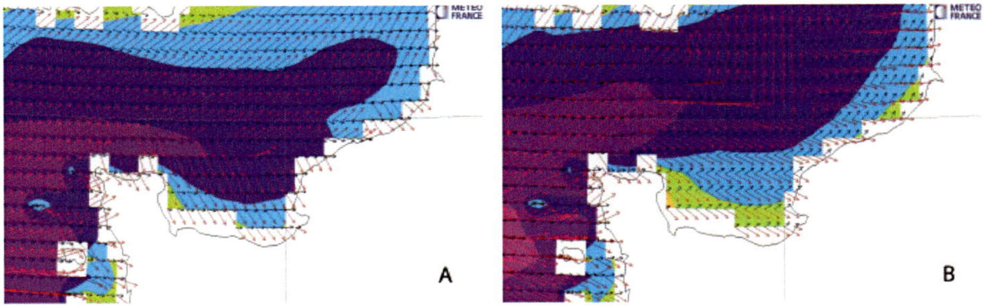

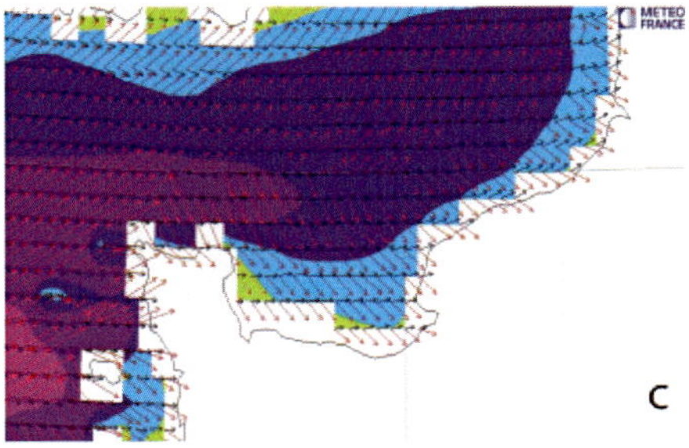

Figure 7 : Modèle côtier de Météo-France, base 12 h 00 UTC le 10 mars pour le 10 à 18 h 00 UTC (A) ; base 12 h 00 UTC le 10 mars, pour le 10 à 21 h 00 UTC (B) ; base 12 h 00 UTC le 10 mars, pour le 11 à 00 h 00 UTC (C)

Model of Météo-France, give at 12 h 00 UTC the 10 février 2008 for 18 h 00 UTC (A), give at 12 h 00 UTC the 10 février 2008 for 21 h 00 UTC (B), give at 12 h 00 UTC the 10 février 2008 for 00 h 00 UTC (C)

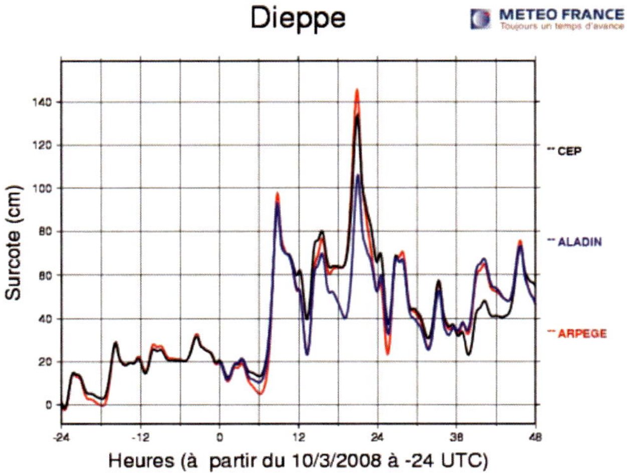

Figure 8 : Prévision de surcote de Météo-France

L'important pic de mi-montant vers 21 h 00 UTC, qui résulte d'une interaction entre la surcote météorologique et la marée, est pris en compte par les trois modèles utilisés ; à l'heure de la pleine mer (vers 24 h 00 UTC) la surcote prévue n'est plus que de 60 cm environ.

Storm surge forecast by Météo France

The important peak during the flow at 21 h 00 UTC, which result of interaction between the meteorological storm surge and the tide, is considered by the three models used; during the high tide (around 24 h 00 UTC), the storm surge is only of 60 cm.

Norois, n° 215, 2010/2, p. 77-99

L'action des tempêtes sur l'érosion des dunes : les enseignements de la tempête du 10 mars 2008

Serge Suanez, Jean-Marie Cariolet
Géomer – UMR 6554 CNRS LETG
(Université de Bretagne Occidentale),
Institut Universitaire Européen de la Mer, Technopôle Brest-Iroise, Place Nicolas-Copernic – 29280 Plouzané, France
serge.suanez@univ-brest.fr, jean-marie.cariolet@univ-brest.fr

Résumé
L'analyse de l'érosion des dunes par la tempête du 10 mars 2008 a été réalisée sur deux sites du Finistère nord : la dune de la plage du Vougot (commune de Guissény) correspondant à un large massif dunaire « naturel », et la dune de la plage de Boutrouilles (commune de Kerlouan) formant un cordon dunaire plus étroit, et protégé à sa base par une structure monolithique en matériau géocomposite injectée de sédiment, appelée Stabiplage®. Sur les deux sites du Vougot et de Boutrouilles, la tempête a généré un recul maximum de la dune atteignant respectivement 6 et 3 m. Cette érosion s'explique avant tout par la combinaison d'une forte houle et d'une marée de vive-eau (coeff. 106) qui a engendré des niveaux d'eau extrêmes à la côte dépassant de 1 à 1,80 m suivant les secteurs, l'altitude du pied de dune. Les mesures de profils de plage/dune ont montré que le principe d'ajustement du profil d'équilibre décrit par P. Bruun (1962) n'a fonctionné que dans la partie orientale de la plage du Vougot, plus à l'ouest, l'action des transits longitudinaux a perturbé les transferts transversaux entre la dune et la plage ; pour la plage de Boutrouilles, la présence du Stabiplage® a renforcé les circulations de retour qui ont exporté le matériel érodé à la dune en limite aval de plage intertidale et/ou des petits fonds. Le suivi pluriannuel de ces deux cordons dunaires a montré que l'épisode du 10 mars 2008 était exceptionnel du point de vue du bilan sédimentaire, les volumes érodés ont atteint entre -5 et -12 m³/m.l. Il a aussi permis de voir que l'ensemble des processus qui agissent sur les échanges sédimentaires entre la plage et la dune, contrôle en partie l'action érosive des tempêtes. Les hivers marqués par une fréquence plus importante d'épisodes tempétueux combinés à une forte marée, ne permettent pas le réengraissement efficace du système dunaire qui devient alors plus vulnérable face aux tempêtes printanières.

Mots clé : dune – tempête – érosion – bilan sédimentaire – runup

Abstract
Impact of storms on dune erosion: lessons from the 10th March 2008 storm
Analysis of dune erosion during the 10th March 2008 storm has been carried out on two sites located on the north Finistère: the dune of Vougot beach (Guissény district) corresponding to a "natural" massive dune complex, and the dune of Boutrouilles beach (Kerlouan district) forming a narrower foredune, protected in its toe by a geotextile tube structure, hydraulically filled with dredged sands, named Stabiplage®. For both sites of Vougot and Boutrouilles, the storm generated a maximum retreat reaching respectively 6 and 3M. This erosion is mainly due to the combination of strong waves and high spring tide level (coeff.

106) which has generated extreme water levels exceeding 1 to 1.80 m over the altitude of the dune toe. Beach/dune profile measurements have showed that the adjustment of equilibrium profile, which was assumed and described by P. Bruun (1962) has well operated on the eastern part of the Vougot beach; further to the west longshore sediment transport has interfered cross-shore transfers between dune and beach. Concerning Boutrouilles beach, the existence of Stabiplage® has reinforced rip currents, which had exported sand eroded from the dune towards the low limit of intertidal beach and/and shallow water. The pluriannual survey of both dunes has indicated that the 10th March event was exceptional in terms of sedimentary budget: volumes eroded reached between -5 and -12 m³/l.m. The survey has also allowed to see that processes occurring on sedimentary transfers between dune and beach, control partially storm erosion. Winters characterized by high frequency of storms combined with high spring tide, do not allow efficient regeneration of the dune system, which then becomes more vulnerable to spring storms.

Key words : *dune – storm – erosion – sediment budget – runup*

L'analyse et la compréhension des processus d'érosion des dunes lors des tempêtes reste un élément déterminant car le cordon dunaire représente souvent le dernier rempart protégeant de la submersion les zones basses situées en arrière (van de Graaf, 1977 ; Stauble *et al.*, 1990 ; Louisse et van der Meulen, 1991 ; Erchinger, 1992 ; Ruessink et Jeuken, 2002 ; Gómez-Pina *et al.*, 2002). Dès la fin des années 1960, l'érosion des dunes par les tempêtes a fait l'objet d'un certain nombre d'études [1] reposant sur des approches avant tout théoriques ou expérimentales (Edelman, 1968, 1972 ; van der Meulen et Gourlay, 1968). Elles montrèrent le rôle respectif des différents paramètres intervenant dans les processus d'érosion tels que la morphologie (hauteur et pente de l'escarpement de dune), la sédimentologie (granulométrie et cohésion des sables), ou l'hydrodynamisme (conditions de marée et de houle) (van de Graaff, 1977 ; Vellinga, 1982, 1984 ; Kriebel et Dean, 1985, 1986 ; Carter et Stone, 1989, Carter *et al.*, 1990 ; Pye et Neal, 1994). Dans une étude méthodologique basée sur une approche probabiliste, J. van de Graaff (1986) démontra que le paramètre « submersion », déterminé par le niveau d'eau à la côte combinant la marée astronomique et la surcote, était le premier facteur intervenant dans les processus d'érosion des dunes (82,8 % de variance). La taille des grains de sables était le second facteur prépondérant (7,3 %), suivi de la durée de submersion (2,6 %) et de la forme du profil initial (1,3 %), alors que la hauteur de la houle n'intervenait que de façon mineure (0,9 % de variance). Le rôle respectif par ordre d'importance de ces différents paramètres dans les processus d'érosion des dunes a par ailleurs été confirmé dans une étude récente (den Heijer *et al.*, 2008).

Ces travaux débouchèrent sur le développement de modèles numériques simulant le recul des dunes généré par les tempêtes. La première approche repose sur le principe d'ajustement du profil d'équilibre décrit par P. Bruun (1962) qui stipule que le volume érodé à la dune vient engraisser la plage, assurant ainsi une conservation du bilan sédimentaire sur l'ensemble du profil transversal (Edelman, 1972 ; van de Graaff, 1977 ; Vellinga, 1982, 1984 ; Kriebel et Dean, 1985, 1986). L'importance du recul de la dune est alors fonction de l'élévation du plan d'eau au moment de la tempête, qui elle-même détermine l'allure du profil du haut de plage post-tempête suivant la relation : $z = 0{,}415\ (x + 4{,}5)^{0{,}5} - 0{,}88$; où z est la profondeur (en m) sous le niveau d'eau extrême atteint lors de la tempête, et x la distance (en m) à partir de l'intersection entre le profil post-tempête et le niveau d'eau extrême. La limite des transferts sédimentaires vers le bas de plage est fonction de la relation : $h_b = 1{,}28\ H_b$ (fig. 1).

1. Ces premiers travaux ont été réalisés par le laboratoire néerlandais *Delft Hydraulics* en relation avec le *Rijkswaterstaat* (département des transports et des travaux publics hollandais).

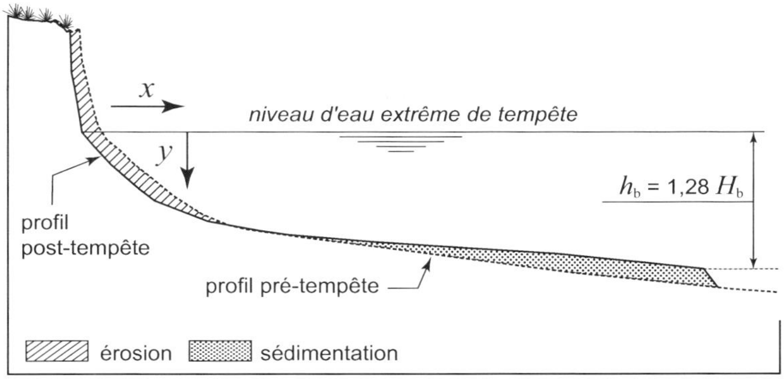

Figure 1 : Modèle d'érosion des dunes simplifié (d'après J. van de Graaff, 1977, modifié)
Simple dune erosion model (after J. van de Graaff, 1977, modified)

S. A. Hugues et T.-Y. Chui, (1981, *in* Carter *et al.*, 1990) ont montré que plus de 70 % du volume sédimentaire érodé à la dune intervient avant que les plus hauts niveaux d'eau ne soient atteints. C'est principalement l'attaque des premières vagues qui érode le matériel de la dune entraînant l'exhaussement de la plage, de telle sorte que l'épaisseur de la tranche d'eau submergeante reste constante. Très vite, un nouvel équilibre s'instaure alors entre le profil de plage « de tempête » et les conditions hydrodynamiques tempétueuses, diminuant ainsi l'action érosive des vagues.

Une seconde approche modélisatrice reposant sur l'analyse des processus dynamiques a été proposée en tenant compte de l'impact du jet de rive sur le front de dune (Fisher et Overton, 1984 ; Larson *et al.*, 2004 ; Erikson *et al.*, 2007). Ainsi, le recul total de la dune, et par là même le volume de sable érodé, est fonction de la fréquence et de l'intensité de chaque jet de rive dès lors que la hauteur de ce dernier (*runup*) est supérieure à celle du pied de dune (Overton et Fisher, 1988). Ces processus sont à l'origine du sapement de pied de dune qui, à terme, entraîne une déstabilisation de l'escarpement facilement identifiable par la présence de formes d'érosion telles que les fissures de tension, les éboulements, ou les glissements (Carter et Stone, 1989 ; Carter *et al.*, 1990 ; Erikson *et al.*, 2007). De nombreuses études ont toutefois insisté sur le rôle déterminant de la végétation racinaire qui permet de maintenir une forte pente de l'escarpement (40° à 43°) après érosion, alors que pour les dunes non végétalisées, les phénomènes de glissement et d'éboulement qui affectent le versant érodé entraînent une diminution de la pente (32° à 34°) (Carter, 1980). C'est sur ce principe que P. Ruggiero *et al.* (2001) ont proposé un modèle visant à évaluer la sensibilité des cordons dunaires à l'érosion générée par le déferlement des vagues de tempête. La démarche consiste à mettre en relation la hauteur des niveaux d'eau extrêmes à la côte, définie par la somme du *runup* et de la marée observée, avec celle du pied de dune ; lorsque la tranche d'eau est supérieure à l'altitude du pied de dune l'érosion intervient. Cette approche méthodologique a permis entre autre d'évaluer la vulnérabilité des îles barrières soumises à l'action des ouragans le long de la côte est des Etats-Unis (Sallenger, 2000 ; Salenger *et al.*, 2002 ; Stockdon et Thompson, 2007 ; Stockdon *et al.*, 2007).

L'objectif de cet article a été d'analyser l'impact morphogénique de la tempête du 10 mars 2008 (cf. Cariolet *et al.*, ce volume) sur les systèmes dunaires de deux plages du Finistère nord : la plage du Vougot à Guissény et de Boutrouilles à Kerlouan (fig. 2) et, à partir de là, d'étendre la réflexion à la problématique générale de l'action des tempêtes sur l'érosion des dunes. Les effets de cette tempête sur ces deux sites ont été d'autant mieux enregistrés que cet épisode est intervenu alors que ces deux plages faisaient l'objet d'un suivi topo-morphologique à haute fréquence depuis plusieurs années. Dans un premier temps, nous avons cherché à voir si les processus observés du point de vue morphosédimentaire et hydrodynamique répondaient aux modèles théoriques présentés ci-dessus. Dans un second temps, l'analyse a été poursuivie en replaçant cet évènement au sein de l'évolution pluriannuelle mesurée depuis l'année 2004 pour la plage du Vougot, et 2006 pour la plage de Boutrouilles ; l'objectif étant d'étudier le rôle de ces épisodes morphogènes dans le fonctionnement à plus long terme des dunes. Enfin, nous avons cherché à déterminer les principaux paramètres intervenant dans le processus d'érosion ; dans le même temps le travail a porté sur l'analyse de la résilience des ces cordons.

Contexte géographique

Les deux sites d'étude se situent sur la côte nord du Finistère, ils correspondent à la plage du Vougot située sur la commune de Guissény et à la plage de Boutrouilles sur la commune de Kerlouan, et sont localisés de part et d'autre de la pointe de Neiz Vran (fig. 2). L'ensemble de cette zone littorale qui s'étend de Landéda-Plouguerneau à l'ouest à la baie de Goulven à l'est, est constitué d'une large plateforme à écueils s'étendant en contrebas du plateau du Léon. Le contact entre la plate-forme littorale et la partie continentale du plateau se fait par un escarpement en partie d'origine tectonique, de 30 à 50 m de commandement suivant les secteurs. À l'ouest, dans le secteur de Plouguerneau, cet escarpement est battu par la mer ; en se déplaçant vers l'est jusqu'à la baie de Goulven, cet abrupt prend l'allure d'une falaise morte déconnectée de la mer par des plaines littorales sédimentaires, en partie fermées par des cordons littoraux, édifiés durant la transgression holocène (Hallégouët, 1971 ; Hallégouët, 1978 ; Guilcher and Hallégouët, 1991). La morphologie générale de la zone du Vougot et de Boutrouilles illustre très bien ce dernier cas (fig. 2).

Les houles principales arrivant sur l'ensemble du secteur proviennent essentiellement de l'ouest-nord-ouest (Suanez *et al.*, 2007). Les hauteurs (H_{mo}) modales sont comprises entre 1 et 1,5 m, les périodes modales (T_{pic}) entre 9 et 10 secondes. Le littoral de Guissény est relativement bien protégé des houles d'ouest à nord-ouest par la plate-forme hérissée d'îlots et de récifs émergeants à basse mer (Golhédoc, Enez Du). Ces derniers rendent la circulation hydrosédimentaire à la côte complexe en provoquant d'importants phénomènes de diffraction à l'origine des nombreuses queues de comètes construites à l'arrière de ces obstacles (fig. 2). Ce sont également eux qui donnent au tracé du cordon dunaire une forme courbe convexe en procurant à la côte un effet d'abri. La plage de Boutrouilles est aussi protégée de la houle d'ouest par la pointe de Neiz Vran, elle reste cependant plus exposée aux houles de nord-ouest. D'après les données du SHOM, le marnage se situe aux alentours de 7,10 m (cette valeur correspond à la moyenne du marnage au niveau de l'Aber Wrac'h : 6,7 m et de Roscoff : 7,55 m).

Le cordon dunaire de la plage du Vougot

Au niveau de la plage du Vougot, le cordon dunaire s'étire sur environ 2 km depuis la falaise morte du Zorn, suivant une direction sud-ouest nord-est (fig. 3). Il protège une vaste zone poldérisée déconnectée de la mer au niveau de Porz Olier, par la construction d'une digue artificielle en 1834 (Bodéré *et al.*, 1983). D'après A. Guilcher et B. Hallégouët (1991), la partie interne de ce cordon a pu se former à l'âge du Bronze lorsque la mer a atteint son niveau actuel. Un second cordon, externe, s'est mis en place au début de l'âge du Fer (± 2400 ans BP) durant un léger stade régressif du niveau de la mer. Enfin, un stade ultime de progradation dunaire est bien identifié entre le XVIIe et le XVIIIe siècle, notamment dans le secteur étudié de Plouguerneau à Guissény. Cette dune culmine à près de 13 m d'altitude NGF, et se présente sous la forme d'un complexe dunaire massif d'une largeur comprise entre 250 m et 400 m. La plage intertidale marquée quant à elle par une pente moyenne faible ($\tan\beta = 0{,}025$) est caractérisée par un contexte morphodynamique dissipant (Wright et Short, 1984). Pour ce qui est de la granulométrie, la taille des sables dunaires est comprise entre 200 et 250 µm, elle tend à augmenter en haut de plage (entre 250 et 315 µm).

La partie interne du massif dunaire est colonisée par une végétation rase extrêmement dense, constituée essentiellement d'une pelouse aérohaline. Sur la partie externe du cordon dunaire située proche de la mer, on trouve une ceinture de graminées (sp. *Ammophila arenaria*) dont le système

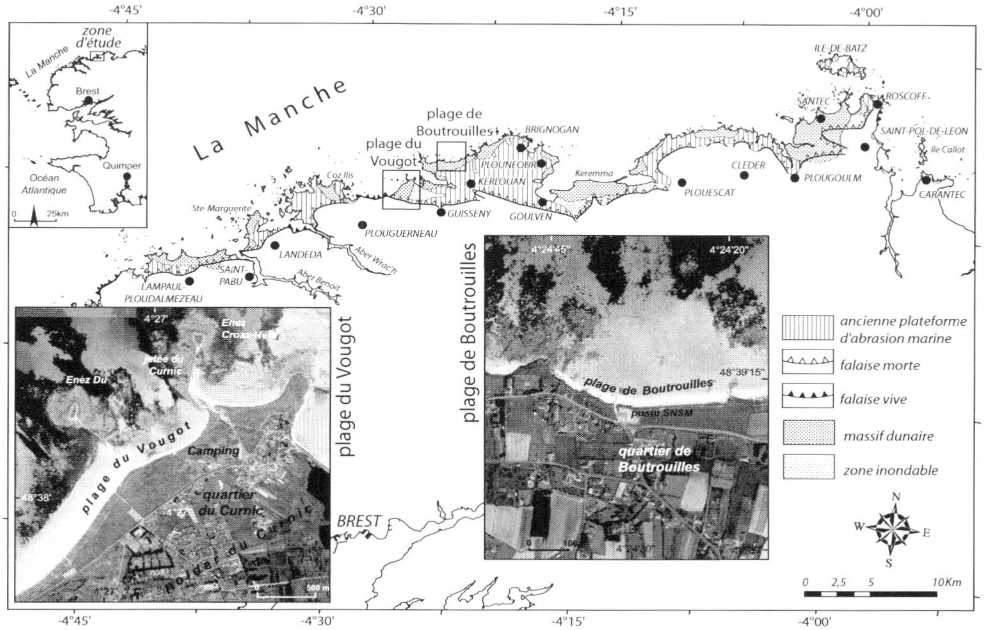

Figure 2 : Localisation des sites d'étude (fond de carte d'après B. Hallégouët, 1978, modifié)
Location of the study areas (map after B. Hallégouët, 1978, modified)

racinaire apparaît en coupe au sommet de l'escarpement. Le réseau de racines très dense pénètre à plus de 1,5 m de la surface de la dune, il augmente ainsi la cohésion des sables dans cette partie haute de l'escarpement qui présente une pente subverticale (photo 1A). À certaines périodes de l'année, le versant externe de la dune présente de nombreuses formes d'érosion telles que des falaises, des glissements ou des éboulements qui témoignent de l'attaque fréquente et répétée des tempêtes (photos 1B, 1C et 1D). Cette érosion, concentrée essentiellement sur la partie orientale du cordon dunaire (fig. 3), a fait l'objet de nombreuses études depuis ces dernières années ; la vitesse de recul maximum calculée dans ce secteur entre la fin des années 1970 et 2000 atteint -0,6 à -0,75 m/an, elle s'est toutefois accélérée entre 2004 et 2009 pour atteindre -1,2 à -1,5 m/an (Sparfel et Suanez, 2007 ; Suanez *et al.*, 2007 ; Cariolet et Suanez, 2009, Suanez *et al.*, 2010).

L'analyse du bilan sédimentaire du système plage/dune de ce secteur effectuée sur la période 2005-2009 a montré qu'une grande partie du matériel érodé à la dune venait dans un premier temps engraisser le haut de plage (Suanez *et al.*, 2010). Ce matériel est ensuite repris par des courants de dérive orientés d'est en ouest ; cette circulation est liée à la diffraction de la houle autour de l'écueil d'Enez Du (fig. 3). Cette dynamique hydrosédimentaire explique en partie que plus l'on se déplace vers l'ouest (en direction de la falaise du Zorn), plus l'érosion du cordon dunaire diminue jusqu'à devenir inexistante (Sparfel et Suanez, 2007). À l'heure actuelle, on peut donc dire que ce cordon dunaire correspond en grande partie à une forme héritée dont le bilan sédimentaire est globalement déficitaire, surtout dans sa partie orientale. Toutefois, comme on le verra, une alimentation saisonnière centrée sur la période estivale peut engraisser le pied de dune qui alors s'exhausse momentanément. Ces apports d'origine éolienne proviennent de la plage intertidale qui ne cesse de perdre du matériel comme l'ont montré les mesures effectuées entre 2005 et 2009 (Suanez *et al.*, 2010).

Photo 1 : Cordon dunaire de la plage du Vougot dans sa partie en érosion
A : profondeur du réseau racinaire de la ceinture de graminées (sp. *Ammophila arenaria*) délimitée par l'horizon sombre en haut d'escarpement. B : falaise d'érosion taillée par une tempête (cliché S. Suanez, 22 mars 2007). C : phénomènes de glissements affectant le versant externe de la dune après une tempête (cliché S. Suanez, 6 mars 2006). D : éboulements affectant le versant externe de la dune après une tempête (cliché S. Suanez, 6 mars 2006).
Eroded sector of the foredune of Vougot beach
A: depth of vegetation roots penetration (sp.** Ammophila arenaria**) delimited by the dark layer on the top of dune scarp. B: undercutting during storm leading to vertical scarp. C: slumps affecting dune slope profile after storm. D: failures affecting dune slope profile after storm.

Le cordon dunaire de la plage de Boutrouilles

Le site de Boutrouilles présente un cadre géographique assez similaire à celui du Vougot. Le cordon dunaire dont la période de construction est probablement similaire à celle de la dune du Vougot[2] correspond à une forme héritée. Il s'étire sur environ 300 m suivant une direction ouest est, et barre une zone basse située en arrière, en partie urbanisée, et dont l'altitude est proche ou en dessous du niveau marin. À la différence de la plage du Vougot, le cordon dunaire est moins élevé et moins large, il culmine à 11 m d'altitude NGF pour une largeur comprise entre 50 et 70 m de largeur (fig. 3). La taille du grain moyen des sables dunaires est similaire à celle de la dune du Vougot (entre 250 et 200 μm), à l'inverse, le matériel du haut de plage ayant été complètement remanié lors des travaux est un peu plus grossier (entre 315 et 400 μm).

2. Aucune étude chrono-stratigraphique n'a été réalisée sur ce secteur. Toutefois, la proximité des deux sites, et la similitude du contexte morphologique laissent à penser que les phases de construction dunaire ont été les mêmes sur les plages du Vougot et de Boutrouilles.

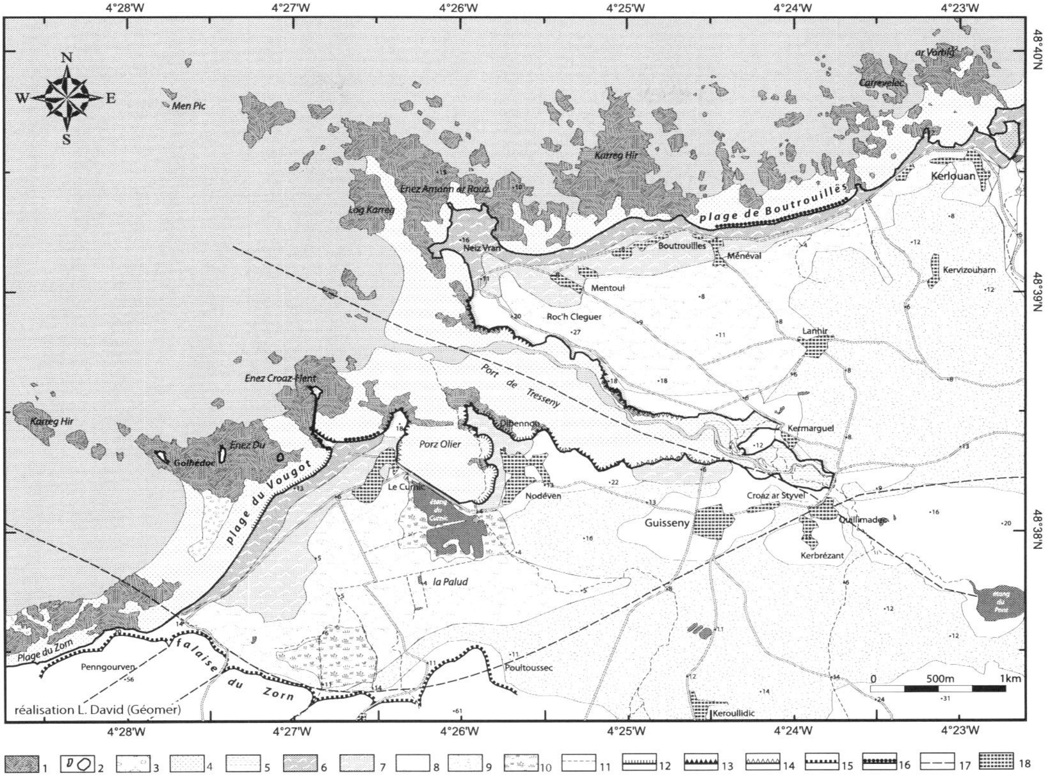

Figure 3 : Carton géomorphologique de la zone d'étude (d'après B. Hallégouët, 1971)
1 : platier. 2 : îlot. 3 : épandage de galets. 4 : sable de plage. 5 : vasière. 6 : dune externe. 7 : dune interne. 8 : formation sablo-limoneuse. 9 : limons. 10 : marais. 11 : cours d'eau. 12 : falaise d'érosion dunaire. 13 : falaise vive rocheuse. 14 : falaise vive de head. 15 : falaise morte. 16 : ouvrage de défense côtière. 17 : faille. 18 : zone urbanisée.

Geomorphological map of the study area (after B. Hallégouët, 1971)
1: wave-cut platform. 2: island. 3: gravel sheet. 4: sand beach. 5: mud flat. 6: outer dune. 7: inner dune. 8: sandy-silt deposit. 9: silt. 10: brackish marsh. 11: river. 12: dune scarp. 13: rocky cliff. 14: periglacial cliff. 15: abandoned cliff. 16: sea defence structure. 17: fault. 18: urban zone.

Comme pour la dune du Vougot, ce cordon dunaire, soumis pendant des décennies à l'action érosive de la mer (photo 2A), recule en moyenne de -0,15 m/an depuis 1952 ; ce recul s'est toutefois accéléré sur la période récente (de 2000 à 2005) pour atteindre -0,7 m/an (Cariolet et Suanez, 2009). Dans le but de stopper cette érosion la décision de protéger la dune a été prise par les élus locaux. Entre les mois d'octobre et de novembre 2006, un ouvrage longitudinal de type Stabiplage® a été mis en place au pied du cordon dunaire sur une longueur de 270 mètres linéaires afin de fixer le trait de côte (photos 2B, 2C). Il s'agit d'une structure en matériau géocomposite formant une enveloppe perméable qui, une fois injectée de sédiments, constitue un corps monolithique de section elliptique (Cariolet *et al.*, 2008). Dans le même temps, le versant externe a été reprofilé et une ceinture d'oyat a été plantée le 7 mars 2007 en son sommet afin de renforcer le maintien des sables dans cette partie haute du profil. Quelques jours plus tard, le 23 mars 2007, une tempête associée à une pleine mer de vive-eau a sapé le pied de dune entraînant des phénomènes de glissement qui ont emporté les graminées (Cariolet *et al.*, 2008). Au mois de mai 2007, le versant externe de la dune a été de nouveau reprofilé et une nouvelle ceinture d'oyat a été plantée (photo 2D).

Photo 2 : Cordon dunaire de la plage de Boutrouilles.
A : versant externe de la dune avant les travaux de protection. On distingue des formes d'érosion telles que des falaises et des éboulements. B : décaissement du pied de dune afin de poser l'ancrage du Stabiplage® (cliché A. Démon, 19 octobre 2006). C : pose de la structure Stabiplage® avant injection (cliché S. Suanez, 24 octobre 2006). D : versant externe de la dune reprofilé et planté d'oyat dans sa partie sommitale (cliché Espace Pur, 12 juin 2007).
Foredune of Boutrouilles beach
A: extern dune slope before works of dune protection. We distinguish erosion forms such as dune scarp and failures. B: digging of dune toe in a way to install Stabiplage® cramping. C: installation of Stabiplage® structure before sediment injection. D: extern dune slope reshaped and stabilized by Ammophila plantation in its upper part.

Les dynamiques hydrosédimentaires observées au sein de cette cellule littorale sont largement commandées par des transferts transversaux (Cariolet *et al.*, 2008). Ce fonctionnement s'explique par le fait que la plage de Boutrouilles est fermée à ses deux extrémités orientale et occidentale par des « saillants » rocheux qui limitent considérablement les transits longitudinaux (fig. 3). À cela s'ajoutent les effets réfléchissants induits par la présence du Stabiplage® qui génèrent aussi des déplacements sédimentaires transversaux en haut de plage (Cariolet *et al.*, 2008).

Méthodes et données utilisées

Méthode de levé et de traitement des données topo-morphologiques

Les données topo-morphologiques acquises dans le cadre de cette étude reposent sur des levés de profils de plage intégrant la dune et le haut de plage intertidale[3] : trois profils de plage au Vougot et deux à Boutrouilles (fig. 4). Ces mesures, effectuées à une fréquence mensuelle, ont commencé

3. Dans certains cas, cette limite correspond au contact entre le sable et le platier rocheux (cf. P2 et P3 sur la plage du Vougot). Pour les autres profils (P1 sur la plage du Vougot et les 2 profils de Boutrouilles), elle correspond grossièrement au niveau de mi-marée (niveau moyen de la mer)

au mois de juillet 2004 et sont toujours en cours pour la plage du Vougot. À Boutrouilles, le suivi topo-morphologique a été réalisé avec la même fréquence entre les mois de novembre 2006 et septembre 2008. À ces levés s'ajoute un relevé du front de dune de la plage du Vougot qui est réalisé tous les ans. Ces mesures sont effectuées au DGPS en temps réel, et ont été raccordées au système géodésique français à partir d'une borne IGN[4] située sur la presqu'île de Neiz Van (fig. 4). La mise en place de points de calage qui sont systématiquement relevés à chaque campagne de mesure permet d'estimer une marge d'erreur inhérente à la mesure comprise entre +/- 5 cm en *x* et y, et < +/- 1,5 cm en *z*. Les bilans sédimentaires ont été calculés à partir de la méthode des surfaces verticales. Deux sections du profil de plage/dune ont été retenues pour le calcul des bilans sédimentaires : (*i*) la dune *stricto sensu* en prenant pour limite aval le pied de dune pour la plage du Vougot (comprise entre 15 et 18 m par rapport à la tête de profil), et le pied du Stabiplage® pour la plage de Boutrouilles (se situant pour les deux radiales à 10 m par rapport à la tête de profil); (*ii*) la haute plage intertidale jusqu'à une distance aval variant suivant les radiales de 150 à 210 m par rapport à la tête de profil.

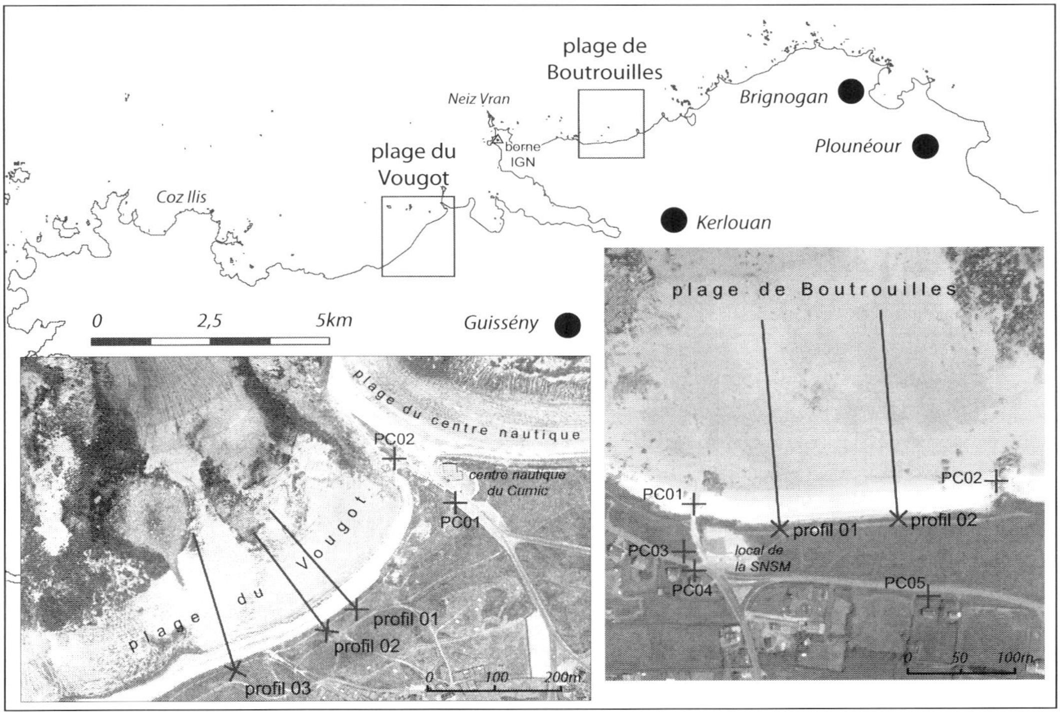

Figure 4 : Localisation des profils de plage et des points de calage (PC) mis en place pour la mesure de terrain sur les plages du Vougot et de Boutrouilles

Location of beach profiles and control points (CP) established for field measurements on Vougot and Boutrouilles beaches

4. Borne IGN Kerlouan I. N° site : 2909101 – point A. Borne en granit gravée IGN. Coordonnées système NTF – projection Lambert I nord, est : 101800,25 m ; nord : 128274,81 m ; altitude NGF (IGN69) : 16,38 m.

Acquisition et de traitement des données météomarines

L'analyse des conditions météo-atmosphériques (vent, pression barométrique) relatives à la tempête du 10 mars 2008 a été réalisée à partir de données acquises auprès de la station météorologique du réseau Météo France située à Brignogan (fig. 4). L'étude des conditions hydrodynamiques a reposé quant à elle sur le calcul des niveaux d'eau extrêmes à la côte. Cette information a été obtenue en sommant les deux paramètres agissant sur la déformation du plan d'eau : la marée observée (marée astronomique + surcote) et le *runup* (effets combinés du *setup* et du jet de rive générés par la houle). La marée observée provient des enregistrements du marégraphe de Roscoff situés à une trentaine de kilomètres de la zone d'étude (fig. 2) ; les données de houle au large utilisées pour le calcul du *runup* ont quant à elles été obtenues par modélisation auprès du LNHE-EDF et du SHOM. Le calcul du *runup* s'est fait à partir des équations de H. F. Stockdon *et al.* (2006).

$$R_2 = 1{,}1\left(0{,}35\beta_f(H_0L_0)^{1/2} + \frac{\left[H_0L_0(0{,}563\beta_f^2+0{,}004)\right]^{1/2}}{2}\right) \quad (1)$$

$$R_2 = 0{,}73\beta_f(H_0L_0)^{1/2} \quad (2)$$

où, R_2 : hauteur atteinte par 2 % des plus hauts jets de rive, β_f : pente de la plage, H_0 et L_0 : hauteur et longueur d'onde de la houle au large ; la formule (1) a été utilisée lorsque $\xi_0 < 0{,}3$; la formule (2) lorsque $0{,}3 < \xi_0 < 1{,}25$; où ξ_0 : nombre d'Iribarren (Battjes, 1974).

Il convient de préciser que les niveaux d'eau extrêmes calculés à partir de cette approche théorique ne correspondent qu'à des ordres de grandeur dont il est difficile d'estimer l'incertitude. En effet, les équations qui ont été utilisées tiennent compte de la houle au large, or, comme nous l'avons montré, la plateforme à écueils induit des phénomènes de diffraction et/ou de réfraction qui modifient considérablement les caractéristiques de houle à la côte. De même, les valeurs de marée enregistrées à Roscoff sont certainement différentes de celles observées sur les plages du Vougot et de Boutrouilles compte tenu de la distance qui les sépare. Toutefois, comme nous le verrons ultérieurement, les hauteurs de niveaux d'eau extrêmes obtenues par cette méthode (que nous pouvons considérer comme « indicatives »), s'accordent avec les observations faites sur le terrain lors de la tempête du 10 mars 2008.

Impacts morphosédimentaires de la tempête du 10 mars 2008

Comme le montrent les photos comparatives (photo 3), les niveaux d'eau extrêmes à la côte durant la tempête du 10 mars ont été particulièrement hauts sur les deux sites. Cela s'est traduit par une attaque directe du pied et/ou de l'escarpement de dune par les vagues déferlantes, même sur la plage de Boutrouilles, malgré la présence de l'ouvrage de défense Stabiplage®. D'un point de vue morphosédimentaire, l'érosion des cordons dunaires a été très importante sur les deux sites. Les mesures effectuées deux jours après l'épisode ont montré que le recul maximum du front de dune de la plage du Vougot avait atteint pratiquement 6 m (fig. 5). Comme le montre la figure 4, l'érosion croissante d'est en ouest est passée de -1 m au niveau des profils P01 à P06, à plus de -5 m entre les profils P12 et P19. Pour la plage de Boutrouilles, nous ne disposons pas de mesures du front de dune ; ceci étant, les observations de terrain réalisées deux jours après la tempête, ont montré que recul de la dune avait été environ 3 m sur l'ensemble de la plage (photo 3D).

Photo 3 : Attaque du cordon dunaire par les hauts niveaux d'eau durant la tempête du 10 mars 2008
(A) et (B) : cordon dunaire de la plage du Vougot en période d'accalmie et au soir du 10 mars à 19 h 30. (C) et (D) : cordon dunaire de la plage de Boutrouilles au matin du 10 mars 2008 à 7 h 00, et le 12 mars 2008. Clichés S. Suanez et J.-M. Cariolet.

Wave attack on the dune due to the high water level during the 10th of March 2008 storm
(A) and (B): foredune of Vougot beach during calm period and the 10th of March at 7 h 30 PM. (C) and (D): foredune of Boutrouilles beach the 10th of March at 7 h 00 AM, and the 12th of March.

Les mesures de profils de plage/dune effectués sur les deux sites vont dans le même sens (fig. 6). Les trois profils de la plage du Vougot ont enregistré un recul significatif de la dune. Le calcul des volumes sédimentaires effectué sur deux sections du profil de plage (la dune et la haute plage intertidale) indique que pour les profils 1 et 2, la quantité de matériel perdu par le recul de la dune (respectivement -9,2 et -8,51 m^3/m.l) est compensée par un gain sédimentaire du haut de plage (respectivement +10,24 et +16,45 m^3/m.l) (fig. 6A et 6B). À l'inverse, les résultats obtenus pour le profil 3 de la plage du Vougot (fig. 6C), et pour les deux profils de la plage de Boutrouilles (fig. 6D et 6E), indiquent que l'ensemble du système dune/haut de plage est en érosion. Il semblerait toutefois que pour la plage de Boutrouilles des phénomènes d'accrétion, non pris en compte par la mesure, interviennent au-delà d'une profondeur comprise entre -1 et -2 m NGF (fig. 6D et 6E).

Niveaux d'eau extrêmes atteints lors de la tempête du 10 mars 2008

Comme nous l'avons rappelé en introduction, l'érosion des cordons dunaires intervient dès lors que les niveaux d'eau extrêmes à la côte sont supérieurs à l'altitude du pied de dune ; c'est le principe du *Property Erosion Model* défini par P. Ruggiero *et al.* (2001). Cette approche a été utilisée par de nombreux auteurs afin d'expliquer la dynamique de recul des cordons dunaires et/ou de

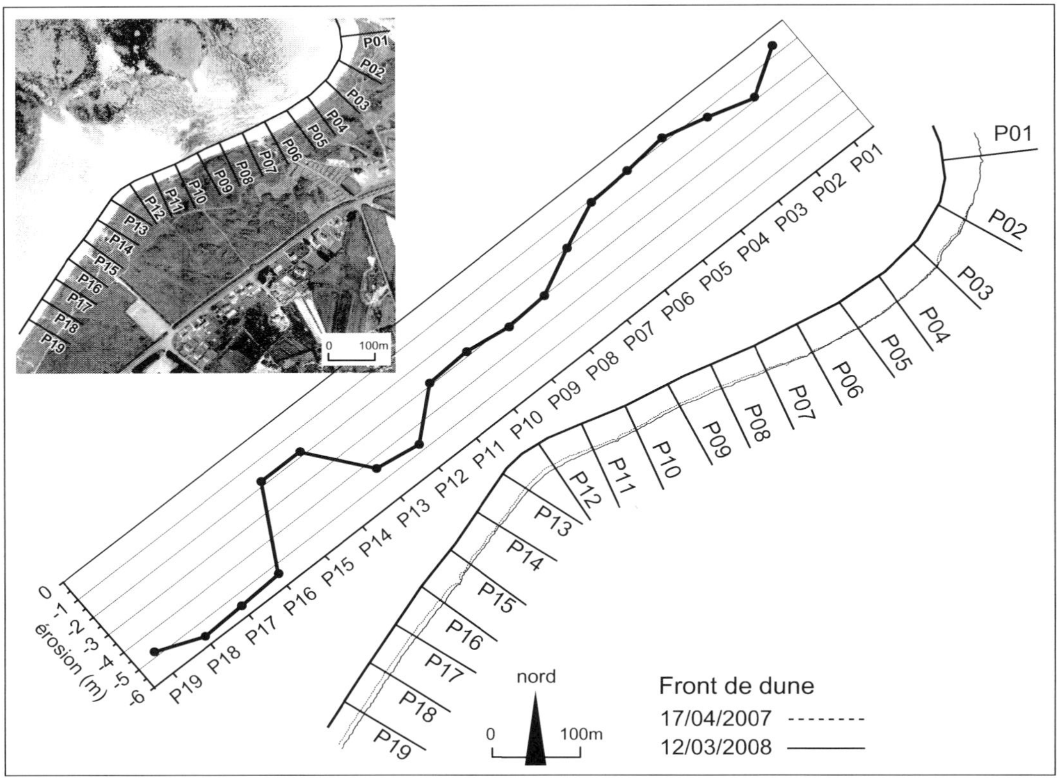

Figure 5 : Recul du front de dune de la plage du Vougot mesuré deux jours après la tempête du 10 mars 2008 (aucune donnée sur la position du front de dune en 2007 n'était disponible au-delà du profil P19)
Foredune retreat of Vougot beach obtained by field measurements two days after the 10th of March storm (no data concerning the 2007's position of the front of the dune was available further profile P19)

définir des modèles de vulnérabilité des cordons littoraux face aux tempêtes (Sallenger, 2000 ; Sallenger *et al.,* 2002 ; Suanez et Stéphan, 2006 ; Stockdon *et al.,* 2007 ; Stockdon et Thompson, 2007).

Dans le cadre de cette étude, les résultats montrent que pour les deux sites, les niveaux d'eau extrêmes à la côte atteignant 7,40 m NGF, ont été bien supérieurs à l'altitude du pied de dune quel que soit le profil de plage. Pour la plage de Boutrouilles, les plus hauts jets de rive ont même franchi la hauteur maximale du Stabiplage® (photo 3C) entraînant une érosion de la dune en arrière de l'ouvrage (photo 3D). Dans les deux cas, les niveaux d'eau attaquant le versant externe de la dune ont dépassé d'environ 1 m à 1,80 m le pied de dune. Les valeurs obtenues ne donnent toutefois que des ordres de grandeur car si l'on tient compte des effets locaux, liés notamment à la force du vent (> 22 m/s) associée à une très faible pression (975 hpa) (fig. 7B et 7C), et qui ne sont pas toujours enregistrés par les marégraphes situés le plus souvent en zone portuaire abritée (Benavente *et al.,* 2006), ces niveaux d'eau ont pu être bien supérieurs. En effet, les observations de terrain durant la pleine mer du soir nous ont montré que certains jets de rive dépassaient la crête de la dune.

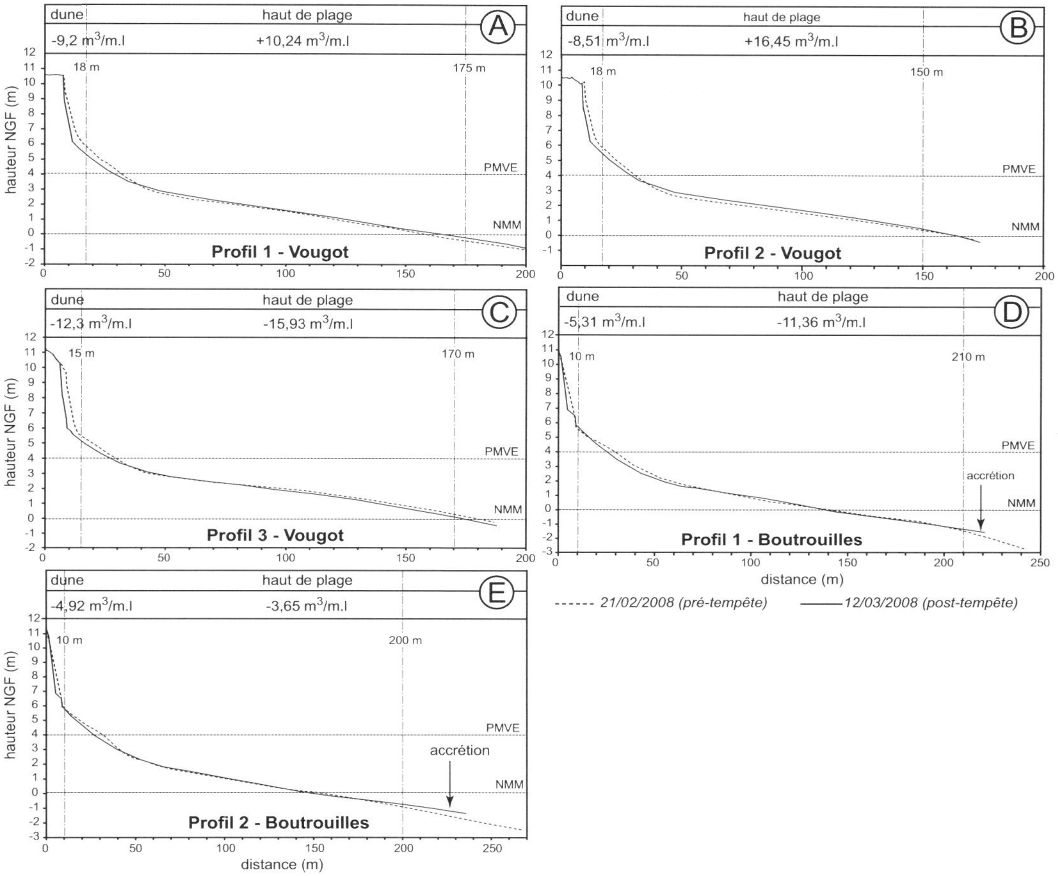

Figure 6 : Profils de plage/dune effectués avant et après la tempête du 10 mars 2008 sur les plages du Vougot et de Boutrouilles
Les volumes sédimentaires mentionnés en haut de figure sont calculés sur deux sections du profil (la dune *stricto sensu* et la haute plage intertidale), dont les limites, en terme de distance, sont données par les valeurs métriques recoupant l'enveloppe de profils.

Beach/dune profile measurements realized before and after the 10th of March storm
Sediment budgets mentioned on the top of the graphs have been calculated on two different sections of the profile (the dune and the upper tidal beach), delimited in terms of distance by metric values mentioned on the envelope of profiles.

L'épisode du 10 mars 2008 dans l'évolution pluriannuelle des dunes

Replacée dans l'évolution pluriannuelle du cordon dunaire de la plage du Vougot, la tempête du 10 mars apparaît comme un évènement exceptionnel tant les volumes érodés au niveau des trois profils ont été importants (fig. 8, 9 et 10). Les trois illustrations indiquent également que trois phases érosives majeures ont précédé cette tempête (en grisé sur les figures). Elles sont presque toujours centrées autour du mois de mars (9 mars 2005, 5 mars 2006, 23 mars 2007 et le 12 mars 2008), et sont caractérisées par des niveaux d'eau extrêmes supérieurs à l'altitude du pied de dune (cf. les tempêtes du 11 février 2005, du 3 mars 2006, du 19 mars 2007, et du 10 mars 2008).

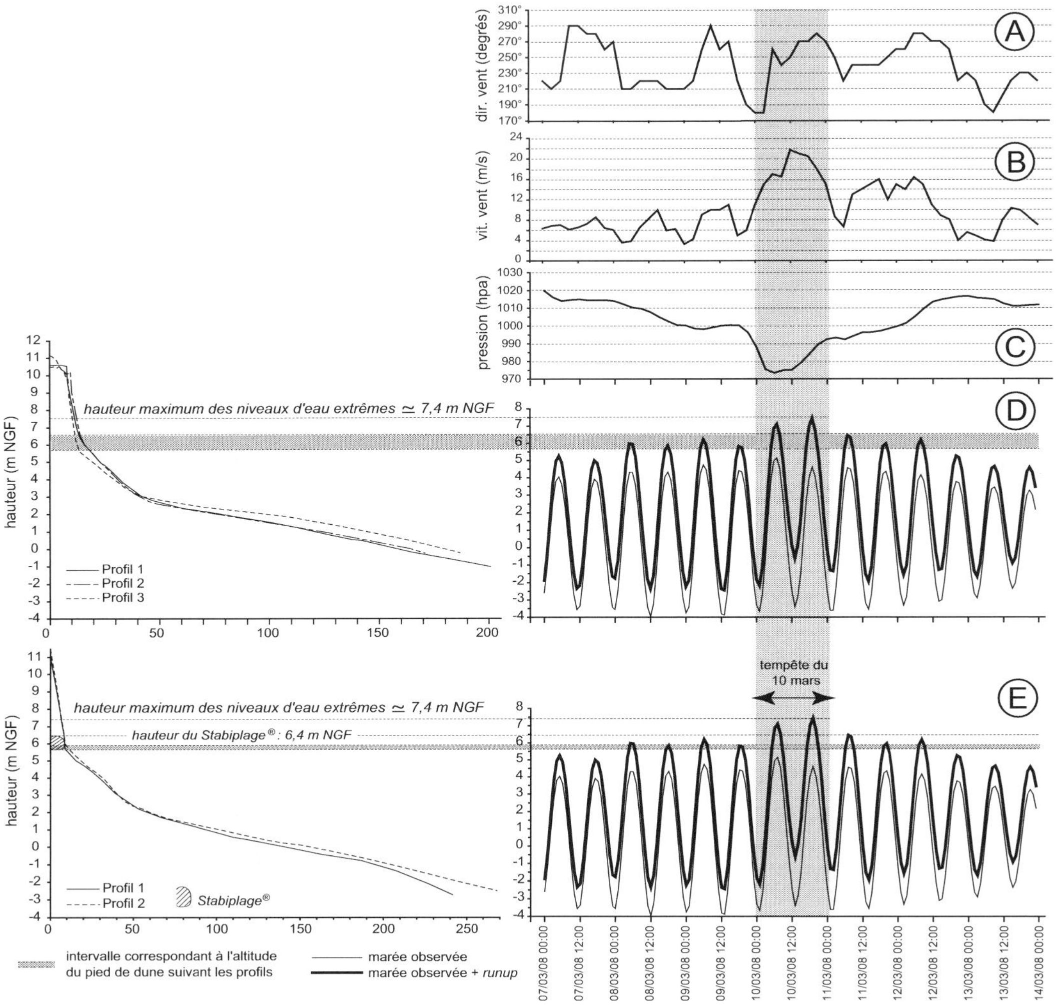

Figure 7 : Conditions météo-atmosphériques et niveaux d'eau extrêmes à la côte observés lors de la tempête du 10 mars 2008
(A) : direction du vent. (B) : vitesse du vent. (C) : pression barométrique. (D) : relation entre niveaux d'eau extrêmes à la côte et altitude du pied de dune pour la plage du Vougot à Guissény. (E) : relation entre niveaux d'eau extrêmes à la côte, altitude du pied de dune, et hauteur du Stabiplage® pour la plage de Boutrouilles à Kerlouan.

Meteo-atmospheric characteristics and extreme water levels recorded during the 10th of March 2008 storm
(A): wind direction. (B): wind speed. (C): atmospheric pressure. (D): comparison between extreme water levels and height of dune foot on Vougot beach. (E): comparison between extreme water levels and height of dune foot and Stabiplage® on Boutrouilles beach.

D'un point de vue statistique, plus de 80 % des phases d'érosion sont liés à un niveau d'eau supérieur au pied de dune. Pour autant, il n'existe aucune corrélation significative entre le volume de sédiment érodé et le niveau d'eau extrême à la côte ($R^2 = 0{,}14$) (fig. 11A)

Dans le détail, on peut voir que les trois profils n'observent pas la même évolution. Les profils 1 et 2, situés le plus à l'est de la plage (fig. 4), évoluent de façon similaire (R^2 45 %) (fig. 11B) ; le

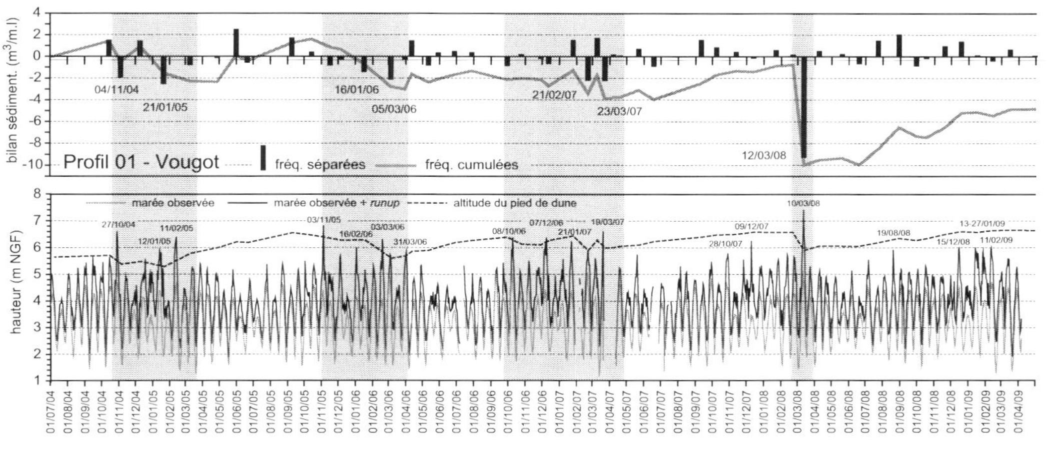

Figure 8 : Évolution du bilan sédimentaire du cordon dunaire de la plage du Vougot au niveau du profil 1, en relation avec les niveaux d'eau extrêmes à la côte sur la période juillet 2004-avril 2009

Sedimentary budget evolution of the dune of Vougot beach regarding profile 1, related to extreme water levels over the period July 2004-April 2009

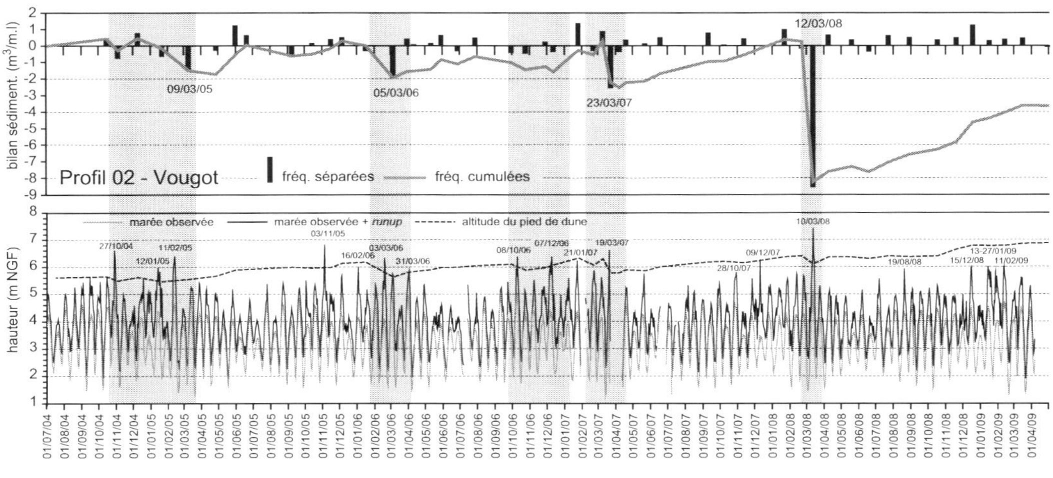

Figure 9 : Évolution du bilan sédimentaire du cordon dunaire de la plage du Vougot au niveau du profil 2, en relation avec les niveaux d'eau extrêmes à la côte sur la période juillet 2004-avril 2009

Sedimentary budget evolution of the dune of Vougot beach regarding profile 2, related to extreme water levels over the period July 2004-April 2009

profil 3, localisé quant à lui plus à l'ouest, montre une évolution distincte des deux premiers (R^2 = 26 % avec le P01, et 39 % avec le P02) (fig. 11D et 11E). Cette distinction s'exprime particulièrement bien durant les périodes qui suivent les phases érosives notables, à l'exemple de celles qui ont succédé aux tempêtes des mois de mars 2007 et 2008. Durant ces périodes, si les phénomènes de régénération du cordon dunaire sont nettement visibles au niveau des profils 1 et 2, on s'aperçoit que l'adaptation[5] de la dune aux nouvelles conditions morphodynamiques ne se fait pas

5. Nous préférons utiliser le terme « d'adaptation » à celui de « résilience » car il est peu probable que ces phénomènes d'alimentation permettent à la dune de retrouver son profil initial avant tempête.

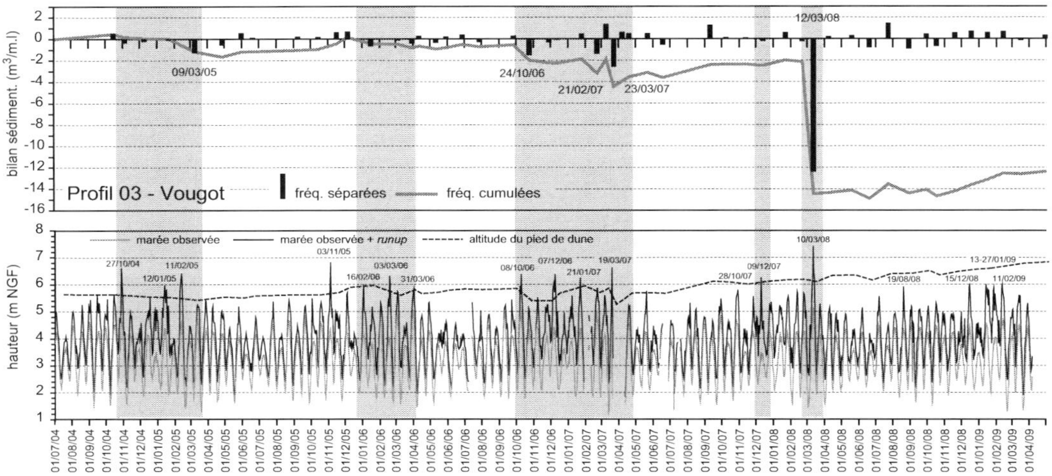

Figure 10 : Évolution du bilan sédimentaire du cordon dunaire de la plage du Vougot au niveau du profil 3, en relation avec les niveaux d'eau extrêmes à la côte sur la période juillet 2004-avril 2009

Sedimentary budget evolution of the dune of Vougot beach regarding profile 3, related to extreme water levels over the period July 2004-April 2009

aussi efficacement au niveau du profil 3. Dans le même temps, durant ces phases de régénération on peut voir que pour les profils 1 et 2, les hauts niveaux d'eau enregistrés du 28 octobre 2008 au 9 décembre 2007, et du 15 décembre 2008 au 11 février 2009, n'entraînent pas d'érosion car le pied de dune s'est largement exhaussé. Là encore, ceci est moins net au niveau du profil 3.

Les effets de la tempête du 10 mars dans l'évolution pluriannuelle du cordon dunaire de la plage de Boutrouilles sont beaucoup moins marqués qu'au Vougot (fig. 12 et 13). Ceci est du à la présence du Stabiplage® qui minimise les processus d'érosion dès lors que le pied de dune est fixé. Ceci étant, une bonne relation entre les niveaux d'eau extrêmes et les phénomènes d'érosion s'observe aussi dans ce cas. Pour les quatre épisodes tempétueux du 8 décembre 2006, du 23 mars 2007, du 13 décembre 2007, et du 12 mars 2008, les niveaux d'eau ayant dépassé et/ou se situant très proche du sommet du Stabiplage® ont entraîné une érosion de la dune.

Les figures 12 et 13 montrent également que le pied de dune est très souvent submergé ; à l'exception des périodes estivales, les hauts niveaux d'eau atteignent fréquemment la base du Stabiplage®. Cet ouvrage protège donc efficacement le cordon dunaire contre l'érosion marine. Toutefois, comme l'ont montré J.-C. Cariolet *et al.* (2008), il conditionne le fonctionnement du haut de plage en accentuant les effets réfléchissants de la houle qui entraînent à leur tour le départ de sédiments en haut de plage.

Discussion

Si les enseignements de la tempête du 10 mars 2008 ont permis de constater que les principes fondamentaux relatifs aux processus d'érosion des dunes pouvaient s'appliquer à nos deux sites d'étude, quelques particularités demeurent. Elles sont liées à l'action des forçages naturels et/ou anthropiques qui donne une spécificité propre à chacune des deux plages.

Le rôle des niveaux d'eau extrêmes dans les processus morphogéniques étudiés apparaît comme l'élément déterminant de l'érosion des dunes. Ces observations vont dans le même sens que les résultats acquis dans le cadre des études de probabilité réalisées par J. van de Graaff (1986) et C. den Heijer *et al.* (2008). De même, il a été démontré que la hauteur des houles n'intervenait que

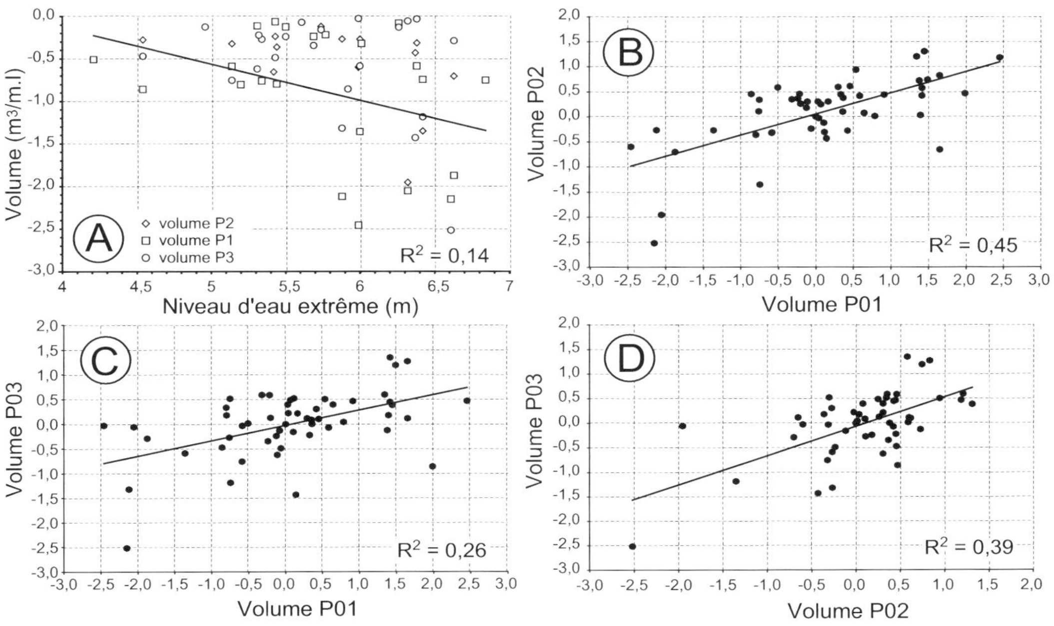

Figure 11 : A : corrélation entre les volumes de sable perdus par le cordon dunaire du Vougot au niveau des trois profils et la hauteur des niveaux d'eau extrêmes. B : corrélation entre les bilans sédimentaires de la dune du Vougot pour les profils 1 et 2. C : corrélation entre les bilans sédimentaires de la dune du Vougot pour les profils 1 et 3. D : corrélation entre les bilans sédimentaires de la dune du Vougot pour les profils 2 et 3.

A: correlation between sand volume eroded from the dune of Vougot beach (regarding the three profiles) and extreme water level height. B: correlation between sediment budgets of the dune of Vougot beach regarding profiles 1 and 2. C: correlation between sediment budgets of the dune of Vougot beach regarding profiles 1 and 3. D: correlation between sediment budgets of the dune of Vougot beach regarding profiles 2 and 3.

très faiblement dans les processus érosifs. Là encore, l'analyse pluriannuelle des tempêtes, et de leurs effets sur le bilan sédimentaire des cordons dunaires, a montré que ce paramètre ne pouvait à lui seul expliquer l'érosion des dunes. Comme nous l'avons montré, il faut que les fortes houles soient combinées à une marée de vive-eau pour que l'érosion agisse (la tempête du 10 mars en est par ailleurs un parfait exemple, cf. J.-M. Cariolet *et al.*, ce volume). La forme du profil initial avant tempête joue également un rôle important. Comme l'attestent plus particulièrement les résultats obtenus pour la plage du Vougot, les tempêtes du mois de mars ont été pointées comme étant les plus morphogènes comparées à celles de la fin de l'automne, début de l'hiver. Ceci s'explique par le fait qu'au sortir de la période d'alimentation estivale, le système pied de dune/haut de plage est suffisamment exhaussé pour « encaisser » l'attaque des premières houles de tempêtes hivernales. À l'inverse, le profil surbaissé du haut de plage/pied de dune à la fin de l'hiver renforce l'action érosive des tempêtes printanières. Ainsi, comme l'ont montré plusieurs auteurs, la morphologie dunaire, et à travers elle l'ensemble des processus qui agit sur les échanges sédimentaires entre la plage et la dune, contrôle en partie l'action érosive des tempêtes (Short et Hesp, 1982 ; Davidson-Arnott et Law, 1990 ; Sherman et Bauer, 1993 ; Morton, 2002 ; Aagaard *et al.*, 2004 ; Battiau-Queney, 2004 ; Ruz et Meur-Ferec, 2004, Saye *et al.*, 2005 ; Anthony *et al.*, 2006 ; McLean et Shen, 2006 ; Pye et Blott, 2008 ; Sabatier *et al.*, 2009). La fréquence et la durée des épisodes tempétueux contrôlent aussi la résilience du cordon dunaire, et à travers elle la forme du profil de dune avant tempête. M. Ruz et C. Meur-Ferec (2004), A. Vespremeanu-Stroe et L. Preoteasa (2007), et S. Quartel *et*

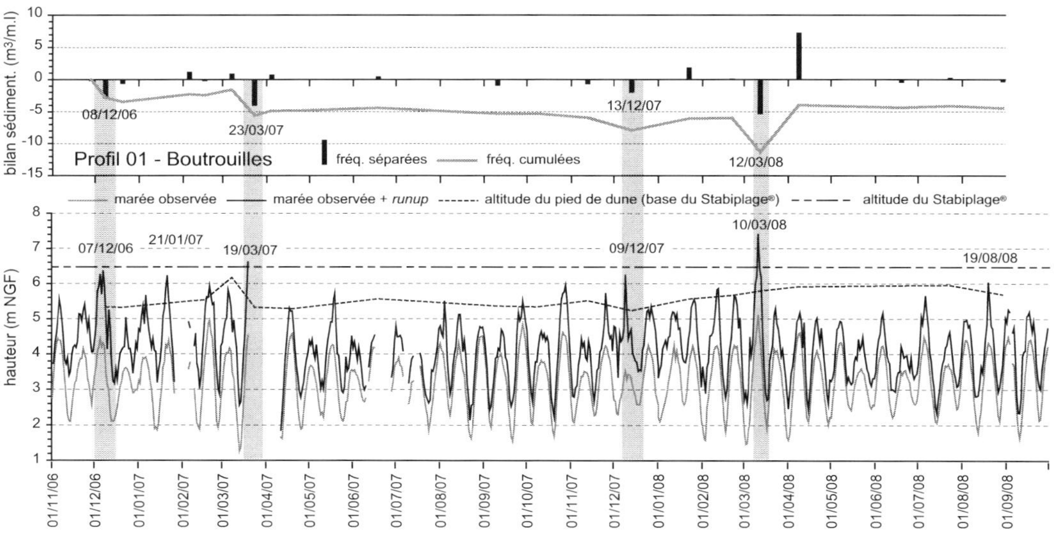

Figure 12 : Évolution du bilan sédimentaire du cordon dunaire de la plage de Boutrouilles au niveau du profil 1, en relation avec les niveaux d'eau extrêmes à la côte sur la période novembre 2006-septembre 2008

Sedimentary budget evolution of the dune of Boutrouilles beach regarding profile 1, related to extreme water levels over the period November 2006-September 2008

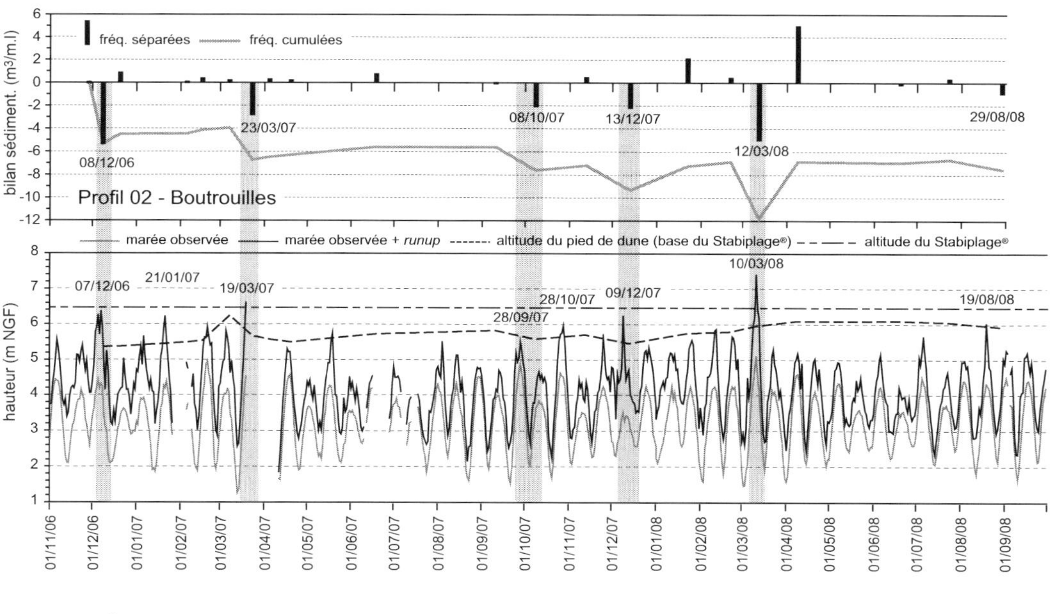

Figure 13 : Évolution du bilan sédimentaire du cordon dunaire de la plage de Boutrouilles au niveau du profil 2, en relation avec les niveaux d'eau extrêmes à la côte sur la période novembre 2006-septembre 2008

Sedimentary budget evolution of the dune of Boutrouilles beach regarding profile 2, related to extreme water levels over the period November 2006-September 2008

al., (2008) ont démontré que plus les tempêtes sont longues et rapprochées, plus la capacité du système littoral à se régénérer diminue car les échanges sédimentaires entre la plage et la dune ne se font plus. La plage dans son ensemble devient alors plus vulnérable à l'action des tempêtes. Ces processus caractérisent particulièrement bien les hivers 2004-2005, 2005-2006 et 2006-2007 où l'on voit, à partir des données acquises pour la plage du Vougot, que la fréquence élevée des tempêtes a joué dans l'affaiblissement du cordon dunaire. Durant ces périodes, la faiblesse des apports sédimentaires s'est traduite par un abaissement du pied de dune, renforçant ainsi l'action érosive des tempêtes printanières des années 2005, 2006 et 2007. À l'inverse, la bonne régénération du cordon dunaire durant les hivers 2007-2008 et 2008-2009 a permis de protéger la dune contre les tempêtes des mois de mars 2008 et 2009, à l'exception bien sûr de l'épisode du 10 mars 2008 qui revêt, comme on l'a dit plus haut, un caractère exceptionnel. Les processus d'érosion observés montrent que le principe d'ajustement du profil d'équilibre décrit par P. Bruun (1962) peut s'appliquer dès lors que les transferts sédimentaires transversaux ne sont pas influencés par d'autres dynamiques. Ainsi, pour les profils 1 et 2 de la plage du Vougot, les volumes érodés à la dune semblent bien alimenter la haute plage intertidale, à la différence de la radiale 3, pour laquelle les deux sections du profil sont déficitaires (fig. 6). Lorsque l'on observe les résultats obtenus à l'échelle pluriannuelle pour les phases érosives majeures, à l'exception de quelques cas, ce fonctionnement reste le même (fig. 14). Nous interprétons ces différences comme étant liées à l'action des transferts longitudinaux qui agissent de façon plus efficace et systématique à l'ouest de la plage du Vougot (Suanez *et al.*, 2010). Ainsi, au niveau du profil 3, le volume de sable érodé à la dune est très rapidement exporté en direction du Zorn alors que ces déplacements prennent plus de temps au niveau des profils 1 et 2. Pour ces deux radiales, le principe d'ajustement du profil d'équilibre d'après tempête est alors plus lisible.

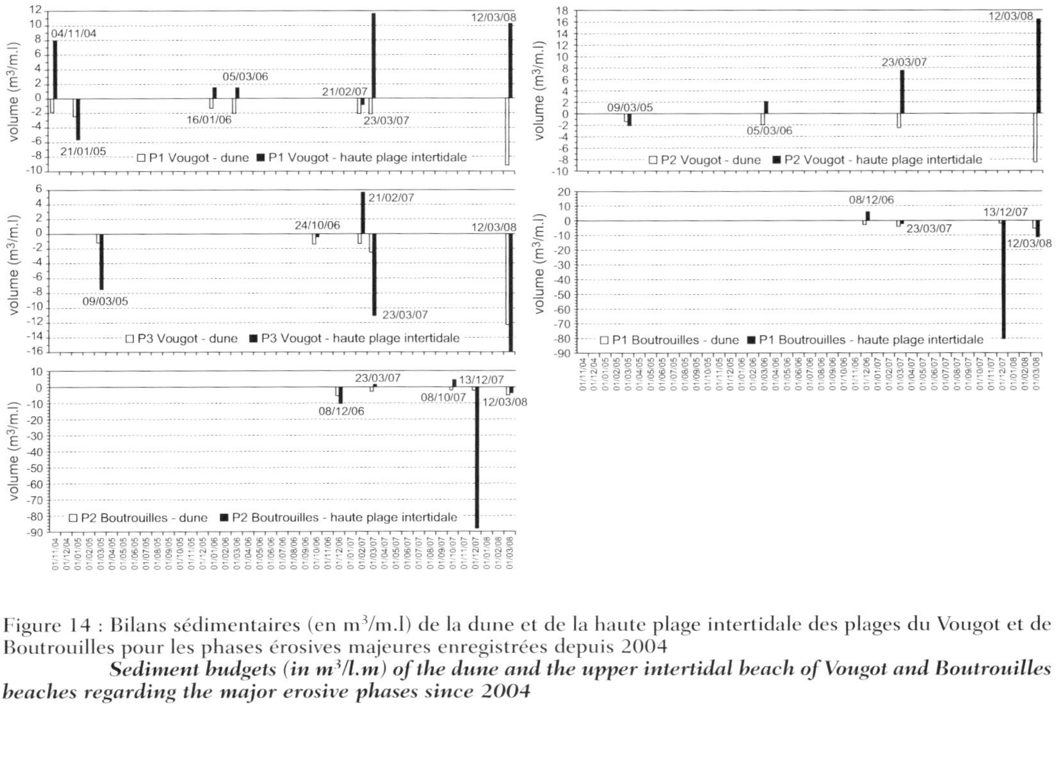

Figure 14 : Bilans sédimentaires (en m^3/m.l) de la dune et de la haute plage intertidale des plages du Vougot et de Boutrouilles pour les phases érosives majeures enregistrées depuis 2004

Sediment budgets (in m^3/l.m) of the dune and the upper intertidal beach of Vougot and Boutrouilles beaches regarding the major erosive phases since 2004

Pour la plage de Boutrouilles, les choses apparaissent beaucoup plus compliquées. Les données acquises sur la tempête du 10 mars ont montré que l'ensemble du profil de plage/dune était déficitaire (fig. 6). De même, les résultats acquis à l'échelle pluriannuelle indiquent que la majorité des tempêtes se sont soldées par un déficit sédimentaire au niveau des deux sections du profil (fig. 14) – à l'exemple du relevé effectué le 13 décembre 2007 après la tempête du 7 décembre 2007. L'absence de phasage entre l'érosion de la dune et l'alimentation de la haute plage intertidale s'explique vraisemblablement par l'action efficace des courants de retour générés par la présence du Stabiplage®. Comme nous l'avons souligné plus haut, J.-M. Cariolet *et al.*, 2008 ont montré que la réflexion de la houle contre l'ouvrage favorisait l'érosion du haut de plage tout en accentuant l'exportation de ce matériel vers le bas de plage. Comme l'ont indiqué les mesures effectuées le 12 mars 2008, les phénomènes d'accrétion visibles au-delà d'une distance de 200 m par rapport au pied de dune illustrent probablement l'action des ces transits transversaux (fig. 6D et 6E).

Conclusion

D'un point de vue morphogénique, l'impact de la tempête du 10 mars 2008 sur l'érosion des dunes du nord Finistère revêt un caractère exceptionnel à l'échelle des vingt dernières années ; en terme de comparaison, il faut remonter aux tempêtes de l'hiver 1989-1990 qui avaient été aussi particulièrement dévastatrices (Garabœuf, 1990). L'action érosive a été d'autant plus exacerbée, et aura des effets d'autant plus durables, que ces deux plages connaissent depuis plusieurs décennies un déficit sédimentaire chronique. Ceci étant, depuis le printemps 2008 des phénomènes de ré-engraissement de la dune du Vougot ont été observés. Ces nouveaux apports sableux ont littéralement « masqué » la falaise d'érosion au niveau des profils 1 et 2, ou entraîné la construction d'un chapelet de dunes embryonnaires en haut de plage comme au niveau du profil 3. Ainsi, si l'on replace l'ensemble des dynamiques observées au sein des modèles conceptuels (Ruz, 2004), l'évolution à long terme des cordons dunaires des plages du Vougot et de Boutrouilles correspondrait au scénario (D) du modèle de N. P. Psuty (1988, 1992), caractérisé par un bilan sédimentaire déficitaire de l'ensemble du système plage/dune. Dans ce contexte, l'auteur indique que l'érosion des dunes bordières est avant tout liée aux effets de « débordement de tempête », et que par rétroaction, l'abaissement de plus en plus accru du profil de plage favorise l'attaque de plus en plus fréquente de la dune. Ces processus illustrent parfaitement le fonctionnement du système plage/dune de la plage du Vougot même si comme on l'a vu, des phénomènes de régénération du cordon dunaire peuvent agir à l'échelle saisonnière (essentiellement durant l'été). Si l'on se rapporte au modèle de P. A Hesp (1988, 2002), ces phénomènes de ré-engraissement n'agissent que sur du court terme ; ils dépendent généralement de la disponibilité en sédiment et de la fréquence des évènements érosifs à l'échelle saisonnière. Pour autant, nous ne pouvons en aucun cas parler de résilience du cordon dunaire car cette alimentation n'a pas entraîné une avancée du front de dune de telle sorte qu'il retrouve la position qu'il observait avant la tempête. Pour la plage de Boutrouilles, la présence d'un ouvrage de protection en pied de dune a permis de stopper « pour un temps » le recul de la dune. Toutefois, comme l'a montré la tempête du 10 mars, le dimensionnement de la structure et/ou son positionnement présentent des insuffisances car il peut-être submergé lors d'évènements exceptionnels. De plus, comme l'ont indiqué J.-M. Cariolet *et al.* (2008), l'érosion chronique de la plage, et avec elle l'abaissement de son profil, pourrait à terme déstabiliser le Stabiplage® qui ne jouerait alors plus correctement son rôle de protection de la dune.

Remerciements

Ce travail a été financé par la Région Bretagne dans le cadre d'un contrat Nature ; il a également bénéficié de financements de la commune de Guissény dans le cadre de Natura 2000 au titre de la conservation et de l'entretien des milieux dunaires (objectif A3). Nous tenons à remercier R. Magne du SHOM pour la mise à disposition des données de houles. Nous remercions également Guy Wöppelmann, responsable du projet SONEL, pour la mise à disposition des données marégraphiques observées. Merci à Laurence David (Géomer) pour sa contribution dans la réalisation de certaines cartes.

Bibliographie

Aagard T., Davidson-Arnott R., Greenwood B., Nielsen J., 2004. Sediment supply from shoreface to dunes: linking sediment transport measurements and long-term morphological evolution, *Geomorphology*, vol. 60, n° 1-2, p. 205-224.

Anthony E. J., Vanhee S., Ruz M.-H., 2006. Short-term beach-dune sand budgets on the north sea coast of France: Sand supply from shoreface to dunes, and the role of wind and fetch, *Geomorphology*, vol. 81, n° 3-4, p. 316–329.

Battiau-Queney Y., 2004. Haut de plage et front dunaire : enregistrement morphologique de la dynamique éolienne et marine dans un système macrotidal, *Bulletin de l'Association des Géographes Français*, n° 3, p. 393-404.

Battjes J.A., 1974. *Surf similarity*. Proceeding of the 14th Coastal Engineering Conference, ASCE, p. 466-479.

Benavente J., Del Río L., Gracia F.J., Martínez-del-Pozo J.A., 2006. Coastal flooding hazard related to storms and coastal evolution in Valdelagrana spit (Cadiz Bay Natural Park, SW Spain), *Continental Shelf Research*, vol. 26, n° 9, p. 1061–1076.

Bodéré J.-C., Hallégouët B., Piriou N., 1983. *Schéma de protection contre la mer du littoral finistérien, Communes de Guissény et de Plouguerneau, Zone du Curnic*. Rapport d'étude, Faculté des Lettres et des Sciences Sociales, Université de Bretagne Occidentale, 81 p. (n.p.)

Bruun P., 1962. Sea level rise as a cause of shore erosion, *Journal of Waterway and Harbours Division*, vol. 88, n° 1-3, p. 117-130.

Cariolet J.-M., Costa S., Caspar R., Ardhuin F., Magne R., Goasguen G., Aspects météo-marins de la tempête du 10 mars 2008 en Atlantique et en Manche, *Norois*, (ce volume).

Cariolet J.-M., Suanez S., 2009. Approche méthodologique pour une cartographie du risque de submersion des côtes basses, *La Houille Blanche*, n° 2, p. 52-58.

Cariolet J.-M., Suanez S., Carol F., Magne R., 2008. *Evaluation de la technique STABIPLAGE® mise en place sur deux plages du Finistère : les Sables Blancs à Plobannalec-Lesconil-Loctudy, et Boutrouilles à Kerlouan*, Actes du colloque des Xes Journées Nationales Génie Civil Génie Côtier, 14-16 oct. 2008, Nice Sophia-Antipolis, D. Levacher, P. Gaufres (dir.), p. 201-210 [*http://www.paralia.fr/jngcgc/10_19_cariolet.pdf*].

Carter R. W. G., Stone G. W., 1989. Mechanisms associated with the erosion of sand dune cliffs, Magilligan, Northern Ireland, *Earth Surface Processes and Landforms*, vol. 14, n° 1, p. 1-10.

Carter R. G. W., Hesp P. A., Nordstrom K. F., 1990. Erosional landforms in coastal dunes, dans Nordstrom K., Psuty N., Carter B. (dir.), *Coastal dunes. Form and process*, Edit. John Wiley & Sons, England, p. 217-250.

Carter R. W. G., 1980. Vegetation stabilisation and slope failure of eroding sand dunes, *Biological Conservation*, vol. 18, n° 2, p. 117-122.

den Heijer C., van de Graaff J., van Gelder P., 2008. *Probabilistic sensitivity of dune erosion calculations*, 4th International Symposium on Flood Defence (Toronto, Ontario, Canada, May 6-8, 2008), Institute for Catastrophic Loss Reduction (ICLR), Toronto (Ontario), Canada, p. 69.1-69.8.

Davidson-Arnott R. G. D., Law M. N., 1990. Seasonal patterns and controls on sediment supply to coastal foredunes, Long Point, Lake Erie, dans Nordstrom K., Psuty N., Carter B. (dir.), *Coastal dunes. Form and process*, Edit. John Wiley & Sons, England, p. 177-200.

Edelman, T., 1968. *Dune erosion during storm conditions*, Proceeding of the 11th Conference on Coastal Engineering, ASCE, vol. 1, p. 719-722.

—, 1972. *Dune erosion during storm conditions*, Proceeding of the 13th Conference on Coastal Engineering, ASCE, vol. 2, p. 1305-1311.

Erchinger H. F., 1992. Conservation of barrier dunes as a smooth, natural method of coastal protection on the East Friesian Islands, Germany, dans Carter R. W. G., Curtis T. G. F., Sheehy-Skeffington M. J. (dir.), *Coastal dunes. Geomorphology, Ecology and Management for Conservation*, Proc. 3rd European Dune Congress, Balkema, Rotterdam, p. 389-396.

Erikson L. H., Larson M., Hanson H., 2007. Laboratory investigation of beach scarp and dune recession due to notching and subsequent failure, *Marine Geology*, vol. 245, n° 1-4, p. 1-19.

Fisher J. S., Overton M. F. (1984) – *Numerical model for dune erosion due to wave uprush*, Proceedings of the 19th Coastal Engineering Conference, ASCE, p. 1553-1558.

Garabœuf M.-F., 1990. *Le littoral guissénien*, Mémoire de DEA, Université de Bretagne Occidentale, 73 p. et annexes.

Gómez-Pina G., Muñoz-Pérez J. J., Ramírez J. L., Ley C., 2002. Sand dune management problems and techniques, Spain, *Journal of Coastal Research,* Special Issue n° 36, p. 325-332.

Guilcher A., Hallégouët B., 1991. Coastal dunes in Brittany and their management, *Journal of Coastal Research,* vol. 7, n° 2, p. 517-533.

Hallégouët B., 1978. L'évolution des massifs dunaires du pays de Léon, *Penn ar Bed*, vol. 11, n° 95, p. 417-430.

—, 1971. *Le Bas-Léon (Finistère, France). Étude géomorphologique*, Thèse de 3e cycle, Université de Bretagne Occidentale, 260 p.

Hesp P. A., 1988. Surfzone, beach and fordune interactions on the Australian southeast coast, *Journal of Coastal Research*, Special Issue n° 3, p. 325-332.

—, 2002. Foredunes and blowouts: initiation, geomorphology and dynamics, *Geomorphology*, vol. 48, n° 1-3, p. 245-268.

Kriebel D. L., 1985. Numerical simulation of time-dependant beach and dune erosion, *Coastal Engineering*, vol. 9, n° 3, p. 221-245.

—, 1986. Verification study of a dune erosion model, *Shore & Beach*, vol. 54, n° 3, p. 13-21.

Larson M., Erikson L., Hanson H., 2004. An analytical model to predict dune erosion due to wave impact, *Coastal Engineering*, vol. 51, n° 8-9, p. 675-696.

Louisse C.J., van der Meulen F., 1991. Future coastal defence in the Netherland: strategies for protection and sustainable development, *Journal of Coastal Research*, vol. 7, n° 4, p. 1027-1041.

McLean R., Shen J. S., 2006. From foreshore to fordune: Foredune development over the last 30 years at Moruya beach, New South Wales, Australia, *Journal of Coastal Research*, vol. 22, n° 1, p. 28-36.

Morton R. A., 2002. Factors controlling storm impacts on coastal barriers and beaches – a preliminary basis for real-time forecasting, *Journal of Coastal Research,* vol. 18, n° 3, p. 486-501.

Overton M. F., Fisher J. S., 1988. Laboratory investigation of dune erosion, *Journal of Waterway, Port, Coastal, and Ocean Engineering,* vol. 114, n° 3, p. 367-373.

Psuty N. P., 1988. Sediment budget and dune/beach interaction, *Journal of Coastal Research,* Special Issue n° 3, p. 1-4.

—, 1992. Spatial variation in coastal Foredune development, dans Carter R. W. G., Curtis T. G. F., Sheehy-Skeffington M. J. (dir.), *Coastal dunes. Geomorphology, Ecology and Management for Conservation*, Proc. 3rd European Dune Congress, Balkema, Rotterdam, p. 3-13.

Pye K., Neal A., 1994. Coastal dune erosion at Formby Point, north Merseyside, England: causes and mechanisms, *Marine Geology,* vol. 119, n° 1-2, p. 39-56.

Pye K., Blott S. J., 2008. Decadal-scale variation in dune erosion and accretion rates: an investigation of the significance of changing storm tide frequency and magnitude on the Sefton coast, UK, *Geomorphology*, vol. 102, n° 3-4, p. 652-666.

Quartel S., Kroon A., Ruessink B. G., 2008. Seasonal accretion and erosion patterns of a microtidal sandy beach, *Marine Geology*, vol. 250, n° 1-2, p. 19-33.

Ruggiero P., Komar P. D., McDouglas W. G., Marra J. J., Beach R. A., 2001. Wave runup, extreme water levels and erosion of properties backing beaches, *Journal of Coastal Research,* vol. 17, n° 2, p. 407-419.

Ruessink B. G., Jeuken M. C. J. L., 2002. Dunefoot dynamics along the Dutch coast, *Earth Surface Processes Landforms, n°* 27, p. 1043-1056.

Ruz M.-H., Meur-Férec C., 2004. Influence of high water levels on aeolian sand transport: upper beach/ dune evolution on a macrotidal coast, Wissant Bay, northern France, *Geomorphology*, vol. 60, n° 1-2, p. 73-87.

Ruz M.-H., 2004. Formation et évolution des dunes bordières : modèles conceptuels, *Bulletin de l'Association des Géographes Français*, n° 3, p. 383-392.

Sabatier F., Anthony E., Héquette A., Suanez S., Musereau J., Régnauld H., Ruz M., 2009. Morphodynamics of beach/dune systems: examples from the coast of France, *Géomorphologie : relief, processus, environnement*, n° 1, p. 3-22.

Sallenger A. H. Jr., 2000. Storm impact scale for barrier islands, *Journal of Coastal Research*, vol. 16, n° 3, p. 890-895.

Sallenger A. H. Jr., Krabill W., Brock J., Swift R., Manizade S., Stockdon H., 2002. Sea-cliff erosion as a function of beach changes and extreme wave runup during the 1997-1998 El Niño, *Marine Geology*, vol. 187, n° 3-4, p. 279-297.

Saye S. E., van der Wal D., Pye K., Blott S. J., 2005. Beach-dune morphological relationships and erosion/ accretion at five sites in England and Wales using LIDAR data, *Geomorphology*, vol. 72, n° 1-4, p. 128-155.

Sherman D. J., Bauer B. O., 1993. Dynamics of beach-dune systems, *Progress in Physical Geography*, vol. 17 n° 4, p. 413-447.

Short A. D., Hesp P. A., 1982. Wave, beach and dune interactions in southeast Australia, *Marine Geology*, vol. 48, n° 3-4, p. 259-284.

Sparfel L., Suanez S., 2007. Le vougot à l'épreuve des flots, *Penn ar Bed*, n° 199/200, p. 39-49.

Stockdon H. F., Holman R. A., Howd P. A., Sallenger A. H., 2006. Empirical parametrization of setup, swash and runup, *Coastal Engineering*, vol. 53, n° 7, p. 573-588.

Stockdon H. F., Thompson D. M., 2007. *Vulnerability of National Park Service Beaches to Inundation during a Direct Hurricane Landfall: Cape Lookout National Seashore*, U.S. Geological Survey, Open-File Report 2007-1376, 8 p.

Stockdon H. F., Sallenger A. H., Holman R. A., Howd P. A., 2007. A simple model for the spatially-variable coastal response to hurricanes, *Marine Geology*, vol. 238, n° 1-4, p. 1-20.

Stauble D. K., Eiser W. C., Birkemeier W. A., Hales L. Z., Seabergh W. C., 1990. Erosion characteristics of Hurricane Hugo on the beaches of South Carolina, *Shore & Beach*, vol. 58, n° 4, p. 23-36.

Suanez S., Fichaut B., Sparfel L., 2007. Méthode d'évaluation du risque de submersion des côtes basses appliquée à la plage du Vougot, Guissény (Bretagne), *Géomorphologie : relief, processus, environnement*, n° 4, p. 319-334.

Suanez S., Stéphan P., 2006. Forçages météo-marins et dynamique morphosédimentaire saisonnière des cordons dunaires. Exemple de la baie de Saint-Michel-en-Grève (Côtes d'Armor, Bretagne), *Géomorphologie : relief, processus, environnement*, n° 2, p. 91-110.

Suanez S., Cariolet J.-M., Fichaut B., 2010. Monitoring of recent morphological changes of the dune of Vougot beach (Brittany, France) using differential GPS, *Shore & Beach*, vol. 78, n° 1, p. 37-47.

van de Graaff J., 1977. Dune erosion during a storm, *Coastal Enginnering*, n° 1, p. 99-134.

—, 1986. Probabilistic design of dunes; an example from the Netherlands, *Coastal Engineering*, vol. 9, n° 5, p. 470-500.

van der Meulen, T., Gourlay, M. R., 1968. *Beach and dune erosion test*, Proceeding of the 11th Conference on Coastal Engineering, ASCE, vol. 1, p. 701-707.

Vellinga P., 1982. Beach and dune erosion during storm surges, *Coastal Engineering*, vol. 6, n° 4, p. 361-387.

—, 1984. Movable-bed modelling law for coastal dune erosion, *Journal of Waterway Port Coastal and Ocean Engineering*, vol. 11, n° 4, p. 495-504.

Vespremeanu-Stroe A., Preteasa L., 2007. Beach-dune interactions on the dry-temperate Danube delta coast, *Geomorphology*, vol. 86, n° 3-4, p. 267-282.

Wright L. D., Short A. D., 1984. Morphodynamics variability of surf zones and beaches: a synthesis, *Marine Geology*, vol. 56, n° 1-4, p. 93-118.

Cet article a été reçu le 13 juillet 2009 et définitivement accepté le 17 février 2010.

Norois, n° 215, 2010/2, p. 101-114

Effets des tempêtes sur une plage aménagée et à forte protection côtière : la plage des Éloux (côte de Noirmoutier, Vendée, France)

Paul Fattal
Géolittomer – UMR 65554 LETG CNRS
(Université de Nantes),
Chemin de La Censive-du-Tertre, BP 81227 – 44312 Nantes Cedex 3, France
Paul.Fattal@univ-nantes.fr

Marc Robin
Géolittomer – UMR 6554 LETG CNRS
(Université de Nantes),
Chemin de La Censive-du-Tertre, BP 81227 – 44312 Nantes Cedex 3, France
Marc.Robin@univ-nantes.fr

Martin Paillart
Communauté de Communes de l'Ile de Noirmoutier
Prée aux Ducs – 85330 Noirmoutier-en-l'Île, France
m-paillart@wanadoo.fr

Mohamed Maanan
Géolittomer – UMR 6554 LETG CNRS
(Université de Nantes),
Chemin de La Censive-du-Tertre, BP 81227 – 44312 Nantes Cedex 3, France
Mohamed.Maanan@univ-nantes.fr

Denis Mercier
Géolittomer – UMR 6554 LETG CNRS
(Université de Nantes),
Chemin de La Censive-du-Tertre, BP 81227 – 44312 Nantes Cedex 3, France
Denis.Mercier@univ-nantes.fr

Christine Lamberts
(Géolittomer – UMR 6554 LETG),
Chemin de La Censive-du-Tertre, BP 81227 – 44312 Nantes Cedex 3, France
Christine.Lamberts@univ-nantes.fr

Stéphane Costa
Géophen – UMR 6554 LETG CNRS
(Université de Caen – Basse-Normandie),
Esplanade de la Paix, BP 5186 – 14032 Caen Cedex, France
stephane.costa@unicaen.fr

Résumé

L'analyse diachronique des données disponibles sur le long terme montre que l'érosion de la plage des Éloux dans l'île de Noirmoutier (France) s'est produite entre 1832 et 2008 à des vitesses variables avec un taux moyen de recul du trait de côte de 0,7 m/an. La période 1999-2008 enregistre un fort recul du trait de côte avec un taux moyen de 1,9 m/an. Dans ce contexte, une forte tempête comme celle du 10 mars 2008, si elle contribue à la tendance érosive générale, n'a pas entraîné de conséquences morphogéniques très importantes sur l'île de Noirmoutier. Cet article cherche à estimer cet impact sur la plage des Éloux et à mettre en lumière le fait que l'effet minime de cette tempête importante est imputable à divers facteurs qui sont discutés (dérive inversée, stock sédimentaire disponible sur l'avant plage, défenses côtières).

Mots clé : *tempête – plage – érosion – aménagement littoral*

Abstract

Impacts of storms on a managed and protected shoreline : Les Éloux Beach (Noirmoutier coast, Vendée, France)

The diachronic analysis of available data shows that the erosion of the Éloux beach along Noirmoutier Island occurred at variable rates between 1832 and 2008 with a mean rate of 0,7 m/year. The period between 1997-2008 shows generalized erosion with a mean rate of 1,9 m/year. The impact of the 10 Marsh 2008 storm on the coastline of Noirmoutier Island appears moderate compared to these rates. This paper aims at assessing the impact of this storm on Les Éloux Beach. It is believed that the relatively low impact of this storm is mainly due to three factors : reversed littoral drift, intertidal sand bank source, and coastal defence.

Key words : *storm – beach – erosion – coastal management*

L'île de Noirmoutier, de par sa situation, est très exposée aux tempêtes (Gautier, 1972, 1979). En raison des considérables enjeux de nature et de société caractérisant le milieu insulaire, le suivi de l'impact des tempêtes revêt ici une dimension essentielle et justifie l'actuelle mise en place d'un Plan de Prévention des Risques d'Inondation. Globalement, l'intensité des impacts des tempêtes sur les plages sableuses dépend de facteurs physiques et socio-économiques (Battiau-Queney *et al.*, 2003 ; Regnauld *et al.*, 2004). Ces événements extrêmes, favorisés par l'effet des changements climatiques (Wakelin *et al.*, 2003), se produisent lors du passage d'une forte perturbation atmosphérique responsable de l'apparition de vents violents d'afflux qui poussent la masse d'eau vers les côtes, ce qui, combiné aux houles, entraîne la formation de surcotes. Celles-ci deviennent extrêmes lorsqu'il y a coïncidence avec une marée haute et un fort coefficient de marée (Bouligand et Pirazzoli, 1999 ; Pirazzoli *et al.*, 2006 ; Pirazzoli *et al.*, 2007 ; Caspar *et al.*, 2007).

Le 10 mars 2008, une tempête de cette nature a frappé les côtes du Nord-Ouest de la France. L'île de Noirmoutier au sud de l'estuaire de la Loire, n'est pas épargnée par cet épisode atmosphérique de forte intensité, même si celui-ci n'est pas exceptionnel pour cet espace insulaire. En effet, les rafales n'ont pas dépassé les 95 km/h alors qu'elles ont dépassé les 100 km/h à plusieurs reprises depuis les années 1960, allant jusqu'à 135 km/h lors de la tempête des 12 et 13 septembre 1993 (Tonnerre, 2001). Les secteurs de l'île qui ont été affectés par cette tempête sont en majorité en érosion et sont dotés de fortes défenses contre la mer (CCN, 2000).

Caractéristiques de la zone d'étude

Cadre morphologique général

L'île de Noirmoutier s'est progressivement formée depuis la fin de la dernière période froide du Pléistocène. La présence d'une plateforme calcaire reposant sur un socle cristallin affleurant dans la partie nord de l'île a permis le piégeage des sables en provenance de la Loire ou de la plateforme continentale (Morzadec-Kerfourn, 1995). Cette plateforme d'érosion littorale se manifeste par des points hauts depuis les écueils les plus à l'ouest (les Bœufs au large de la pointe du Devin) jusqu'aux écueils les plus à l'est (la Vendette) et depuis le nord (les Pères) jusqu'au sud (la Fosse) (fig. 1). Depuis 4 000 ans, la translation de la couverture sédimentaire s'est effectuée depuis l'ouest (recouvrant alors les Bœufs 4 km à l'ouest de l'emplacement actuel du cordon dunaire des Éloux) vers l'est, découvrant successivement les divers pointements rocheux (Ters, 1961). La situation actuelle correspond à un cordon ancré sur le récif du Devin au nord et le récif de la Loire au sud.

L'île de Noirmoutier est une île basse (altitude maximum de 22 m) de 20 km de longueur pour 6 km de largeur maximale dont les 2/3 de la surface sont situés sous le niveau des pleines-mers de vive-eau (fig. 1).

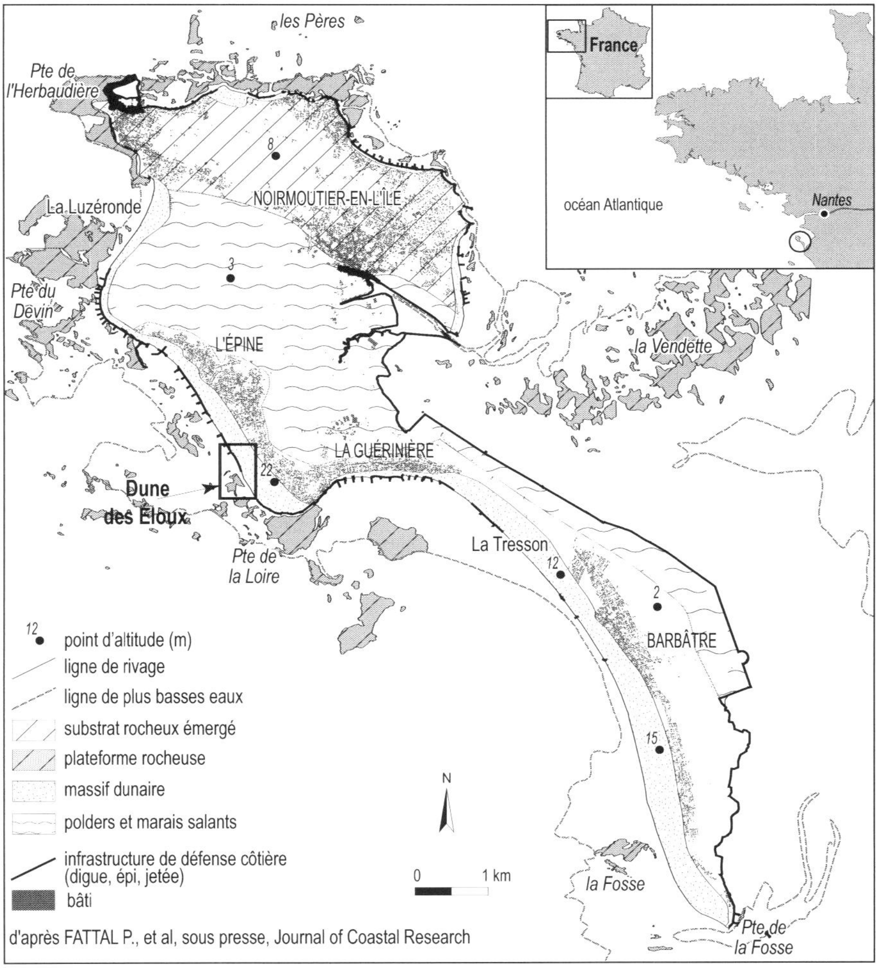

Figure 1 : La zone d'étude
Study area

La zone infralittorale est faiblement pentue : l'isobathe -5 m (cote marine) est située en moyenne à 3 km au large vers l'ouest ce qui lui confère une pente inférieure à 0,16 %. Côté baie de Bourgneuf à l'est, du fait de la position d'abri, la pente infralittorale est encore plus faible. La côte occidentale de l'île est subdivisée en 3 cellules hydrosédimentaires encadrées successivement par les pointes de L'Herbaudière, du Devin, de la Loire et le goulet de Fromentine (pointe de la Fosse) (DHI, 2008). De L'Herbaudière au Devin s'étend la cellule de Luzéronde ; du Devin à la pointe de la Loire se situe celle des Éloux qui fait l'objet de cette évaluation ; de la pointe de la Loire à la pointe de la Fosse au sud se développe la cellule de La Guérinière/Barbâtre. L'orientation générale moyenne de ces 3 segments côtiers varie : de l'ordre de 210° pour Luzéronde, elle est de 157° pour les Éloux, et de 160° pour Barbâtre.

Le segment des Éloux s'étend sur 4,5 km de long sur la commune de l'Épine. Il est bordé à l'arrière par un massif dunaire qui s'élargit sur près de 500 m et culmine à 22 m. Ce secteur est fortement protégé (photo 1). La dérive littorale dominante résiduelle attestée par le piégeage des sédiments par les épis se fait du nord vers le sud. Le transit sédimentaire longitudinal moyen est évalué à 20 000 m^3/an (DHI, 2008).

L'analyse granulométrique du sable de la plage montre qu'il est grossier et mal classé : médiane = 1, Sorting index = 2 – valeurs exprimées en Phi (Folk, 1966), dû en partie, comme nous le verrons ultérieurement, au fait qu'il y a eu des rechargements avec des sédiments hétérométriques en provenance de la pointe de la Fosse.

CARACTÉRISTIQUES MÉTÉO-MARINES GÉNÉRALES

De façon générale, à Noirmoutier, les vents de secteur nord-ouest dominent et représentent 26,2 % des occurrences. Viennent ensuite les vents de nord-est (24,2 %) et ceux de sud-ouest (22,6 %). Les vents de vitesses supérieures à 8 m/s (supérieurs à force 5 Beaufort) représentent globalement 8,1 % des observations. 86,4 % de ces vents proviennent du secteur sud-ouest à nord-ouest (Météo France, station de Noirmoutier-en-l'Île).

L'interprétation des données de houles fournies par la base de données de l'atlas numérique d'états de mer océanique et côtier (ANEMOC) du CETMEF permet de cerner leur caractéristique le long de la côte noirmoutrine : les houles les plus fréquentes (-40 %) ont une amplitude comprise entre 1,25 m et 2,5 m et proviennent du secteur ouest à nord-ouest. En revanche, les houles de plus forte amplitude (supérieures à 6 m) proviennent du secteur ouest à sud-ouest.

Photo 1 : Protections côtières dans le secteur des Éloux (2007)
Shoreline defence structures along Les Éloux beach

Un secteur à importante protection côtière

Depuis plus d'un siècle, la côte ouest de Noirmoutier a été et est soumise à des phénomènes importants d'érosion du trait de côte conduisant les habitants de l'île à engager des actions de protection contre la mer, dès 1770 (au niveau du Devin). La plage des Éloux est, elle aussi, soumise à une érosion qui explique les nombreux aménagements de protection côtière (fig. 2).

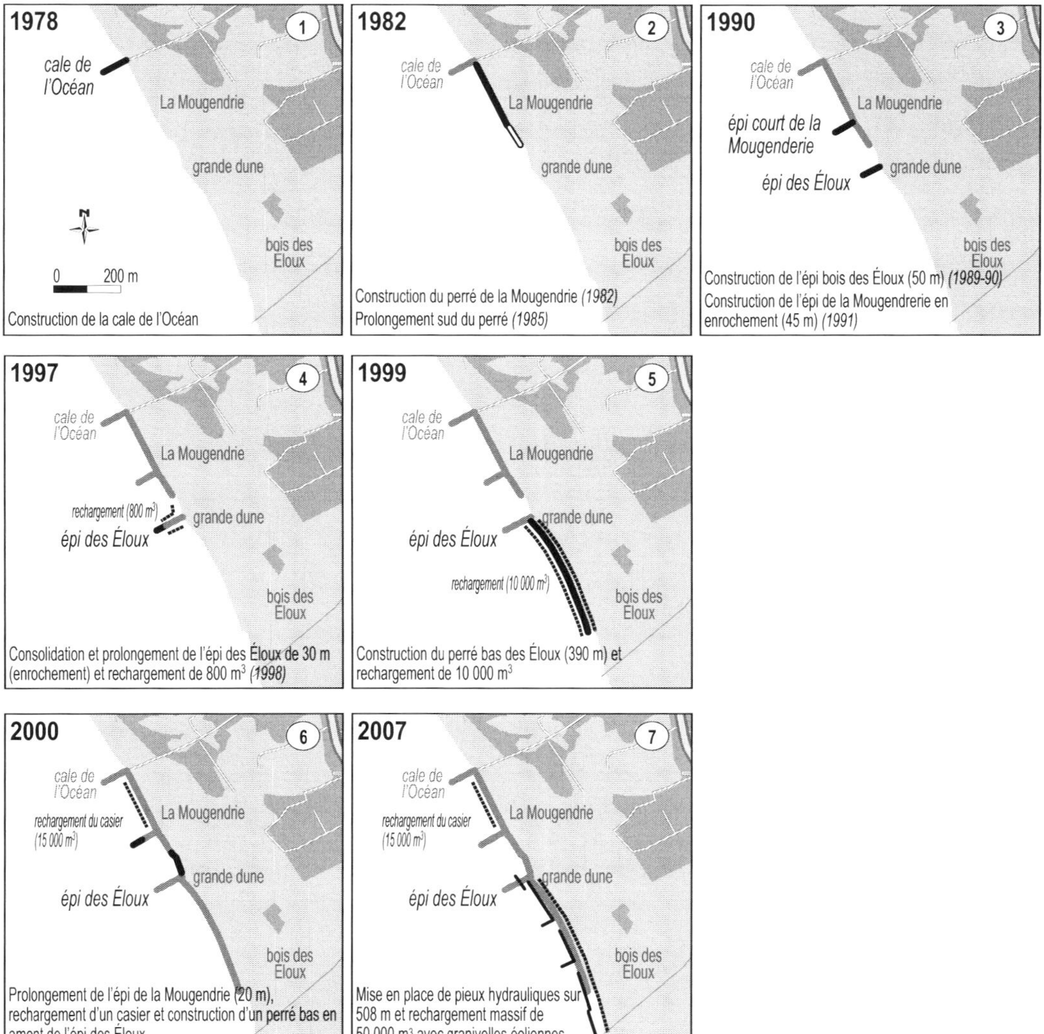

Source : Martin PAILLART, CCN 2008

Figure 2 : Les aménagements de protection côtière dans le secteur des Éloux
Coastal defence structures along Les Éloux beach

En raison d'un recul local parfois important (4 m entre septembre 2004 et novembre 2004), la communauté de communes de l'île a entrepris plusieurs types de travaux.

En effet, entre décembre 2006 et avril 2007 un rechargement a été effectué et 51 000 m^3 de sédiments en provenance de la pointe de la Fosse ont été ramenés sur la plage (fig. 1). Ce rechargement a par ailleurs été complété par de nouveaux apports réalisés entre octobre et novembre 2007, puis après la tempête de mars 2008 (tableau 1). Au total, le volume du rechargement est de l'ordre de 54 000 m^3 et il ne compense que partiellement les pertes observées entre 1999 et 2007 qui ont été évaluées à plus de 100 000 m^3 (CCN, 2008).

Par ailleurs, la communauté de communes de l'île a mis en place des ganivelles sur le massif dunaire reconstitué et reprofilé et, enfin, des pieux hydrauliques (février à juin 2007) ont été positionnés sur la plage. Ces deux derniers aménagements (photo 1) s'étendent sur une longueur de 500 m et sont tous deux destinés, à travers l'atténuation désirée de l'énergie des houles et du vent, à ralentir l'érosion éolienne et marine.

	Dates	Volumes rechargés (m3)
1	décembre 2006 à avril 2007	51 000
2	octobre 2007	570
3	novembre 2007	1 200
4	avril 2008	2 000
	total	54 770

Tableau 1 : Inventaires des rechargements récents de la plage des Éloux
Inventory of recent beach nourishment of Les Éloux beach

Méthodologie de suivi

La méthodologie repose sur l'exploitation classique de deux sources d'information : l'iconographie d'un côté et les levés de terrain de l'autre.

Une étude diachronique précise du trait de côte a d'abord été menée à l'aide de photographies aériennes couvrant une période de 56 ans étendue à une période de 174 ans en y ajoutant l'exploitation géométrique du cadastre napoléonien. Une base de données image a ainsi été constituée après numérisation et géoréférencement. La ligne de référence digitalisée est le contact dune/plage (Robin, 2002). La comparaison en 2D de ces lignes renseigne la dimension surfacique de l'évolution.

Dans un second temps, les levés de plage effectués saisonnièrement, depuis la fin des années 1990, lors des marées de vives-eaux, au moyen d'un DGPS (DGPS TRIMBLE 4400 et 4700 – précision de 1 cm en X, Y et 3 cm en Z) ont été exploités. Ces relevés d'environ 5 000 points permettent de produire des Modèles Numériques de Terrains comparables entre eux, et de calculer l'évolution volumétrique du bilan sédimentaire. Les bilans sédimentaires calculés pour les cellules hydrosédimentaires concernent des périodes comprises entre 1999 et 2009. Pour le secteur d'étude la période est comprise entre juin 2006 et mars 2009 (tableau 3). En effet, plusieurs campagnes ont été réalisées dans le cadre de l'observatoire du littoral de l'île de Noirmoutier (2006 : juin ; 2007 : avril, juin, septembre, décembre ; 2008 : mars, juin, septembre, décembre ; 2009 : mars). Enfin, un levé de l'avant plage a aussi été effectué en 2006 au droit des Eloux jusqu'à -5 m (cote marine).

Résultats

Évolutions sur le long terme

Depuis 1832, on observe des reculs du rivage sur toute la façade exposée de l'île de Noirmoutier, jusqu'au droit de la commune de Barbâtre. De là et jusqu'à la pointe de la Fosse, le rivage gagne sur la mer (tableau 2). Ces reculs du rivage sont compris entre 100 et 150 m pour le secteur situé entre l'Épine et la pointe de la Loire et sont de l'ordre de 120 m pour la plage des Éloux (fig. 3). Au contraire, au sud de l'île, du fait du transfert latéral des sédiments, on observe une progradation de l'ordre de 130 m au droit de la commune de la Barbâtre atteignant 320 m à la pointe de la Fosse (Observatoire du littoral de l'île de Noirmoutier – communauté de communes de l'île que l'on nommera CCN, 2000).

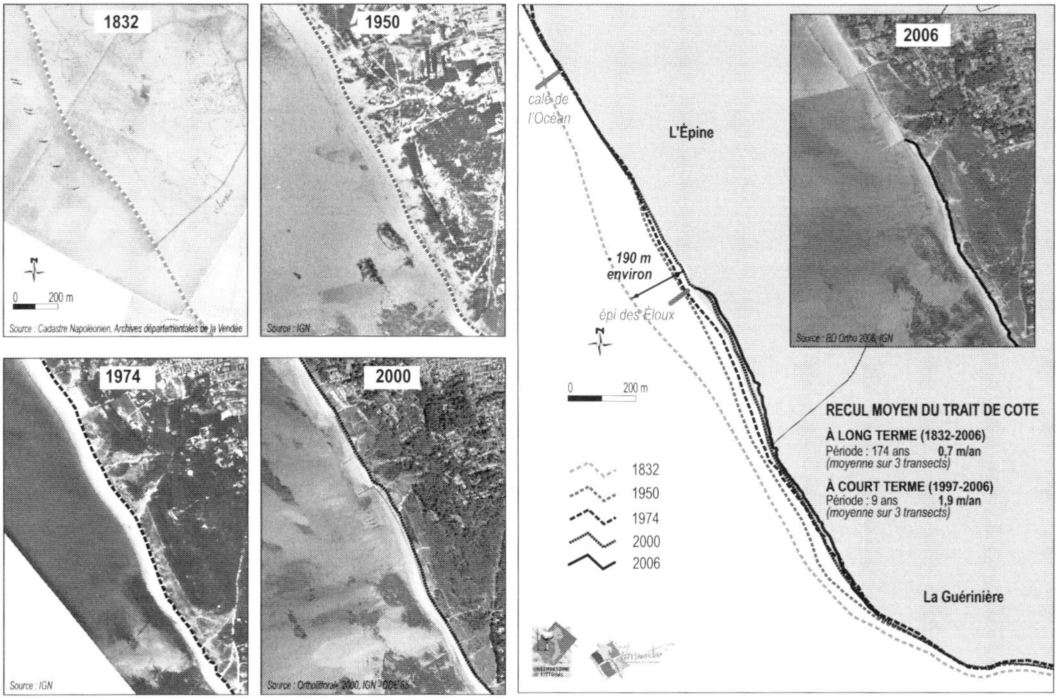

Figure 3 : Cinématique du trait de côte de la plage des Éloux depuis 1832 (zone encadrée sur la figure 1)
Shoreline change of the Eloux beach since 1832

Cette érosion récurrente au droit des Éloux a engendré comme réponse, la mise en place de toute une batterie de mesures de protections en « dur » ainsi que des rechargements de la plage et de la dune (fig. 2). La construction de la cale de l'océan en 1978 et la succession d'aménagements de protections (perrés, épis, etc.) n'ont toutefois pas empêché cette érosion. Le recul au niveau des Éloux est de l'ordre de 0,7 m/an entre 1832 et 2006. Il atteint 1,9 m/an entre 1999 et 2006. Dans ce secteur, le volume perdu (hors rechargements) entre octobre 1999 et le début de l'année 2007 est de 103 700 m^3 (CCN, 2008).

Cellules hydrosédimentaires	Période 1999-2007	bilans sédimentaires en m^3
Pointe de L'Herbaudière/Pointe du Devin	plage de la Luzeronde	+17 400
Pointe du Devin/Pointe de la Loire	plage du Morin	+88 900
	plage de l'Epine	-68 500
	plage des Eloux	-103 700
Pointe de la Loire/Pointe de la Fosse	plage de la Guérinière	-700
	plage de la Tresson	+61 300
	Pointe de la Fosse	+100 000

Tableau 2 : Bilans sédimentaires par cellules hydrosédimentaires (source : CCN, 2008)
Sediment budget for each sediment cells

Évolution sur les court et moyen termes

Caractéristiques météo-marines pendant la tempête de mars 2008

La tempête du 10 mars 2008 s'est accompagnée de vents moyens de 70 km/h avec des rafales enregistrées à 95 km/h à la station de Noirmoutier-en-l'Île. Leur provenance était majoritairement de secteur sud-ouest (200° en moyenne le 10 mars avec des rafales notées à 210°, contre un vent moyen à 50 km/h le 11 mars de direction 280°, avec des rafales enregistrées à 72 km/h de direction 300°). Pendant cet épisode, la dérive littorale était orientée sud-nord, inverse donc à la direction résiduelle attestée par le piégeage des sédiments dans les ouvrages de protection (voir discussion). Cette dynamique hydrosédimentaire induite par la tempête n'a pas été particulièrement originale. En effet, M. Gautier (1972) a montré que lors des tempêtes ayant affecté la zone d'étude entre 1959 et 1967, les vents avaient soufflé dans 54 % des cas du quart sud-ouest, dans 33 % du quart nord-ouest et seulement dans 8,5 % et 4,5 % des quarts ouest et nord-est, alors que toute l'année ce sont plutôt les vents de nord-ouest qui dominent.

L'autre caractéristique de cet évènement vient de la coïncidence entre de très forts coefficients de marée (106), une pleine mer prédite à + 5,5 m à 6 h 09 (UT+1) le 10 mars (fig. 4) et une pression barométrique qui a atteint son point le plus bas à 985 hPa entre 6 heures et 7 heures le 10 mars. Ces surcotes, se produisant durant l'hiver, principalement d'octobre à mars, deviennent géomorphologiquement actives dans les processus d'érosion du littoral (Sabatier *et al.*, 2009). La surcote barométrique enregistrée au port de Saint-Nazaire, a été de + 1,3 m (hauteurs d'eau 6,8 m, enregistrement SONEL), soit + 40 cm liée à la dépression barométrique, le reste étant la surcote dynamique liée au vent (il est à noter que l'effet de l'estuaire et du débit de la Loire est de nature à gonfler la surcote à Saint-Nazaire). De ce fait, la surcote mesurée aux Sables-d'Olonne a donc été moindre (hauteur d'eau à la même heure : + 6,05 m) (fig. 4)

On peut donc estimer que la surcote qui a dû se produire à 6 heures au niveau des Éloux devait être de l'ordre de celle des Sables-d'Olonne soit une hauteur d'eau d'environ 0,5 à 0,6 m au dessus de la hauteur d'eau prédite. Cette estimation ne tient pas compte de l'augmentation locale du plan d'eau (*wave set-up*), induit par le déferlement au niveau de la plage (Longuet-Higgins et Stewart, 1964 ; Svendsen, 1984 ; Greenwood et Osborne, 1990 ; Gourlay, 1992 ; Swift, 1993). Malheureusement, la bouée d'enregistrement des houles de l'île d'Yeu à 25 km au sud-ouest des Eloux n'a pas fonctionné durant la journée du 10 mars ce qui n'a pas permis une estimation plus précise de cette composante dans la surcote. Le dernier enregistrement de la bouée est du 9 mars 2008 à 18 heures : le H_{max} était alors de 3,47 m pour une période de 8,9 s tandis que le $H_{1/3}$ était de 2,11 m avec une période de 8 secondes.

Au total, cette conjonction de paramètres susceptibles d'amplifier l'érosion, lors de cet épisode du 10 mars 2008, reste originale même si elle n'est pas *a priori* exceptionnelle. En effet, lors de la

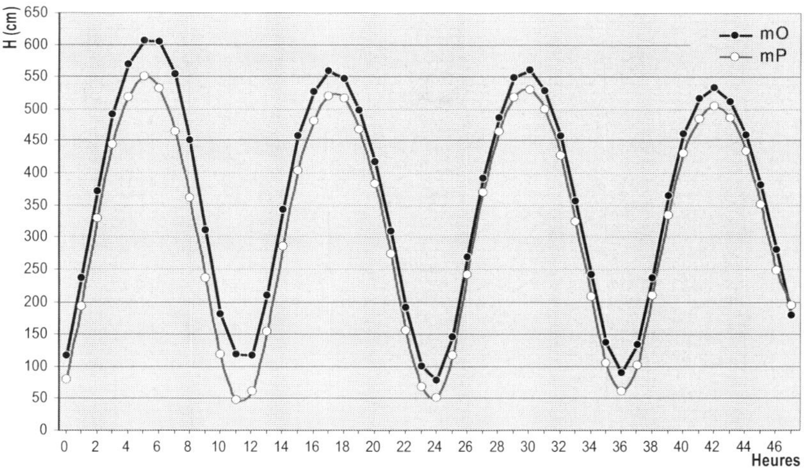

Figure 4 : Hauteur d'eau prédite (mP) et hauteur d'eau observée (mO) dans le port des Sables-d'Olonne heure par heure (de 0h UT le 10 mars à 23 heures UT le 11 mars 2008)
Predicted water level (mP) and observed water level (Mo) in the harbour of Les Sables-d'Olonne

tempête de fin décembre 1978 et début janvier 1979, les coefficients de marée avaient également atteint 102 (le 31) et 104 (le premier janvier) (Gautier, 1979).

Le bilan sédimentaire de la tempête de mars 2008 par rapport à un bilan à moyen terme

Entre décembre 2007, c'est-à-dire après le rechargement, et mars 2008, la plage a perdu près de 4 900 m^3 dont une partie peut être imputée à la tempête du 10 mars 2008 (tableau 3 et fig. 6). En effet, après la tempête, les reculs du trait de côte ont été très importants au nord de la plage puisqu'ils ont été localement plus de 12 m (fig. 5). En comparaison, lors de la tempête de 2004 (novembre), le recul maximal a été, sur le même secteur, inférieur à 5 m. Il faut remonter à 2003, après la tempête de janvier, pour observer un recul aussi important du trait de côte : plus de 10 m entre l'arrière du perré des Éloux et les enrochements de la pointe de la Loire (CCN, 2004). Enfin, l'année 1999 est marquée par deux tempêtes, celles d'octobre et de décembre. Elles n'ont eu sur le secteur qu'un effet limité en raison de l'édification, en mars de la même année, d'un perré bas localisé au sud de l'épi des Éloux sur 390 m (aujourd'hui en grande partie disloqué). L'ouvrage a partiellement ralenti l'attaque de la dune qui n'a reculé que de 2 à 3 m.

Toutes les périodes étudiées, antérieures ou postérieures à la tempête montrent une érosion récurrente de la zone d'étude. Entre décembre 2007 (après le rechargement) et décembre 2008 (quelques mois après la tempête), le volume global des pertes sédimentaires sur la plage des Éloux est supérieur à 17 000 m^3. L'érosion constatée autour de la tempête (voir plus haut) est aussi observée en dehors de cet épisode puisque entre mars 2008 et mars de l'année suivante, les volumes perdus sont supérieurs à 18 000 m^3. De même, si l'on compare les périodes de décembre 2007-mars 2008 à celles de décembre 2008-mars 2009, on constate que les volumes perdus sont presque équivalents (569 m^3 de différence), (fig. 6).

En revanche, si entre juin 2006 et mars 2008, la tendance est plutôt à l'accrétion (> 27 000 m^3), ces résultats sont faussés par le rechargement de plus de 51 000 m^3 qui a eu lieu entre décembre 2006 et avril 2007. En réalité, extrapolés, ces chiffres révèlent, pour la plage, une perte de plus de 20 000 m^3.

Enfin, sur une période de trois années écoulées (entre juin 2006 et mars 2009) et un rechargement effectué, le bilan est positif, mais de seulement 8 700 m^3, ce qui signifie qu'il y a eu une perte nette de plus de 45 000 m^3 de sédiments.

Figure 5 : Variations de la position du pied de dune (entre juin 2006 et mars 2008)
Shift of dune / beach limit between june 2006 and march 2008

Les pertes enregistrées sur la plage des Éloux, entre 1999 et 2007, sont de loin les plus importantes de toute la façade ouest de l'île et sont supérieures à 100 000 m^3 (CCN, 2008). Plus au Nord du secteur d'étude, la plage de L'Épine enregistre, pour la même période, les secondes pertes les plus importantes avec des volumes proches de 69 000 m^3 (tableau 2).

Au total, si l'on procède à un bilan entre la pointe du Devin et la pointe de la Loire, pour une période allant de 1999 à 2007 et que l'on tienne compte des gains de la plage du Morin (89 000 m^3), le volume globalement perdu est de l'ordre de 83 000 m^3 (CCN, 2008). Si l'on replace ce constat dans le contexte du plus long terme à la lumière des témoins géomorphologiques comme évoqués dans le cadre morphologique général (Ters, 1961), le glissement vers l'est du système dune/plage semble inéluctable et se fait par à-coups à la faveur (*i*) d'une érosion ordinaire ponctuée d'évènements pouvant l'accélérer lorsque les conditions météo-marines sont toutes favorables, ou (*ii*) d'évènements certes puissants mais où la combinaison des éléments n'est pas totalement favorable à l'expression d'un recul temporairement plus rapide, ce qui est le cas de la tempête de mars 2008.

Les cartes de cubatures réalisées entre avril 2007 et mars 2008 (après les travaux de mise en place des pieux) puis entre décembre 2007 et mars 2008 (avant-après tempête) (fig. 7 –

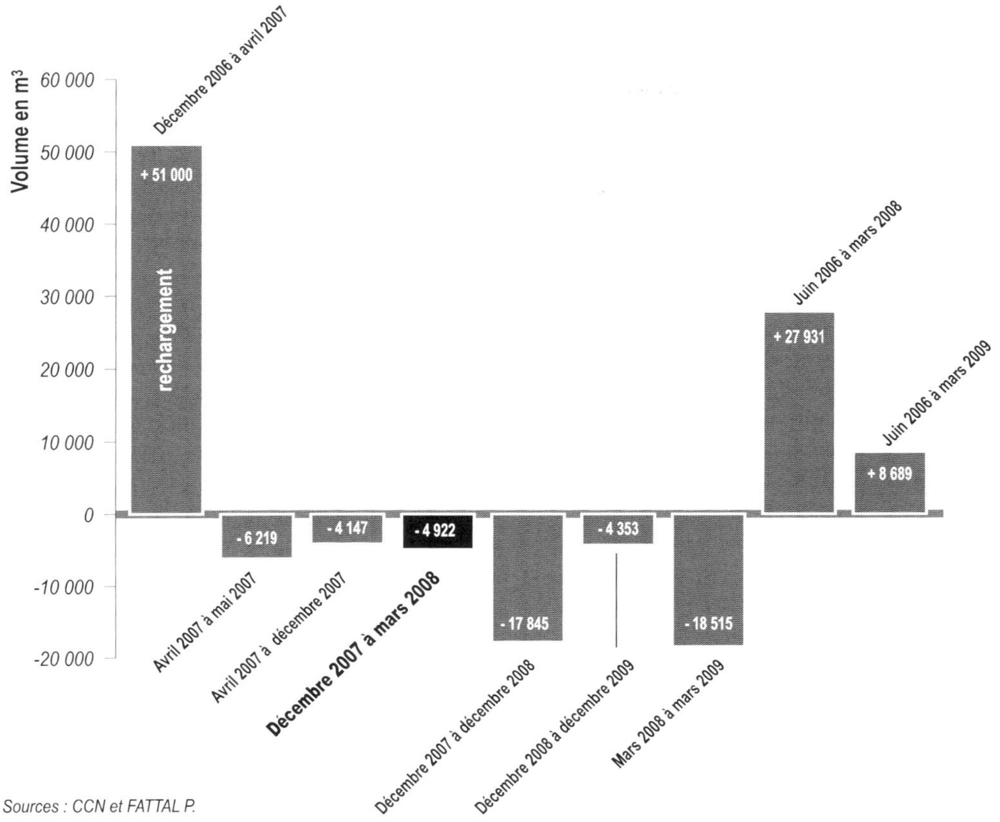

Figure 6 : Bilans sédimentaires pour le secteur des Éloux
Les Éloux beach and dune sediment budget

planche VI) montrent que c'est le haut de plage qui est principalement touché par l'érosion. Ces deux cartes sont aussi intéressantes car entre les deux périodes, 11 mois pour la première et 3 à 4 mois pour la seconde qui est un sous-ensemble de la première, on constate que les zones en accrétion ont migré vers le sud (approximativement 28 000 m^3 selon la CCN, 2009) et cette observation est conforme au transit sédimentaire observé sur cette façade de l'île (Safege-Cetis, 2003 ; DHI, 2008).

Discussion

Au total, l'effet constaté de la tempête du 10 mars 2008 n'est pas proportionnel au potentiel morphogénique de cet évènement. En dépit de la conjonction de la tempête, des forts coefficients de marée enregistrés ce jour-là et de la coïncidence à l'heure près de la haute mer du matin avec la dépression barométrique maximale, trois éléments d'explications pourraient être avancés qui concourent à minimiser les effets morphogéniques. Ces éléments restent du domaine de l'interprétation en l'absence de mesures *in situ* avant et après tempête à la fois sur la plage et sur l'avant-plage. Le premier, tient au fait que dans le secteur et pour le jour considéré, la dérive a été inverse, due aux houles de sud-ouest exerçant probablement des transferts sédimentaires pouvant localement cicatriser les formes affectées par la tendance générale aux transferts vers le sud. Cette dérive inverse à d'ailleurs été modélisée par le bureau d'études Safege-Cetis (2003) pour des houles incidentes de sud-ouest (2 m-8 s et 5 m-10 s). Un effet de compensation aurait pour résultante une minimisation des effets d'érosion constatés. En second lieu surtout, les sédiments piégés sur la plateforme d'abrasion de la pointe de la Loire, résultante des dérives générales, ont pu être partiellement remobilisés et redistribués sur le secteur des Éloux, concrétisant un apport sédimentaire minimisant l'effet érosif. Un levé topographique de la zone intertidale réalisé en 2006 montre l'existence d'un dépôt sédimentaire orienté ouest-est d'environ 800 m de long pour 200 m de large et d'une épaisseur moyenne de 0,5 m (soit environ 80 000 m^3), doublé d'un second dépôt plus au sud (fig. 8 – **planche VII**). Ces dépôts, alimentés par les dérives générales pourraient servir, en cas d'inversion, à maintenir voire engraisser la plage vers le nord.

Enfin, et c'est ce qui rend complexe l'interprétation des résultats dans le secteur, la présence des nombreux ouvrages (épis, perré bas, pieux hydrauliques et ganivelles sur la dune) ont eux aussi probablement eu un effet réducteur de l'érosion. Ces divers éléments sont donc de nature à moduler l'effet de cette tempête.

Conclusion

L'analyse historique a permis la reconnaissance du système côtier dans son état naturel et le suivi de sa transformation en fonction des aménagements successifs. L'étude diachronique, basée sur les photographies aériennes des missions de 1950, 1974, 2000 et 2006 a permis la quantification de l'érosion linéaire sur une période de 56 ans. Il en ressort que pour la période de 1999 à 2006, le taux moyen de recul du trait de côte est de 1,9 m/an. L'érosion observée au moment de la tempête de mars 2008 n'est qu'un épisode parmi d'autres, dans un contexte plus général d'érosion chronique. Le secteur à bénéficié de conditions particulières le 10 mars 2008 avec des directions de vents et des houles associées qui ont généré une dérive inversée minimisant l'effet tempête et la tendance érosive naturelle de la plage. De plus, la présence de la résultante des dérives générales sur la plateforme avant-littorale sous la forme de stocks sédimentaires est probablement la clé de compréhension du fait que la tempête de mars 2008 n'a pas entraîné d'effets dévastateurs au niveau du secteur des Éloux.

Cependant, il faut rappeler que les pertes enregistrées sur la plage des Éloux restent malgré tout de loin les plus importantes de toute la façade ouest de l'île, puisqu'elles ont été supérieures à 100 000 m^3 pour la période comprise entre 1999 et 2007. Ceci s'inscrit dans la suite logique d'un déplacement longitudinal plus général et sur le long terme du dispositif plage/dune vers l'est.

Remerciements

Cette recherche s'intègre dans le programme de recherche ANR n° ANR-06-VMC-009), VULSACO (VULnerability of SAndy COast systems to climatic and anthropic changes). Les auteurs remercient tous les organismes publics pour les données utilisées dans cet article (CETMEF, Météo-France SHOM et Communauté de Communes de l'Île de Noirmoutier).

Références

Battiau-Queney Y., Billet J.-F., Chaverot S., Lanoy-Ratel P., 2003. Recent shoreline mobility and geomorphologic evolution of macrotidal sandy beaches in the north of France, *Marine Geology*, vol. 194, n° 1-2, p. 31-45.

Bouligand R., Pirazzoli P. A., 1999. Les surcotes et les décotes marines à Brest, étude statistique et évolution, *Oceanologica Acta*, 22, p. 153-166.

Caspar R., Costa S., Jakob E., 2007. Fronts froids et submersions de tempête dans le nord-ouest de la France Le cas des inondations par la mer entre l'estuaire de la Seine et la baie de Somme, *La Météorologie*, n° 57, p. 37-47.

CCN, 2000. *Programme pluriannuel de sécurité des populations face à la mer de l'île de Noirmoutier*, Bulletin spécial du District, 16 p.

—, 2004. *Dune des Eloux, fiche de suivi individuel*, document de l'observatoire du littoral, planche cartographique, (non publié).

—, 2008. *Évolution des plages par transit – période 1999-2007*, document de l'observatoire du littoral, planche cartographique, (non publié).

—, 2009. *Île de Noirmoutier, site des Eloux, suivi des travaux expérimentaux de pieux hydrauliques*, planche cartographique, (non publié).

DHI, 2008. *Etude de connaissance des phénomènes d'érosion sur le littoral vendéen. Étude détaillée de la cellule n° 2 : « Côte Ouest de l'Île de Noirmoutier »*, Rapport pour la DDE 85, 90 p., (non publié).

Fattal P., Maanan M., Tillier I., Rollo N., Robin M., Pottier P. Coastal vulnerability to oil spill pollution : the case of Noirmoutier Island (France), *Journal of Coastal Research*, sous presse.

Folk R. L., 1966, A review of grain-size parameters, *Sedimentology*, vol. 6, p. 73-93.

Gautier F., 1972. *Phénomènes littoraux et protection des rivages sur le pourtour de la baie de Bourgneuf*, Thèse de 3e cycle, Université de Rennes, 562 p.

Gautier M., 1979. Les effets des tempêtes de fin décembre 1978 et du premier janvier 1979 sur les côtes de Noirmoutier (Vendée) et du Pays de Retz (Loire-Atlantique), *Norois*, n° 103, p. 369-382.

Gourlay M. R., 1992. Wave set-up, wave run-up and beach water table : Interaction between surf zone hydraulics and groundwater hydraulics, *Coastal Engineering*, vol. 17, p. 93-144.

Greenwood B., Osborne P. D., 1990. Vertical and horizontal structure in cross-shore flows : An example of undertow and wave set-up on a barred beach, *Coastal Engineering*, vol. 14, p. 543-580.

Longuet-Higgins M. S., Stewart R. W., 1964. Radiation stresses in water waves : a physical discussion, with applications, *Deep-Sea Research*, vol. 11, p. 529-562.

Morzadec-Kerfourn M. T., 1995. Coastline changes in the Armorican Massif (France) during the Holocene, *Journal of Coastal Research*, vol. 17, p. 197-203.

Pirazzoli P. A., Costa S., Dornbusch U., Tomasin A., 2006. Recent evolution of surge-related events and assessment of coastal flooding risk on the eastern coasts of the English Channel, *Ocean Dynamics*, vol. 56, p. 498-512.

Pirazzoli P. A., Costa S., Dombush F., 2007. Flood threat anomaly for the low coastal areas of the English Channel based on analysis of recent characteristic flood occurrences, *Ocean Dynamics*, vol. 57, p. 501-510.

Regnauld H., Pirazzoli P. A., Morvan G., Ruz M., 2004. Impacts of storms and evolution of the coastline in western France, *Marine Geology*, vol. 210, n° 1-4, p. 325-337.

Robin M., 2002. Télédétection et modélisation du trait de côte et de sa cinématique. Dans *Le littoral : regards, pratiques et savoirs*, Éditions Rue-d'Ulm /Presses de l'École normale supérieure, Paris, 230 p.

SAFEGE-CETIS, 2003. *Étude hydro-sédimentaire de la côte ouest de Noirmoutier*, Rapport final provisoire, Communauté de Communes de l'île de Noirmoutier, (non publié).

Sabatier F., Anthony E. J., Hequette A., Suanez S., Musereau J., Ruz M.-H., Regnauld H., 2009. Morphodynamics of beach/dune systems : examples from the coast of France, *Géomorphologie : relief, processus, environnement*, n° 1, p. 3-22.

Svendsen I. A., 1984. Wave heights and set-up in a surf zone, *Coastal Engineering*, 8, p. 303-329.

Swift R. H., 1993. A simplified model for wave height and set-up in the surf zone, *Coastal Engineering*, vol. 19, p. 189-206.

Ters M., 1961, *La Vendée littorale, étude de géomorphologie*, Thèse d'état, Faculté des Lettres, Rennes, Imp. Oberthür, 578 p.

Tonnerre M.-A., 2001. *Contribution à l'étude des tempêtes dans la Manche et en façade Atlantique de la France, au nord de l'île de Noirmoutier (1965-1994)*, thèse, Université de Lille 1, 2 volumes, 363 et 109 p.

Wakelin S. L., Woodworth P. L., Flather R. A., Williams J. A., 2003. Sea-level dependance on the NAO over the NW European continental shelf, *Geophysical Research Letters*, vol. 30, p. 56-59.

Cet article a été reçu le 22 septembre 2009 et définitivement accepté le 30 avril 2010.

Norois, n° 215, 2010/2, p. 115-132

Les submersions de tempête de la nuit du 10 au 11 mars 2008 sur la côte d'Albâtre (Haute-Normandie, France) : détermination météo-marine

Rémi Caspar
Météo-France, station du Havre, quai des Abeilles – 76600 Le Havre, France
remi.caspar@meteo.fr

Stéphane Costa
Géophen – UMR 6554 LETG CNRS
(Université de Caen Basse-Normandie),
Esplanade de la Paix, BP 5186- 14032 Caen Cedex, France
stephane.costa@unicaen.fr

Pascal Lebreton
CETMEF
Aménagement maritime et fluvial durable, BP 5 – 29280 Plouzané, France
Pascal-Thierry.Lebreton@developpement-durable.gouv.fr

Pauline Letortu
Géophen – UMR 6554 LETG CNRS
(Université de Caen Basse-Normandie),
Esplanade de la Paix, BP 5186 – 14032 Caen Cedex, France

Résumé

Plus que l'analyse de l'impact morpho-sédimentaire sur les plages de galets haut-normandes de la tempête du 10 au 10 mars 2008, l'objet de cet article est de présenter les caractéristiques météo-marines en cause et leurs interactions éventuelles dans le processus des submersions qui ont affecté la côte d'Albâtre. Quelques éléments d'information qualitative concernant l'ajustement morpho-sédimentaire spécifique des plages de galets anthropisées à ce type de forçage seront fournis. En effet, la tempête du 10 au 11 mars n'a pas fait l'objet de mesures morpho-sédimentaires spécifiques, mais visuellement, correspond en tout point à ce qui a pu être mesuré sur les plages haut-normandes lors de campagnes récentes réalisées avant et après tempête. L'étude se concentre sur le secteur de Dieppe, qui bénéficie d'un marégraphe (implanté dans l'avant-port de Dieppe) et d'un poste de mesures météorologiques situé au sémaphore de la Marine nationale, sous maintenance de Météo-France, et permettant notamment l'analyse de « données minute ».

Cette étude révèle que les facteurs d'ordre purement météorologique qui ont abouti aux submersions de la nuit du 10 au 11 mars n'étaient pas de nature extrême, et que c'est la complexité des interactions en cause (conditions météorologiques de surface et d'altitude, morpho-sédimentaires et surtout marégraphiques et houlographiques), qui permet de comprendre l'ampleur de certaines inondations. Un « forçage » météorologique plus violent sur ces interactions, tel que celui observé le 17 décembre 2004, qui eut peu de conséquence en raison d'un faible coefficient de marée (71), pourrait aboutir à des submersions beaucoup plus sévères sur des sites urbanisés dont l'altitude et est parfois égale, voire inférieure à celle des pleines mers de vive eau.

Mots clé : *cordons de galets – submersion de tempête – érosion – front froid – Manche*

Abstract

Storm surges of the 10-11 march 2008 on the Albâtre Coast (Haute-Normandy, France): meteo-marine determination

More than the analysis of the morpho-sedimentary impact on Haute-Normandie gravel beaches during the storm of March 10th-11st 2008, the aim of this paper is to present meteorological and marine characteristics and their possible interactions in the process of storm surges which affected the « côte d'Albâtre ». Some elements of qualitative information concerning the specific morpho-sedimentary adjustment of these anthropized gravel beaches face to this meteorological forcing will be provided. Indeed, the storm of March 10th-11st 2008 was not subjected to specific morpho-sedimentary measurements but visually fits with the measurements taken on Haute-Normandie beaches during recent surveys executed before and after storm. This study focuses on the Dieppe area, which has a tide gauge (located in the outer port of Dieppe) and a meteorological measurement post, located at the national Navy semaphore, under the servicing of Meteo-France, and allowing analysis of « minute-data ».

This study reveals that meteorological factors, ending in storm surges during the night of March 10th-11st, were not of extreme nature, and that it is the complexity of interactions (surface and altitude meteorological conditions, morpho-sedimentary and especially tidal and wave conditions) that allows an understanding of the extent of several floodings. A more violent meteorological « forcing » on these interactions, such as during December 17th 2004, that had few consequences because of low tidal coefficient (71), would end in much more important storm surges.

Key words : *Gravel beach – storm surge – erosion – cold front – English channel*

En raison de la concentration des activités et des populations sur la frange côtière, la prévision et la prévention du risque constituent un enjeu économique fondamental. De par son ouverture aux flux d'ouest perturbés, ainsi que ses caractéristiques morphologiques et altimétriques, les côtes basses de la Manche Orientale revêtent un intérêt tout particulier pour l'analyse du risque naturel, et notamment d'inondation par la mer (Gires et Caspar, 1985 ; Caspar, 1988 ; Lamb, 1991 ; Caspar et Poullain, 1996 ; Costa, 1997 ; Héquette et Vasseur, 1998 ; Galli, Hontarrède, 2001). Cette vulnérabilité, qui a toujours affecté le secteur d'étude, devient pourtant préoccupante pour les décideurs et les populations concernés en raison d'une réitération grandissante de ces phénomènes depuis la deuxième moitié du xxe siècle.

Les submersions de tempête (submersion et franchissement) résultent d'une forte agitation marine dite d'afflux (vent soufflant vers la côte) se superposant à une surcote de pleine mer (notamment de vive eau), à laquelle s'ajoute un facteur d'ordre morpho-sédimentaire parfois aggravant, à savoir, un déficit des stocks de sédiments en place, pour l'essentiel, hérité de la période post-glaciaire. Des études récentes sur le littoral normando-picard ont montré que 70 % des inondations par la mer s'effectuaient également lors du passage d'un front froid météorologique actif au moment de la surcote de pleine mer, drainant dans son sillage de forts vents d'afflux, ici de quadrant ouest (Costa *et al.*, 2004 ; Pirazzoli *et al.*, 2006 ; Caspar *et al.*, 2007)

Après avoir rappelé les conditions les plus courantes menant à un débordement, nous nous intéresserons à deux cas exemplaires de submersion sévère pour lesquels le passage d'un front froid météorologique semble déterminant (11 février 1990 et 17 décembre 2004). Par la suite, nous analyserons précisément les conditions ayant prévalu lors des inondations de la nuit du 10 au 11 mars 2008, qui se démarquent des cas les plus courants. Enfin, même si l'objectif central de cet article est de définir la dimension météo-marine des inondations induites par cette tempête appelée Johanna, nous tenterons d'identifier, par comparaison à des levés quantitatifs (Costa, 1997 ; Costa *et al.*, 2008), l'évolution morpho-sédimentaire des plages de galets anthropisées haut-normandes, notamment celles autour de Dieppe. De fait, la présence d'un perré en arrière immédiat des cordons de galets induit des ajustements spécifiques qui ne sont pas sans influence sur le franchissement des ouvrages par les vagues, et donc sur l'extension des inondations.

Présentation du secteur d'étude

Des falaises crayeuses et des plages de galets protégeant le débouché des vallées urbanisées

Géologiquement, le littoral haut-normand correspond à la terminaison nord occidentale du bassin de paris s'ouvrant sur la Manche orientale. Les fonds de cette mer épicontinentale sont caractérisés par un relief peu mouvementé et des profondeurs excédant rarement 50 m. Au droit du littoral haut-normand, la topographie de la plate forme rocheuse comprise entre 0 et -20 m est également peu mouvementée. La pente moyenne est faible, de l'ordre de 0,7 %, et croît de la baie d'Authie (0,1 %) à Antifer (2 %).

Le littoral haut-normand et picard (fig. 1), depuis la baie de Seine au sud-ouest jusqu'à la baie de Somme au nord-est (130 km), se caractérise par des falaises crayeuses, plus ou moins riches en lits de silex, d'altitude moyenne de 70 m. Ces falaises sont localement interrompues par des vallées suspendues (valleuses) ou de profondes vallées drainées.

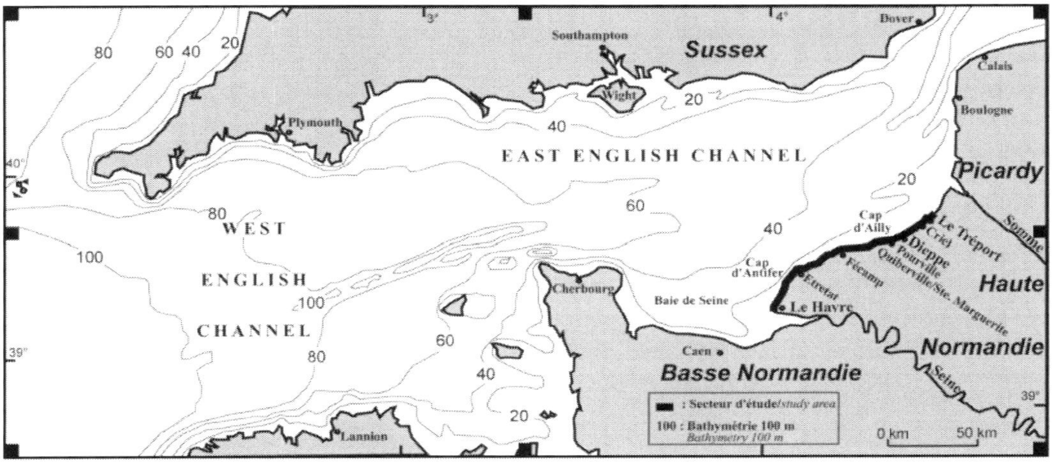

Figure 1 : Carte de localisation et bathymétrie générale de la Manche
Study area and bathymetry of the English channel

Ces dernières, dont l'altitude est souvent équivalente, voire inférieure aux pleines mers de vive eau, ont connu une implantation préférentielle des populations et de leurs activités. Ces zones basses sont protégées à leur débouché par un cordon de galets dont la largeur moyenne est de 40 m, et pouvant atteindre 50 à 60 m. Leur volume est plus important que ceux se trouvant au pied des falaises (15 à 20 m) en raison de la présence d'un ouvrage transversal (épi ou jetée) qui bloque leur transit (photo 1).

Photo 1 : Plage de galets limitée par un perré et des épis (Pourville sur mer) S. Costa
Gravel Beach limited by a seawall and groynes (Pourville sur mer)

La base de ces cordons se situe vers 3 m au-dessus des plus basses mers (cote marine) et leur crête vers 2 à 3 m au-dessus des plus hautes mers. La particularité réside donc dans la présence d'ouvrages de défense contre la mer, pouvant induire un fonctionnement et des vitesses d'évolution spécifiques. Selon la classification de R. Jennings et J. Shulmeister (2002), les plages de galets haut-normandes correspondent aux plages dites composites. En effet, elles sont constituées d'un cordon de galets pentu d'aspect réfléchissant (~ 5 à 15 %), composé d'un mélange de galets, de graviers et de sables. Au pied du cordon se développe un estran sableux de près de 200 m de largeur, recouvrant le platier rocheux. Cet espace intertidal est caractérisé par une faible pente (0,5 à 1,5 %), donnant à ce segment de plage un aspect fortement dissipatif.

Les caractéristiques granulométriques de surface des cordons de galets sont relativement simples et grossièrement homogènes sur l'ensemble du secteur d'étude (Costa 1997 ; Morel, 1997). La dimension moyenne des galets est de l'ordre de 40 à 75 mm et ne dépasse que rarement 140 mm : elle semble être fonction des caractéristiques des silex des falaises qui fournissent les plages en matériaux frais. Le suivi granulométrique effectué sur quelques plages normandes montre que la répartition des sédiments dans le profil peut évoluer entre deux marées. En effet, l'agencement sédimentaire de surface des plages de galets est très variable dans le temps et l'espace en réponse à l'évolution de l'agitation. Définir les caractéristiques granulométriques types des accumulations de galets est malaisé. Cette situation résulte de l'existence de sédiments de taille et de forme très variées, aussi bien en surface qu'en profondeur réagissant de manière différenciée aux conditions d'agitation, elles-mêmes changeantes selon la hauteur d'eau et la morphologie de la plage (Carter, 1988 ; Orford et Carter, 1993 ; Costa, 1997 ; Morel, 1997 ; Orford *et al.*, 1996 ; 2002, Pontée *et al.*, 2004 ; Costa *et al.*, 2008 ; Mason *et al.*, 1997 ; Mason et Coates 2001 ; Stéphan, 2008). De plus, la réflexion de la houle sur les perrés produit également des tris granulométriques qui ne correspondent pas toujours à ce que l'on observe généralement sur les flèches et les cordons non anthropisés, à savoir les gros éléments disposés en haut et en bas de profil, et une zone médiane constituée d'un mélange plus fin et plus hétérométrique.

Les conditions hydrodynamiques

Le littoral haut-normand est un milieu ouvert et exposé, notamment aux houles d'ouest à nord-ouest. En raison des faibles fetchs en Manche, pour la plupart des directions de vent, les agitations sont le plus souvent de type « mer du vent ». Les houles les plus fortes (mer totale comprenant la mer du vent et la houle *stricto sensu*) mesurées au centre du secteur d'étude (Penly, à - 10 m CM) ont respectivement une hauteur significative annuelle et décennale de 3,8 m et 4,7 m, et maximale de 4,2 m et 5,8 m (tableau 1). Leur période moyenne est de 7 à 9 s, et leur direction dominante est de secteur ouest (Latteux, 2001). Toutefois, la hauteur significative de la houle est dans 90 % des cas inférieure à 1,5 m et ne dépasse 3 m que 25 heures/an (Teisson, 1986).

Localisation	Le Havre	Antifer	Paluel	Dieppe	Penly
Hauteur annuelle (en m)	3,5	4,1	4,1	4,3	3,8
Hauteur décennale (en m)	4,6	5,7	4,9	5,7	4,7

Tableau 1 : Hauteur significative ($H_{1/3}$) des vagues le long du littoral haut-normand (Latteux, 2001).
Significant wave ($H_{1/3}$) along the Haute-Normandie coast

La Manche orientale est un environnement de type macrotidal. La marée, de cycle semi-diurne, a un marnage de l'ordre de 8,5 m en marée de vive-eau moyenne et croit du sud vers le nord (tableau 2).

Ports	PMVEE (Coef. 120)	PMMEM (Coef. 45)	Niveau moyen	BMMEM (Coef. 45)	BMVEE (Coef. 120)	Zéro IGN 69
Le Havre	8,40	6,60	4,87	2,85	0,30	4,38
Antifer	8,55	6,65	4,87	2,85	0,45	4,41
Etretat	8,75	6,65	4,80	2,80	0,35	4,37
Fécamp	8,95	6,85	4,87	2,80	0,30	4,43
St.-Valéry-en-Caux	9,60	7,00	4,72	2,40	0,0	4,27
Dieppe	10,10	7,40	4,94	2,50	0,0	4,43
Le Tréport	10,30	7,50	5,05	2,55	0,10	4,52

Tableau 2 : Hauteur de marée (en m) le long du littoral haut-normand (Latteux, 2001)
Tide level (in m) along the Haute-Normandie coast

Les niveaux de marée subissent des surcotes liées à des écarts de pression atmosphérique ou par un afflux d'eau à la côte en raison de l'effet du vent. À Dieppe (tableau 3), les surcotes de 0,9 m aurait une période de retour décennale (Latteux, 2001).

Dieppe	Décennale	centennale	Millénale
surcote	0,91 m	1,32 m	1,76 m

Tableau 3 : Estimation statistique des surcotes à Dieppe (Besnard, 1993, 1994; Latteux, 2001).
Storm surge statistic calculated at Dieppe

Ces surcotes peuvent se combiner aux niveaux de pleine mer, provoquant des niveaux d'eau extrêmes, générant parfois l'inondation des côtes basses. Ainsi, au Havre, le niveau extrême centennal dépasse le niveau de pleine mer de vive eau exceptionnel (coefficient 120) de près de 0,75 m (9,14 m), et de 0,40 m à Dieppe (10,53 m) (Simon, 1994) (tableau 4).

Cependant, en comparant plusieurs méthodes de calcul, A. Tomassin et P. Pirazzoli (2008) ont montré que pour Dieppe, les valeurs de niveaux extrêmes peuvent être parfois supérieures de un à deux décimètres à ce que propose B. Simon (1994).

Ports	PMVEE (coeff. 120) en m.	Période de retour				
		5 ans	10 ans	20 ans	50 ans	100 ans
Le Havre	8,4	8,76	8,85	8,94	9,05	9,14
Dieppe	10,1	10,23	10,3	10,37	10,46	10,53

Tableau 4 : Niveau de pleine mer de vive eau exceptionnelle et niveaux statistiques extrêmes au Havre et à Dieppe (Simon, 1994; Latteux, 2001)
Exceptional high spring tide level and extreme statistical level at Le Havre and Dieppe

Les submersions sur la côte d'Albâtre : des inondations généralement induites par le passage d'un front froid sauf pour la tempête du 10 et 11 mars 2008

Comme nous l'avons évoqué précédemment, les submersions de tempête résultent d'une surcote (induite par un fort vent d'afflux et une faible pression barométrique), en phase avec une pleine mer de vive eau, mais leur fréquence et leur intensité peuvent également être fonction du budget sédimentaire des plages. L'analyse des conditions météorologiques des événements passés montre qu'un quatrième facteur, au moins, est susceptible d'expliquer l'ampleur et la fréquence de ces phénomènes générateurs de dommages. En effet, depuis 1967, près de 70 % des cas de submersions sévères se sont réalisés au moment ou peu après le passage d'un front froid (Costa *et al.*, 2004; Caspar *et al.*, 2007). De fait, à l'approche du front froid, la pression baisse considérablement et atteint son minimum devant le front, et le vent forcit. Par ailleurs, juste à l'arrière de ce front, la pression amorce une nette remontée, et surtout le vent subit une rotation importante et tourne à l'ouest, voire, au nord-ouest, reste très fort et avec de fortes rafales. Cette situation a pour conséquences d'une part, la création d'une forte surcote au droit du front froid en raison du minimum barométrique, et surtout, de l'accentuation de l'afflux d'eau à la côte induit par le renforcement du vent et sa rotation vers l'ouest, d'autre part, l'accentuation momentanée (parfois métrique) de la hauteur des vagues par le vent (le front froid ayant une certaine épaisseur, son action peut s'effectuer durant 2 à 3 heures). Enfin, à la faveur du changement brutal de direction du vent, le passage du front froid a pour conséquence la formation d'une houle croisée (chaotique et très cambrée) particulièrement efficace pour le démaigrissement des plages et la projection d'eau au-delà des ouvrages, générant de forts débordements.

Les types de front participant aux submersions de tempête en Manche : anafront et front froid dédoublé

Il existe deux types principaux de fronts froids. L'anafront, le plus fréquent, est caractérisé par un courant chaud ascendant incliné vers l'arrière par rapport au front. Il produit une bande étroite de pluies intenses, fréquemment convectives. Son passage en un lieu donné s'exprime notamment par une brusque rotation du vent vers l'ouest, avec des rafales. Le second type, moins fréquent est le « front froid dédoublé »; il résulte de l'avancée d'air froid et sec au-dessus d'un air chaud et humide de basse couche, ce qui déstabilise ce dernier, provoquant des pluies convectives bien en avant de la trace au sol du front. S'il ne donne généralement pas de fortes précipitations ni de puissantes rafales, il peut arriver dans ce type de front qu'une irruption au sol d'un air froid de moyenne troposphère fasse virer et se renforcer notablement le flux de surface.

Anafront et submersion sévère du 11 février 1990

Il arrive que deux anafronts se succèdent en un temps relativement court. Le second est alors appelé « front secondaire », parfois plus actif que le premier. Ce fut le cas le 11 février 1990 avec pour conséquence de sévères submersions en Manche. L'historique de l'événement (fig. 2) a pu être reconstitué à partir des données météorologiques du port du Havre-Antifer (Caspar *et al.*, 2007).

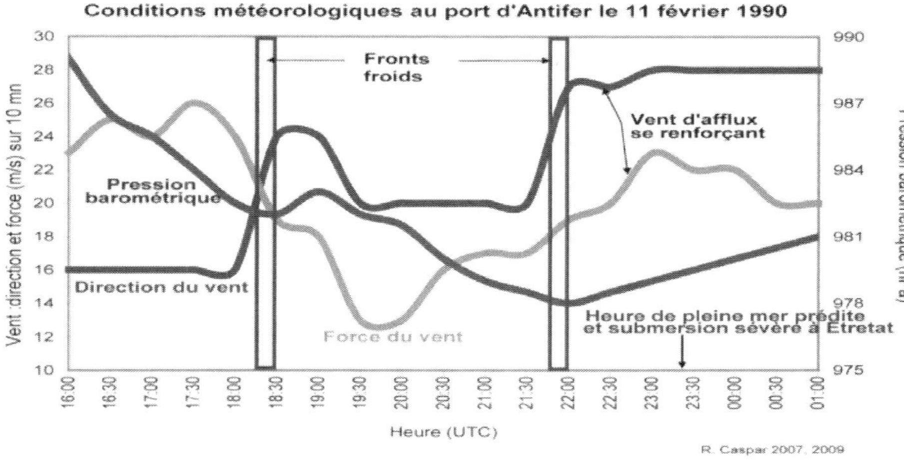

Figure 2 : Conditions météorologiques au port d'Antifer (Le Havre) lors des tempêtes du 11 février 1990 (Caspar, 2007) ; Données Météo-France et PAH
Meteorological conditions at the harbor of Antifer (Le Havre) during the 11 02 1990 storms

Après une chute barométrique de 23 hPa en moins de 9 heures, un premier front froid gagnait le site vers 18 h 30 (UTC). On observa alors une brusque rotation du vent ainsi que de fortes précipitations suivies d'une hausse barométrique de un hectopascal. Le marégraphe du Havre enregistra une surcote d'environ un mètre. Puis la pression amorça rapidement une nouvelle baisse, jusqu'à 22 h 00. Pendant ce temps le vent « redescendait » au sud-sud-ouest en prenant de la vigueur, signe de l'approche d'un nouveau front. Celui-ci s'accompagna de brèves mais intenses précipitations et d'un renforcement brutal du vent, virant ouest, force 9 Beaufort (au moins 75 km/h établi). Durant les deux premières heures de la hausse barométrique, les rafales atteignirent jusqu'à 126 km/h. Or cet intervalle coïncidait presque avec la pleine mer d'une marée de coefficient 95, attendue pour 23 h 30 UTC. La mer se creusa de près de trois mètres supplémentaires, devenant chaotique, avec présence de vagues croisées de grande amplitude. Cette agitation, associée à un second pic de surcote d'environ 80 cm (et à un état de déficience des stocks de galets) entraîna des submersions qui ne se seraient pas produites en l'absence du deuxième front.

Le front froid dédoublé du 17 décembre 2004

Ce jour là, en début d'après-midi, s'abattait sur la France une tempête provoquant la mort de six personnes et des dégâts considérables, notamment dans le département de la Somme où fut relevée, à Abbeville, une rafale de 76 nœuds vers 15 h 00 (140 km/h). Au plus fort du coup de vent fut enregistrée une forte surcote de période de retour centennale, au moment de la pleine mer : 1,37 m au Havre ; 1,34 m à Dieppe. Par chance le coefficient de marée était faible (71). Il y eut cependant des dépassements de quai et le franchissement de quelques perrés. En étudiant les mécanismes de ce coup de vent, notamment grâce à des coupes spatiales et temporelles (du sol à la tropopause) effectuées sur des champs de modèle numérique, le caractère « dédoublé » du front froid en cause a été mis en évidence (Caspar *et al.*, 2007). La figure 3 montre l'impact de l'irruption de l'air froid dans le secteur de Dieppe (environ une heure avant la pleine mer prédite) sur la durée du maintien et du dépassement du niveau de l'étale (plus de deux heures). En vive-eau (coefficient supérieur à 95) cet événement aurait entraîné des submersions majeures.

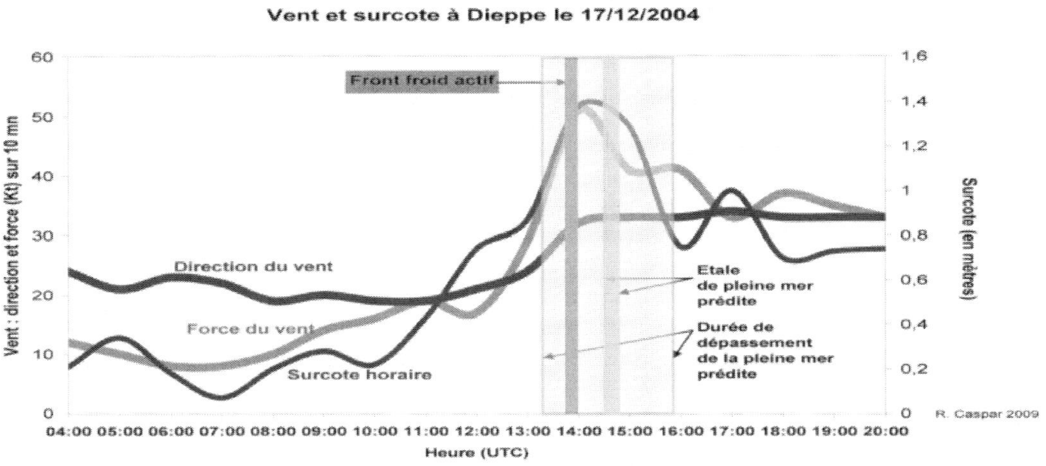

Figure 3 : Conditions météo-marines lors de la tempête du 17 décembre 2004 à Dieppe (données Météo-France, SHOM et DDE)
Meteo-marine conditions during the storm of 17.12.2004 at Dieppe

Les submersions de la nuit du 10 au 11 mars 2008 : un cas d'inondation sans passage frontologique récent

Les conditions atmosphériques et le niveau du plan d'eau pour le littoral normand

Parmi les sites les plus sensibles aux submersions, Pourville-sur-Mer (à l'ouest immédiat de Dieppe), Fécamp, et, dans une moindre mesure, Etretat, ont été parmi les plus concernés durant la nuit du 10 au 11 mars. Les inondations se sont produites essentiellement entre 00 h 30 et 1 h 30 UTC, c'est-à-dire un peu après l'heure de la pleine mer théorique, alors que la dépression atmosphérique en cause quittait le sud de l'Angleterre et pénétrait en mer du Nord. Les isobares de surface se redressaient lentement vers un axe nord-ouest/sud-est, le gradient de pression barométrique correspondant globalement à un coup de vent de force 8 dans l'échelle de Beaufort, et au degré 5 de l'échelle des « indices de gradient de nord-ouest » définie par S. Costa (1997). La Manche orientale était en situation de « traîne » modérément active : « temps à grains » classique, la dernière perturbation organisée sur la Seine-Maritime datant d'environ 18 h 00 UTC (petit front froid secondaire). Les averses persistaient notamment en raison de la présence d'air froid en altitude et l'on notait de fréquentes rafales de vent au moment des submersions (fig. 4 – **planche VIII**).

Ces conditions se différencient du schéma frontologique tel que nous l'avons décrit précédemment. Pour mieux comprendre les mécanismes des submersions de la nuit du 10 au 11 mars, il convient de passer de l'échelle synoptique à celle locale. L'analyse des facteurs météo-marins impliqués dans ces inondations nécessite une étude fine des paramètres locaux : vent, pression barométrique, température de l'air, pour ce qui relève de la partie météorologique, puis écart à la marée prédite et état de la mer, pour l'élément marin. Pour ce faire, nous utiliserons les « données minute » du sémaphore de Dieppe (Marine Nationale, sous maintenance de Météo-France) et celles du marégraphe implanté dans l'avant-port. La côte d'Albâtre étant dépourvue de houlographe, une estimation de l'état de la mer a pu être effectuée en deux endroits (Etretat et Pourville) qui sera confrontée aux données du modèle numérique de Météo-France.

La surcote liée aux perturbations atmosphériques du 10 mars dans notre secteur, peut être étudiée à partir des enregistrements du marégraphe de l'avant-port de Dieppe situé à quelques kilomètres à l'est de Pourville. Indication précieuse (seul marégraphe entre Le Havre et Boulogne-sur-Mer), les conclusions qu'on en tirera ne pourront pourtant pas être formellement étendues aux plages proches. Il existe en effet sur les plages une surcote de déferlement (*wave set-up*) pouvant atteindre plusieurs décimètres, qui n'est pas détectée par un marégraphe portuaire. L'ampleur de la surcote de déferlement dépend des caractéristiques des vagues (hauteur, période) et de la pente de la plage (voire de sa perméabilité). À titre d'exemple, cette surcote pourrait atteindre, dans le secteur de Quiberville (proche de Pourville-sur-Mer), une valeur centennale de l'ordre de 80 cm (DHI, 2008).

Cependant l'analyse d'un niveau de marée enregistré dans un avant-port se révèle intéressant car, en confrontant des paramètres météorologiques (vent, pression barométrique, etc.) à l'écart à la marée prédite, on répertorie les situations propices aux submersions, notamment dans le cadre de la prévention des installations portuaires et des quartiers habités jouxtant les bassins.

La figure 5 montre l'évolution de la marée en regard de la marée prédite, entre 19 h 00 et 7 h 30 UTC. Le niveau maximal de marée enregistré est de 10,06 m à 00 h 38 UTC (cote marine de Dieppe). L'écart à la pleine mer prédite (attendue pour 00 h 50 UTC) est alors de 55 cm, ce qui n'est pas exceptionnel. L'analyse fine de l'enregistrement met également en relief le caractère complexe du phénomène de surcote. En effet, durant l'intervalle de temps choisi (environ 12 heures), la courbe de l'écart à la marée présente des irrégularités, dont deux pics principaux, situés approximativement au milieu des périodes de montant et de perdant. Le premier pic est de 1,28 m vers 21 h 00 UTC, soit environ 3 h 45 avant la pleine mer théorique, mais aussi 4 h 20 après le passage de la dernière perturbation atmosphérique (le font froid secondaire mentionné plus haut). En première approximation, ces pics, quasi symétriques de l'étale, loin de tout « objet » météorologique actif, paraissent liés à une interaction marée/surcote. Pour nous en assurer il convient d'analyser précisément les « données minute » de trois paramètres météorologiques essentiels (direction du vent, pression barométrique, température de l'air) du sémaphore de Dieppe. Il apparaît qu'entre le passage du front froid (vers 17 h 45 UTC) et l'apparition du pic de surcote de 21 h 00 UTC, le vent passe très progressivement de sud-ouest à ouest-sud-ouest, la pression barométrique s'élève régulièrement, avec de faibles fluctuations (typiques d'une situation convective modérée), de même que la température varie peu (oscillant légèrement de part et d'autre de 8 degrés, probablement au gré des averses). Quant à la vitesse moyenne du vent sur 10 minutes, cette dernière est relativement stable jusque vers 19 h 30 UTC, autour de 10 à 11 m/s, puis elle augmente pour atteindre 18 m/s une heure plus tard. Ensuite, et jusqu'à l'heure de la pleine mer prédite, la force moyenne du vent évolue entre 15 et 18 m/s avec des valeurs maximales de vent instantané plus importantes en raison de la qualité instable de la masse d'air.

Les courbes de vitesse moyenne du vent et d'écart à la marée (fig. 6) semblent plutôt concordantes entre 19 h 00 et 21 h 30, suggérant que le pic de surcote de 21 h 00 paraît bien accompagner le renforcement du vent. Cependant une divergence s'opère ensuite malgré le maintien du vent fort, ce qui implique que ce pic ne résulte pas du seul facteur anémométrique, ce que nous tenterons d'expliquer ultérieurement dans cet article.

L'état de la mer pour la tempête du 10-11 mars 2008 : estimation et facteurs de submersion

Observations qualitatives

En l'absence d'un houlographe dans le secteur d'étude, une estimation de l'état de la mer a malgré tout pu être réalisée à partir d'observations visuelles jusque vers 3 h 30 légales, par les auteurs

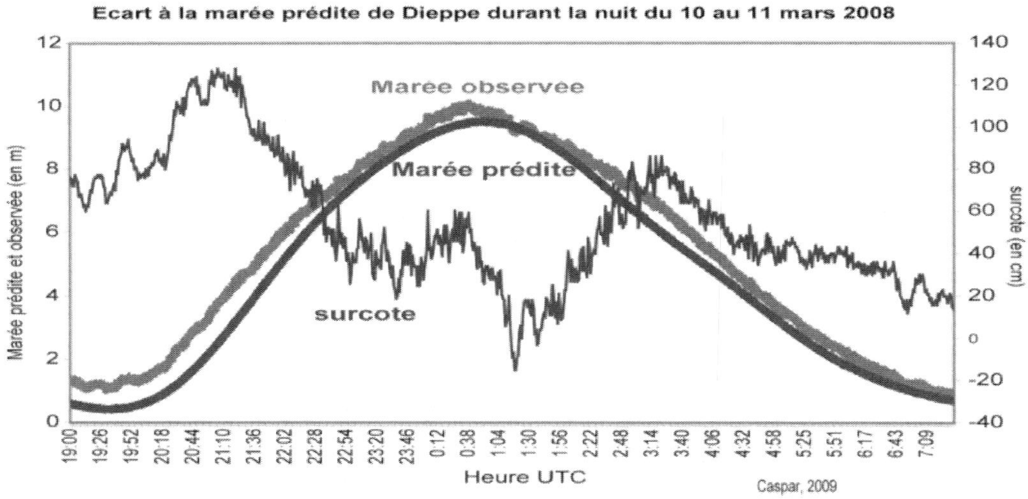

Figure 5 : Surcote à Dieppe lors de la tempête du 10 au 11 mars 2008 ; données SHOM et DDE
Storm surge at Dieppe during the storm of 10 to 11.03.2008

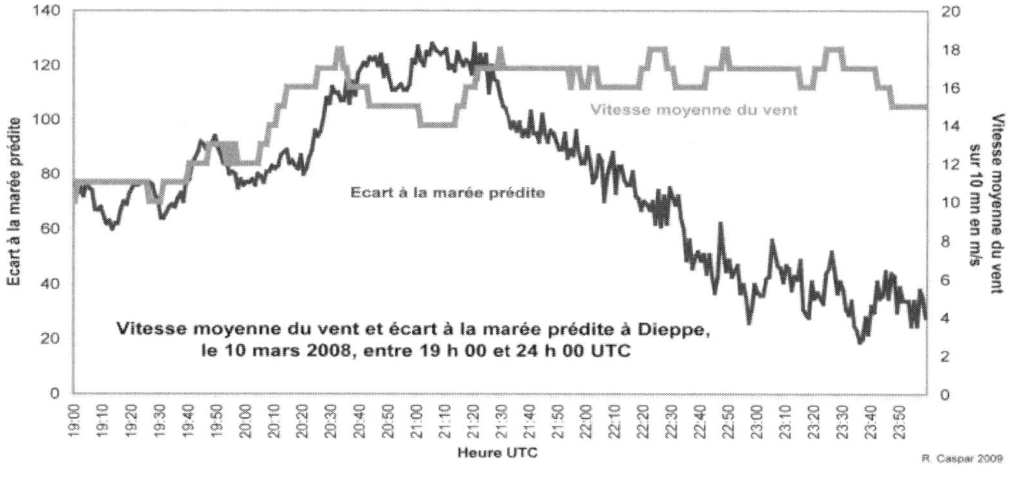

Figure 6 : La vitesse du vent (moyennée sur 10 minutes) et surcote à Dieppe (10 mars 2008), Données Météo-France
Wind Speed (averaged on 10 min.) and storm surge at Dieppe

(R. Caspar à Etretat, et S. Costa à Pourville-sur-Mer). L'évaluation qui en résulte se rapporte plus à la hauteur de déferlement des vagues, qu'à la hauteur caractéristique de celles-ci ($H_{1/3}$) en raison du caractère nocturne de l'évènement, et de la position des observateurs, situés à proximité des digues-promenades (perré).

Au plus fort de la submersion, il a été estimé, à Etretat, une hauteur des vagues d'environ 3 m, avec par moments des groupes de vagues plus hautes, au nombre de 3 à 5, dépassant 4 m, séparées de 9 à 10 secondes, à l'origine des dégâts aux terrasses du front de mer. Les vagues les plus « remarquables », et pourtant légèrement inférieures aux houles de période de retour annuelle, sont apparues après la fin de la pleine mer théorique. Les observations à Pourville sont similaires : les vagues les plus « efficaces » en terme de submersion, sont survenues, par petits groupes, après la fin de l'étale théorique.

L'état de la mer prévu selon le modèle numérique de Météo-France : validation des observations

Les figures 7A, 7B et 7C (**planche VIII**) sont issues de la simulation de 12 h 00 UTC le 10 mars, du modèle numérique « côtier » de Météo-France (domaine France, résolution spatiale 0,1°, forcé par le modèle « Aladin » et utilisant une physique en eau peu profonde). Le document de prévision pour 24 h 00 UTC proposait, à proximité de la côte d'Albâtre, une « mer totale » (superposition de la mer du vent et des houles) « très forte » devant Etretat ($H_{1/3}$ supérieure à 4 m) et forte devant Pourville ($H_{1/3}$ supérieure à 2,50 m). Dans l'intervalle 18 h 00 / 24 h 00 le modèle faisait passer la direction de la mer du vent, de sud-ouest à ouest (flèches noires) et mettait en place un système relativement complexe de houle primaire (flèches rouges, la longueur d'une flèche étant proportionnelle à la période). Le modèle de 00h UTC proposait, au point de grille 50,1 N et 1,0 E (soit 17 km au droit de Pourville) pour le 10 mars à 24 heures UTC, une « mer totale » d'ouest, de 3,90 m, comportant une « houle primaire » (la plus énergétique) de nord-ouest, avec pour hauteur 0,60 m et période 9 secondes. Le modèle semble bien avoir rendu compte de la réfraction progressive que subissaient les vagues en provenance du large, vers les côtes françaises, comme anglaises, lesquelles ont généré de nombreux franchissements d'ouvrage au moment de la pleine mer. Bien entendu, ces valeurs sont entachées de facteurs d'incertitude inhérents aux limites connues des modèles numériques, de même que le modèle côtier n'est pas en mesure d'exprimer les vagues au rivage. Il fournit cependant des ordres de grandeur et d'évolution intéressants, utiles à la prévision des submersions.

La rareté d'une conjonction parfaite entre une pleine mer de vive eau et un pic de surcote : une chance ?

Comme pour de nombreux forts coups de vent ou tempêtes, lors de l'événement du 10 au 10 mars 2008, le pic de surcote ne s'est pas déroulé, fort heureusement, au moment précis de la pleine mer (Bouligand et Tabeaud, 1998 ; Bouligand et Pirazzoli, 1999 ; Pirazzoli, 2000). De fait, et notamment en Manche, il existe une rare coïncidence entre les maximaux de ces deux processus souvent considérés comme statistiquement indépendants que sont la marée et la surcote (Costa et Delahaye, 2005 ; Pirazzoli *et al.*, 2006 ; 2007 ; Caspar et *al.*, 2007). Depuis 1960, et ce à l'échelle de toute la Manche, cette conjonction catastrophique pour les populations côtières a été observée 16 fois (pour des surcotes rarement supérieures à 1 m), alors que ces phénomènes (sup. à 1 m) ont été enregistrés plus de 150 fois sur la même période (Pirazzoli et *al.*, 2006, 2007). De même, ces auteurs indiquent qu'aucune des 20 surcotes les plus élevées enregistrées en Manche sur la même période n'a coïncidé avec une marée astronomique de vive-eau. En revanche, le maximum des surcotes semble apparaître très fréquemment, 1 à 3 heures, de part et d'autre de la pleine mer. Cette situation s'observa également pour la tempête Johanna (du 10 mars 2008) ou le pic de surcote de 21 h 00 ne fut pas synchrone avec la marée haute. Doit-on évoquer la chance et le hasard ? Il semblerait au contraire que cette situation puisse résulter d'une vraie relation entre onde de tempête et courant de marée.

De fait, selon les « Instructions nautiques » (SHOM, 2002), à 0,3 mille nautique dans le nord-ouest du musoir de la jetée ouest de Dieppe, 3 heures avant la pleine mer, le courant de marée est de 1,9 nœud et se dirige vers l'est-nord-est. Il est de 2,2 nœuds en période de vive-eau. Or, ce 10 mars au soir, au regard des vitesses moyennes de vent enregistrées, voisines de 30 nœuds, un courant de dérive compris entre 1 et 1,5 noeud et portant vers l'est-nord-est se créé dans le même sens de propagation que l'onde de marée. La vitesse du courant étant maximale vers le milieu du montant ; il n'est donc pas surprenant qu'apparaisse sur le marégramme, à ce moment, un fort pic de surcote, ce que les officiers de port qualifient « d'avance sur marée ». À l'approche de l'étale théorique, la surcote diminue logiquement car l'onde de marée ralentit durant cette phase. L'étale de pleine mer dure environ une demi-heure de plus que prévu puis le niveau de l'avant-port de Dieppe paraît s'abaisser rapidement durant quelques minutes. Enfin, durant le perdant, le vent restant soutenu tout en s'orientant de plus en plus ouest (composante d'afflux plus marquée), le courant de jusant s'oppose au courant de dérive induit par le vent, de sorte que la mer semble se retirer plus lentement que prévu, ce qui se traduit par le second pic de surcote observé à mi-perdant.

Cette interaction marée/surcote est d'autant plus plausible que les ordres de grandeurs des courants induits sont proches. Il est également possible que soit intégré dans ces pics de surcote des phénomènes de « seiche » propres à l'avant-port de Dieppe, voire un effet de résonance plus vaste concernant l'ensemble du bassin « Manche orientale ». Il est à noter que le modèle de surcote de Météo-France, qui intègre notamment la bathymétrie du bassin de la Manche, avait plutôt bien reproduit ce phénomène (fig. 8 – **planche VIII**).

Des submersions de tempête fonction également de l'évolution spécifique des plages de galets anthropisées haut-normandes

Impacts morpho-sédimentaires des tempêtes sur les cordons de galets haut-normands : les résultats antérieurs à la tempête du 10 au 11 février 2008

L'analyse d'une submersion ne peut s'affranchir de considérations d'ordre géomorphologique, et en particulier de la connaissance de l'état des stocks de sédiments en place peu avant l'inondation. La présence des cordons de galets sur le littoral haut-normand est considérable en terme de dissipation de l'énergie des vagues, et, selon l'importance des stocks, détermine l'intensité et/ou la fréquence des franchissements et donc des submersions de tempête.

En l'absence de levés morpho-sédimentaires précis encadrant le mois de mars 2008, nous évoquerons, de manière qualitative (notamment par le biais de photographies prises à Etretat et à Pourville, avant et après l'événement de la nuit du 10 au 11 mars) l'impact morpho-sédimentaire de cette situation météo-marine. Contrairement au fonctionnement des barrières de galets, les plages de galets haut-normandes ont un fonctionnement très spécifique induit par la présence d'un ouvrage longitudinal de haut estran, un perré, sur lequel sont réfléchies fortement les vagues de tempête (Carter, 1988 ; Paskoff, 1985 ; Costa, 1997 ; Morel, 1997 ; Orford *et al.*, 2001). Les travaux sur la dynamique générale des accumulations de galets, qui concernent surtout les barrières, mettent en évidence leur évolution par « over-passing et over-topping », induisant un effet de roulement de la forme sur elle-même vers l'intérieur des côtes en réponse à de fortes agitations ou à une élévation du niveau moyen de la mer (Carter et *al.*, 1987 ; Carter et Orford, 1988, 1993 Forbes *et al.,* 1991, 1995 ; Orford *et al.*, 1991, 2002 ; Stéphan, 2008 ; Stéphan *et al.*, ce volume).

Pour les plages de galets haut-normandes, en période de forte agitation, et en réponse à la réflexion de la houle sur les ouvrages, nous constatons sur l'ensemble de la surface du cordon la présence généralisée de sédiments plus fins (graviers) et presque homométriques (Costa, 1995) (photo 2). Le deuxième fait marquant du suivi morpho-sédimentaire des cordons de galets haut-normands est l'apparition fréquente d'une importante fraction sableuse interstitielle et de recouvrement. En effet, lors d'épisodes météo-marins paroxysmaux, les accumulations de galets sont fréquemment recouvertes, en milieu et en bas de cordon, plus rarement au sommet, par une fraction sableuse pelliculaire. Ce recouvrement partiel est particulièrement notable en fin de tempête avant de disparaître rapidement (Costa, 1995 ; Morel, 1997 ; Costa *et al.*, 2008). Cette fraction sableuse, et notamment sa mobilité, d'une part, entre la surface et la structure interne des plages de galets, et d'autre part entre le cordon de galets et l'estran sableux de bas de plage,

Photo 2 : La plage de galets de Pourville avant une tempête (A) et recouverte par une fraction sableuse après une tempête (B) (S. Costa)
Pourville gravel beach before storm (A), and covered by a thin layer of sand after storm (B)

n'est pas sans influence sur les conditions de porosité/perméabilité des accumulations de galets et donc sur leurs modes d'ajustement aux conditions hydrodynamiques (Costa, 1997 ; Mason *et al.*, 1997 ; Mason et Coastes, 2001 ; Costa *et al.*, 2008).

Du point de vue morphologique, le profil type des cordons haut-normands est généralement simple, et de forme concave. Toutefois, les profils présentent de nombreuses irrégularités ponctuelles, tels que les gradins. L'existence de ces nombreux points d'inflexion est issue de la variété granulométrique des cordons réagissant de façon différentielle à la variation de la zone de swash, elle-même dépendante des conditions d'agitation ou marégraphiques. En bas et à mi-cordon, les irrégularités de détail correspondent à la présence de croissants de plage ou d'accumulations de galets. Le suivi de la variation de profil des cordons (Costa, 1997 ; Costa *et al.*, 2008), montre l'existence de fortes variations altimétriques lors de forts coup de vents, pouvant atteindre 3 m à leur sommet lors d'un seul cycle tidal (fig. 9).

Ces variations sont bien évidemment liées aux modifications des conditions hydrodynamiques. En effet, les houles longues et cambrées semblent provoquer un basculement du profil (érosion du sommet au profit de la zone médiane et dans une moindre mesure, du pied du cordon). Ainsi, cette mobilité altimétrique est particulièrement importante sur la moitié supérieure du cordon, dans la zone où le déferlement est le plus intense (fig. 10).

Le bas du profil évolue moins en altitude (1 m tout au plus) en raison de la dissipation de l'énergie de la houle sur l'estran sableux. Ce constat est moins vrai pour les cordons massifs qui se sont accumulés sur des épis majeurs. Dans ce cas, la partie sommitale des accumulations est plus rarement affectée.

Approche morpho-sedimentaire qualitative de la tempête du 10 au 11 mars 2008

Conformément à ce qui a été observé ces dernières années, et comme le montre les photographies prises avant et après la tempête du 10 au 10 mars 2008, le cordon de galets de la plage de Pourville adossé au perré s'est abaissé de plus d'1,5 m, et les sédiments en présence sont constitués, en surface, de placages sableux et de matériaux relativement homométriques de la taille des graviers (photo 3). Cette situation peut être obtenue au cours même de l'événement météo-marin, mais dans le cas présent, le suivi photographique des plages réalisé par le service littoral de l'association ESTRAN montre que l'abaissement du profil de plage, notamment à Pourville, résulte d'une longue période (plus d'un mois) de vents modérés à forts de secteur sud-ouest à ouest (photo 4A

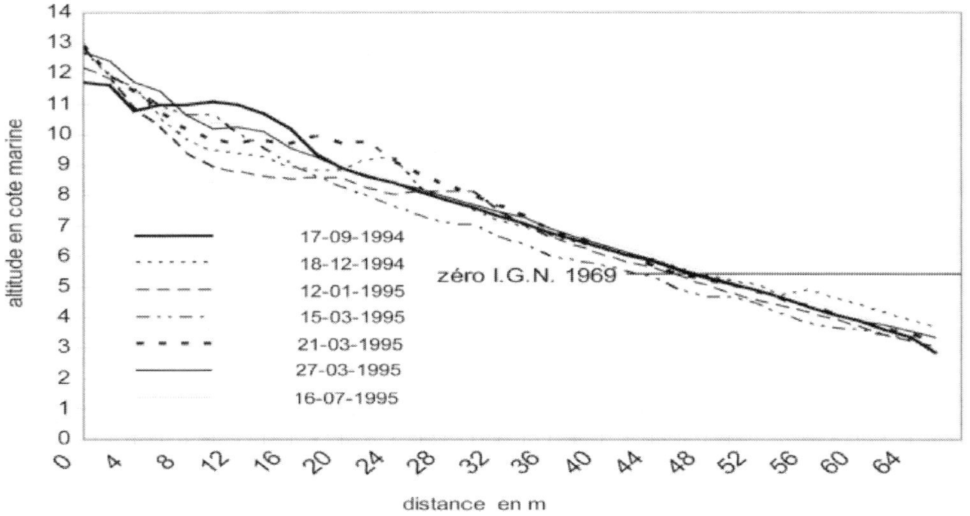

Figure 9 : Évolution du profil de plage de Pourville (épi 3 Ouest) entre septembre 1994 et juillet 1995 ; cordon de galets de faible volume (Costa, 1997)
Morphological evolutions of the gravel beach of Pourville between Sept. 1994 and July 1995

Photo 3 : Plage de Pourville après la tempête du 10-11 mars 2008 ; évolution granulométrique (S. Costa)
Gravel beach of Pourville after the storm of 10-11/03/2008; granulometric evolution

et 4B). De fait, l'examen des documents synoptiques quotidiens de Météo-France montre qu'un flux océanique, soutenu et parfois intense, a largement prévalu du 4 janvier au 10 mars. Nous ne relevons en effet qu'une courte période de vents continentaux, du 8 au 13 février. Le transit littoral a donc subi une accélération durant les deux mois qui ont précédé les submersions, aboutissant à un abaissement du profil de plage déjà important avant la tempête du 10-11 mars 2008.

Ce constat met en évidence tout l'intérêt de se préoccuper, d'une part de l'événement tempétueux « intense et rare », mais également des situations plus « ordinaires », s'effectuant sur des pas de temps plus longs, et qui finalement, peuvent être tout aussi efficaces dans l'abaissement

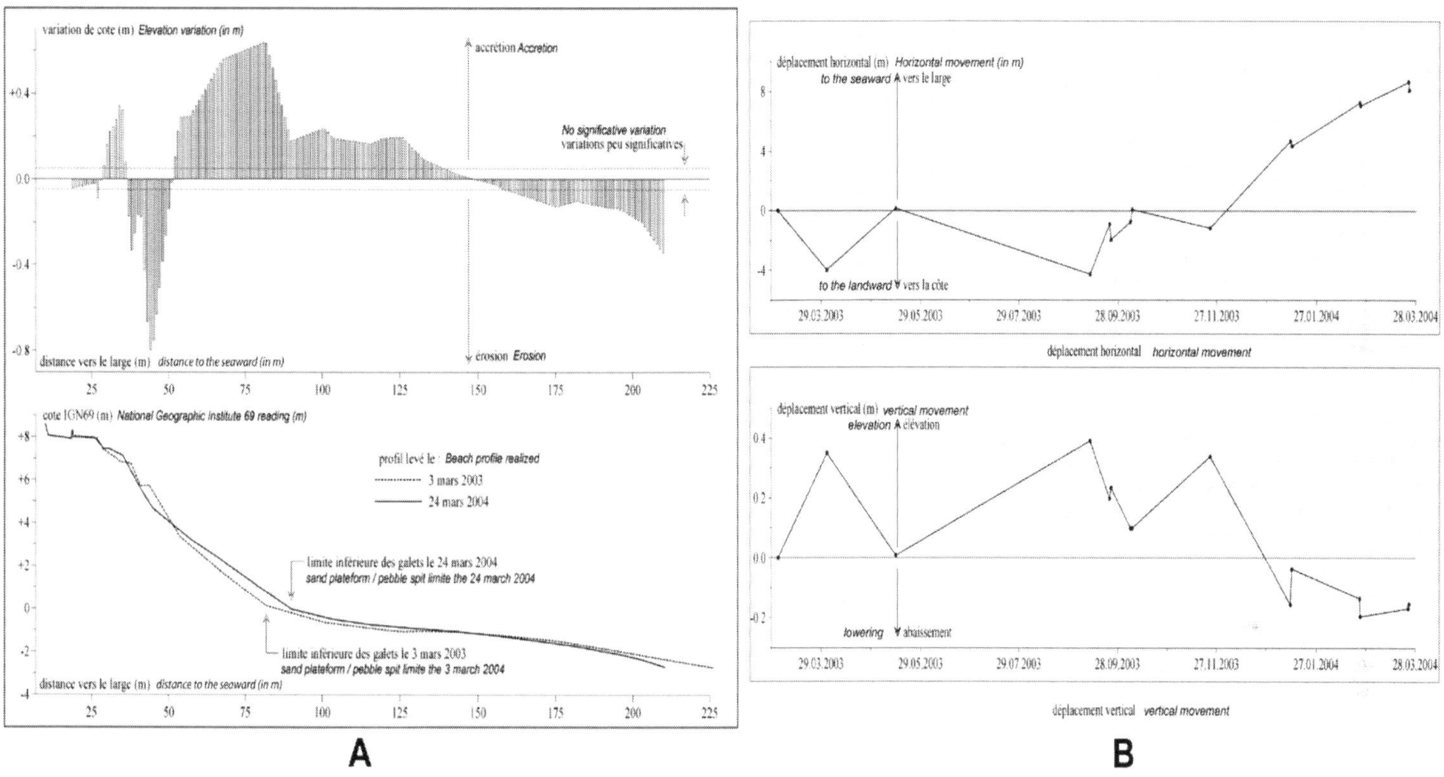

Figure 10 : Évolution du profil de plage du site de Quiberville/Sainte-Marguerite (A, profil de la plage de galets et de l'estran sableux et B, mobilité verticale et horizontale de la base du cordon de galets) entre le 3 mars 2003 et le 24 mars 2004 ; cordon de galets volumineux bloqué par un épi majeur (100 m) (Costa *et al.*, 2008)
Morphological evolutions of the gravel beach and the sandy foreshore (A) and the vertically and horizontally mobility of the gravel beach toe (B) At Quiberville/Ste Marguerite between 3 and 24 march 2003. Important volume of beach stopped by an important groyne

Photo 4 : Plage de Pourville avant (A, 13 février 2008) et après (B, 11 mars 2008) la tempêtes du 10-11/03/2008 ; (Cliché A Service littoral de l'ESTRAN, et B S. Costa) ; évolution morphologique limitée
Gravel Beach of Pourville (A) before and (B) after the storm of 10-11.03.2008; weak morphologic evolution

du profil de plage. Ainsi, le passage successif de perturbations plus ou moins actives a agit de façon cumulative, engendrant également un démaigrissement des plages, facilitant l'inondation par la mer.

Conclusion

Les submersions et franchissements qui ont affecté, la nuit du 10 au 11 mars 2008, le littoral allant de l'estuaire de Seine à la baie de Somme, ne relèvent pas, d'un point de vue météorologique, de conditions extrêmes : pas de vent d'afflux violent, pas de phénomène météorologique spécifique, de type front froid actif ni dépression creuse à déplacement rapide près des côtes concernées. Alors que la surcote météorologique a été modérée et en déphasage avec la marée haute, alors que les houles ont été de faible amplitude (période de retour annuelle) la cause principale des inondations par la mer du 10 au 10 mars 2008 est l'association d'un niveau du plan d'eau élevé (coefficient de marée de 104 et surcote), et d'un niveau de plage bas qui a permis à des vagues peu exceptionnelles en état de croissance durant le montant (mer croisée, $H_{1/3}$ de « mer totale » supérieur à 3,50 m) de se propager jusqu'à la côte « sans déferler » préalablement. Cependant, compte tenu de la crise sédimentaire ambiante qui affecte les plages en général, et sur le littoral haut-normand en particulier, de tels niveaux du plan d'eau statique, expliquant l'ampleur des dommages, rendent presque anecdotique l'analyse du budget sédimentaire des plages.

Bien que quelques sites sensibles aient été assez durement éprouvés (Pourville-sur-Mer, Fécamp, Cayeux-sur-Mer, etc.), qu'adviendrait-il de ces derniers si des conditions plus « optimales » venaient à être en phase (vent de nord-ouest violent, front météorologique actif passant au moment d'une pleine mer de vive-eau, dépression creuse et plus basse en latitude, abaissement du profil de plage antérieurement à cette conjonction de facteurs météo-marins…). En dépit des apparences, les populations côtières ont été chanceuses. Cependant, cette situation peut apparaître préoccupante car, statistiquement, le risque s'accentue dans un contexte de réchauffement atmosphérique et d'élévation du niveau moyen de la mer, ou tout simplement lors des périodes positives de l'Oscillation Nord Atlantique.

Remerciements

Patrick Ohl et Pierre Daniel, de Météo-France, DPR/MAR Toulouse, pour leurs commentaires avisés à propos du marégramme de Dieppe du 10 mars 2008. Le service littoral de l'ESTRAN, pour les photographies panoramiques du site de Pourville-sur-Mer. M. G. Glaziou, du CETE/NC, pour les informations concernant la surcote de déferlement dans le secteur de Quiberville.

Bibliographie

Bouligand R., Tabeaud M., 1998. Cent ans de surcotes À Brest, *Met. Mar.* n° 180, p. 12-16.

Bouligand R., Pirazzoli P. A., 1999. Les décotes et les surcotes marines À Brest, Étude statistique et Évolution, *Océanologica Acta*, Vol. 22, n° 2, p. 153-166.

Carter R. W. G., 1988. *Coastal environments : an introduction to the physical, ecological and cultural systems of coastlines*, Academic Press, London, 617 p.

Carter R. W. G., Orford, J. D., 1988. Conceptual model of coarse clastic barrier formation from multiple sediment sources, *Geographie Review*, n° 78, p. 221-239.

Carter R. W. G., Johnston T. W., McKenna J., Orford J. D., 1987. Sea-level, sediement supply and coastal changes : examples from the coast of Ireland, *Progress in Oceanography*, n° 18, p. 79-101.

Caspar R., 1988. Marée de tempête sur le littoral de Haute-Normandie, 22 janvier 1988, *Met. Mar*, n° 141, p. 12-18.

Caspar R., Poullain H., 1996. Coup de vent de nord-est sur les côtes normandes ; Étude de la situation des 19 et 20 février 1996, *Met. Mar*, n° 172, p. 33-39.

Caspar R., Costa S., Jacob, E., 2007. Fronts froids et submersions de tempêtes dans le nord-ouest de la France : le cas des inondations par la mer entre l'estuaire de la Seine et de la Somme, *La Météorologie*, n° 57, p. 37-47.

Costa S., 1997. *Dynamique littorale et risques naturels : l'impact des aménagements, des variations du niveau marin et des modifications climatiques entre la Baie de Seine et la Baie de Somme*, Thèse de Doctorat, Université de Paris I, 376 p.

Costa S., Cantat O., Pirazzoli P. A., Lemaitre M., Delahaye D., 2004. Vents forts et submersions de tempête en Manche Orientale : analyse météo-marine sur la période historique récente. *Actes du Colloque de l'Association Internationale de Climatologie « Climat, mémoire du temps. Les relations climat-espace-société »*, p. 277-280.

Costa S., Delahaye D., 2005. *Beaches At Risk (BAR phase 1) : Rapport final du programme Européen INTERREG 3a*, Conseil Régional de Haute-Normandie, 187 p.

Costa S., Levoy F., Monfort O., Curoy J., De Saint Léger E., Delahaye D., 2008. Impact of sand content and cross-shore transport on the morphodynamics of macrotidal gravel beaches (Haute-Normandie, English Channel)", *Zeitschrift für Geomorphology*, Suppl. vol. 3, n° 52, p. 41-62.

Forbes D. L., Taylor R. B., Orford J. D., Carter R. W. G., Shaw J., 1991. Gravel-barrier migration and overstepping, *Marine Geology*, vol. 97, p. 305-313.

Forbes D. L., Orford J. D., Carter R. W. G., Shaw J., Jennings S. C., 1995. Morphodynamic evolution, self-organisation, and isntability of coarseclastic barriers on paraglacial coasts, *Marine Geology*, vol. 126, p. 63-85.

Galli E.-L., Hontarrède M., 2001. Surcote et marée de tempête, *Met. Mar*, n° 190, p.18-21.

Gires O., Caspar R., 1985. Coup de vent et marée de tempête, novembre 1984, *Met. Mar*, n° 127, p. 5-13.

Héquette A., Vasseur B., 1998. Storm surges and erosion coastal dunes between 1957 and 1988 near Dunkerque (France), Southwestern North sea, dans Pye K., Allen J. R. L. (dir.), *Coastal and Estuarine Environments*, Geological Society, London, Special Publications, n° 175, p. 99-107.

Jennings R., Shulmeister J., 2002. A field based classification scheme for gravel beaches, *Marine Geology*, vol 186, p. 211-228.

Lamb H., 1991. *Historic storms of the North sea, British Isles and Northwest Europe*, Cambridge, Cambridge University Press, 204 p.

Latteux B., 2001. *Synthèse sur les problématiques et enjeux d'évolution du littoral haut-normand et picard*, vol. 1 : *Le milieu physique*, Préfecture de la Région Picardie et DDE de la Somme, 93 p.

Mason T., Coastes T. T., 2001. Sediment transport processes on mixed beaches ; a review for shoreline management, *Journal of Coastal Research*, vol. 17, n° 3, p. 645-657.

Mason T., Voulgaris G., Simmonds D. J., Collins M. B., 1997. Hydrodynamics and sediment transport on composite (mixed sand/shingle) and sand beaches : A comparison, *Coastal Dynamics*, American Society of Civil Engineers, p. 48-57.

Morel V., 1997. *De la géomorphologie à la gestion des accumulations de galets littoraux du bassin de la Manche et de ses abords : études de cas (Bretagne, Haute-Normandie, Picardie, Sud Angleterre) et réflexions générales*, Thèse de Géographie, Université de Bretagne Occidentale, 286 p.

Orford J. D., Carter R. W. G., Forbes D. L., 1991. Gravel barrier migration and sea level rise : some observations from Story Head, Nova Scotia, Canada, *Journal of Coastal Research.*, vol. 7, p. 477-488.

Orford J. D., Carter R. W. G., 1993. The morphodynamics of coarse clastic beaches and barriers : a short and long term perspective, *Journal of Coastal Research*, Special Issue, vol. 15, p. 158-179.

Orford J. D., Carter R. W. G., Jennings S. C., 1996. Control domains and morphological phases in gravel dominated coastal barriers of Nova Scotia, *Journal of Coastal Research*, vol. 12, p. 589-604.

Orford J. D., Jennings S. C., Forbes D. L., 2001. Origin, development, reworking and breakdown of gravel-dominated coastal barriers in Atlantic Canada : future scenarios for the British coast, dans Packham J. R. (dir.), *British Shingles*, Otley, Westbury, p. 23-55.

Orford J. D., Forbes D. L., Jennings S. C., 2002. Organisational controls, typologies and time scales of paraglacial gravel-dominated coastal systems. *Geomorphology*, vol. 48, p. 51-85.

Paskoff R., 1985. *Les littoraux : impact des aménagements sur leur évolution*, Masson, Paris, 184 p.

Pirazzoli P. A., 2000. Surges, atmospheric pressure and wind change and flooding probability on the Atlantic coast of France, *Oceanologica Acta*, vol. 23, p. 643-661.

Pirazzoli P. A., Costa, S. Dornbush U., 2007. Flood threat anomaly for the low coastal areas of the English Channel based on analysis of recent characteristic flood occurrences, *Ocean Dynamics*, vol. 57, p. 501-510.

Pirazzoli P. A., Costa, S., Dornbush U., Tomassin A., 2006. Recent evolution of surge-related events and assessment of coastal-flooding risk on the eastern coasts of the English Channel, *Ocean Dynamics*, Special Issue, vol. 56, p. 498-512.

Pontee N. I, Pye K., Blott S., 2004. Morphodynamic and sedimentary variation of mixed sand and gravel beaches, Suffolk, UK, *Journal of Coastal Research*, vol. 20, n° 1, p. 256-276.

SHOM, 1968. Courants de marée dans la Manche et sur les côtes françaises de l'Atlantique, n° 550 (n.p.).

SHOM, 2002. Instructions nautiques, France (côte Nord). De la frontière belge aux Casquets (n.p.).

Simon B., 1994. Statistiques des niveaux marins extrêmes le long des côtes de France Rapport d'étude SHOM n° 001/94. EPSHOM, Brest, 77 p.

Stéphan P., 2008. *Les flèches de galets de Bretagne : morphodynamiques passée, présente et prévisible*, Thèse de doctorat de géographie physique, Université de Bretagne Occidentale, 558 p.

Stéphan P., Suanez S., Fichaud B., Franchissement et recul des cordons de galets par rollover. Impact de la tempête du 10 mars 2008 dans l'évolution récente du Sillon du Talbert (Côte-d'Armor, Bretagne), *Norois*, (ce volume).

Teisson Ch., 1986. *Houle de projet et durées de tempêtes sur le site de Penly*, dans *Analyse de la houle naturelle*, Rapport n°2, L.N.H. HE -42/86.14 (n.p.).

Tomasin A., Pirazzoli P. A., 2008. Extreme Sea Levels in the English Channel: Calibration of the Joint Probability Method, *Journal of Coastal Research*, vol. 24, n° 4C, p. 1-13.

Cet article a été reçu le 22 juillet 2009 et définitivement accepté le 8 mars 2010.

Norois, n° 215, 2010/2, p. 133-146

Tempêtes, rythme de fonctionnement d'une cellule sédimentaire et « espace d'accueil » : exemple sur l'Anse du Verger, Bretagne Nord

Hervé Regnauld, Haya Mahmoud, Johan Oswald,
Olivier Planchon, Jonathan Musereau
Laboratoire Costel – UMR 6554 LETG CNRS
(Université de Rennes 2 et Université Européenne de Bretagne),
Place H.-Le-Moal – 35043 Rennes cedex, France
herve.regnauld@univ-rennes2.fr, haya.mahmoud@univ-rennes2.fr, johan.oszwald@univ-rennes2.fr,
olivier.planchon@univ-rennes2.fr, jonathan.musereau@club-internet.fr

Résumé
L'évolution du littoral est parfois pensée comme le résultat de situations météorologiques dominantes, parfois comme le produit des effets d'événement extrêmes tels que les très fortes tempêtes. Sur la côte Nord de la Bretagne, un site étudié depuis 20 ans a évolué sous le contrôle de politiques d'aménagement et selon le forçage de longues périodes de temps calmes et de trois très fortes tempêtes. Ce travail tente d'assigner à chacun de ces trois processus une part de responsabilité dans les tendances d'évolution constatées. Leur rôle est hautement variable dans le temps et dans l'espace. Il devient alors très difficile de penser l'évolution selon un modèle simple de contrôle, forçage et résilience, parce que ces trois notions n'ont pas nécessairement le même sens selon les lieux et les formes qu'elles concernent. Cependant les tempêtes apparaissent déterminantes pour une large portion du littoral étudié.

Mots clé : *tempête – espace d'accueil sédimentaire – évolution – Bretagne*

Abstract
Storms, rhythms of a sediment cell and accommodation space: an exemple in northern Brittany, the Anse du Verger
Coastal evolution is sometimes said to be forced by storms, sometimes by average meteorological conditions. The exact role of very strong storms is therefore a widely debated issue. On the northern coast of Brittany (Western France) a site has been surveyed for the last 20 years and has evolved under the control of human management and the forcings of long periods of calm weather and of three large storms. This paper tries to asses the weight of each of these agents on coastal evolution. Their respective efficiency is highly variable in time and in space, thus making it very difficult to understand coastal behaviour with a simple conceptual model of forcings, controls and resilience These notions do not have the same meaning depending on where they are applied but storms appear as the main forcing on a large extent of the studied coastline.

Key words : *storm – accommodation space – evolution – Brittany*

Une question largement débattue en géomorphologie littorale est celle des forçages sur les rythmes d'évolution du trait de côte des accumulations sédimentaires. Le fait que de temps à autres de fortes tempêtes produisent de fortes érosions incite parfois à penser que l'évolution est forcée par des événements intenses et que c'est en étudiant les variations de leurs fréquences que l'on peut le mieux expliquer les vitesses de recul d'un littoral précis (Cooper, 2002; Musereau *et al.*, 2007). Cependant de nombreux travaux montrent qu'un littoral s'aligne souvent face aux houles dominantes alors que les directions de houles de tempêtes les plus fortes ne sont pas toujours celles des houles dominantes (voir la synthèse de J. Dubois, 1995, puis celles de P. Roy et P. Cowell, 1996 et J. Dodd *et al.*, 2003). Il y a donc débat. L'importance des tempêtes est une idée fondée sur de nombreuses observations. Elle a été particulièrement développée dans quatre publications de synthèse, pionnières et originales (Carter et Orford, 1993; Forbes *et al.*, 1995; Anthony *et al.*, 1996; Orford *et al.*, 2002). Ces travaux ont valorisé des concepts nouveaux en géomorphologie, dont celui d'accommodation space qui n'était jusqu'alors employé qu'en stratigraphie séquentielle (Jervey, 1988). L'originalité de cette position épistémologique est de penser le comportement du littoral au travers d'un couple dynamique, la résilience et l'accommodation ou espace d'accueil. Schématiquement il s'agit de considérer que, pour les littoraux constitués par des accumulations de sédiment (des galets en l'occurrence), les forçages principaux sont d'ordre météo-marin, tandis que les contrôles dominants sont spatiaux. Le corps sédimentaire est capable de se déformer et de se déplacer pour trouver la configuration qui lui permet de subsister face un événement à haute énergie. Ce changement de forme lui permet de dissiper l'énergie reçue et est interprété comme une forme d'auto organisation (Orford *et al.*, 2002). La capacité à se déformer sans se rompre est définie comme la résilience, le déplacement est contrôlé par l'espace disponible (*accommodation space*) pour les *overwash* et *rollover*. Avec une telle approche on peut facilement expliquer qu'une tempête qui fait, ponctuellement, reculer une partie du littoral (*rollover* par exemple) peut aussi, en un autre lieu, construire le littoral, voire augmenter sa hauteur par phénomène d'*overtopping*. Il est important de penser les deux phénomènes en même temps.

À l'évidence une vision aussi contre intuitive des effets des tempêtes n'a pas toujours été bien accueillie. Elle permet cependant de bien comprendre les effets d'une tempête et, suggérant de prendre du recul sur le coté spectaculaire d'une érosion ponctuelle, elle incite à chercher les sites où la tempête a non pas érodé mais construit. Le cadre idéal pour une telle démarche est celui d'une cellule sédimentaire (Bray *et al.*, 1995), dont on peut postuler que les sites sources vont reculer sous l'effet d'une tempête et que les sites puits vont, en conséquence et peu après, s'engraisser. Pour étudier dans ce contexte le rôle des tempêtes, un site intéressant serait celui pour lequel le suivi de telles cellules sur le moyen terme (10, 20 ans) peut permettre de définir des vitesses moyennes et des tendances, et où un suivi de chaque événement intense peut permettre de préciser son rôle exact, ses conséquences et donc son importance relative par rapport aux conditions moyennes. Sur le littoral de Bretagne nord, entre Saint-Malo et Cancale, plusieurs anses fonctionnent en apparence comme de petites cellules sédimentaires à l'échelle locale. L'une d'entre elles, l'Anse du Verger, (fig. 1) est suivie depuis 1990 et n'a subi durant ce temps que trois tempêtes « fortes », en 1991, 1995 et 2008. Il est donc possible de décrire son évolution en terme de tendance comme en terme d'événement. L'idée générale est de comparer le recul du site « source », l'engraissement du site « puits » et de déterminer s'il s'agit d'un rythme dépendant des tendances météo-marines modales ou des événements intenses comme les tempêtes.

Présentation du site

L'Anse du Verger correspond à un cordon de fond de baie. Les pointes rocheuses qui l'encadrent sont tapissées de dépôts périglaciaires d'épaisseur variable et le cordon dunaire enferme un marais d'eau douce. En 2008, avant la tempête du 10 mars, le site comprend plusieurs unités morphologiques. La photo de la figure 1 permet de distinguer, à côté du parking, une dune aménagée indiquée par A sur la photo (avec des ganivelles et des chemins) et un marais d'eau douce (cartouche 3 sur la figure). Plus à l'est se situe une falaise taillée dans les dépôts périglaciaires (désignée par B) puis une falaise dans de la roche en place, des migmatites (désignée par C). La plage s'étend devant les unités A, B et C.

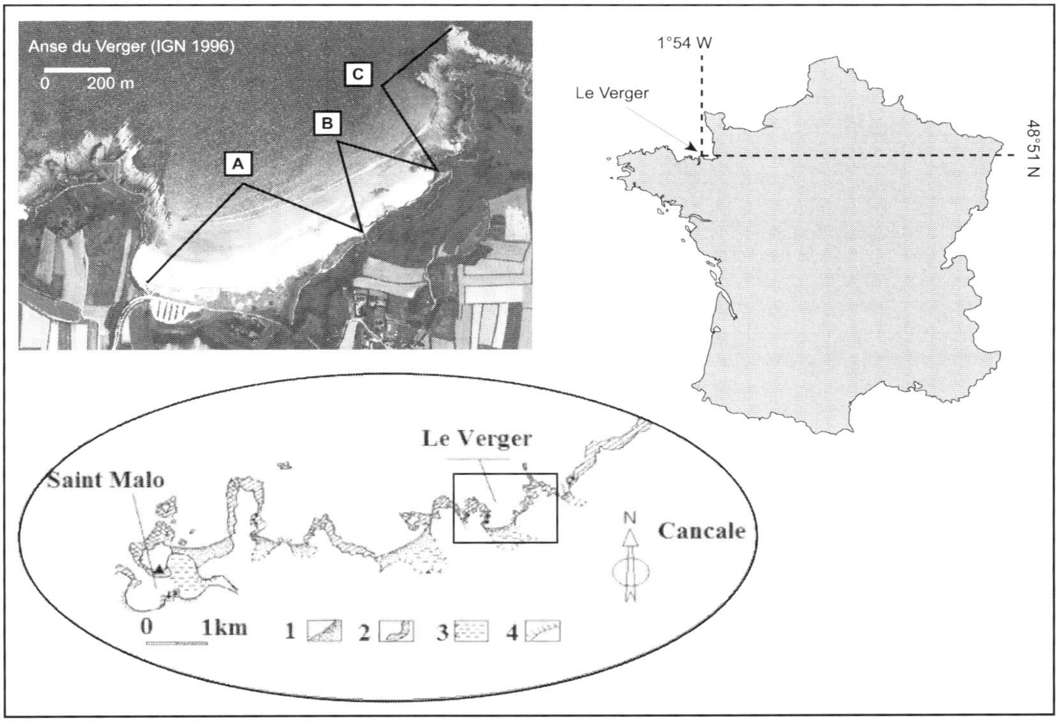

Figure 1 : Localisation du site étudié
1 : plage. 2 : plate-forme d'abrasion. 3 : marais. 4 : falaise rocheuse. Sur la photo A désigne l'ensemble plage/dune, B l'ensemble plage/falaise dans le matériel périglaciaire, C l'ensemble plage/platier/falaise en roche dure.
Location of the field site
1: beach. 2: wave cut platform. 3: marsh. 4: cliff. On the air photo A is the beach/dune unit, B the beach/soft rock cliff unit, C is the beach/abrasion platform/hard rock cliff unit.

La falaise dans le matériel périglaciaire présente une coupe dont les différentes unités varient le long du linéaire. Là où toutes les unités sont présentes, elle va probablement de l'Eémien à l'actuel (Regnauld *et al.*, 2003). À la base, sur une plate-forme d'abrasion fossile, se trouve une plage de galets (attribuée à l'Eémien mais sans datation absolue) puis une dune (datée à 90 ky OSL) et un head indifférencié (fig. 2). Il est surplombé par un loess pléniglaciaire puis par une dune Holocène (6 ky OSL et divers âges 14^{C} entre 6000 et 2000 BP). Le sommet est un sol historique daté par des artéfacts celtiques (Cocaign *et al.*, 1996) recouvert par une dune sub-actuelle, dont l'âge de mise en place est inconnu. On y a retrouvé des artefacts datant du Premier Empire. Le cordon dunaire est daté de environ 4600BP (par un kjokkenmodding, dépôt de cuisine néolithique recouvert d'un dépôt de tempête (Regnauld *et al.*, 1995). Le marais qu'elle protège avait commencé à se mettre en place vers 8000 BP (Regnauld *et al.*, 1996). À l'occasion de la tempête de 1991, un site paléolithique a été découvert dans la partie de la falaise qui avait reculé à cette occasion (partie B sur la fig. 1).

Certains de ces artefacts ont été repérés sur la plage et au cours de jours suivants, d'autres ont été observés en divers lieux de l'Anse, puis au pied de la dune (dans la partie A, sur la photo de la fig. 1). L'idée que la falaise pouvait être un site « source » et que le cordon était un site « puits » est naturellement venue de ces observations. Elle a été qualitativement confirmée par des observations en plongée (Regnauld *et al.,* 1997).

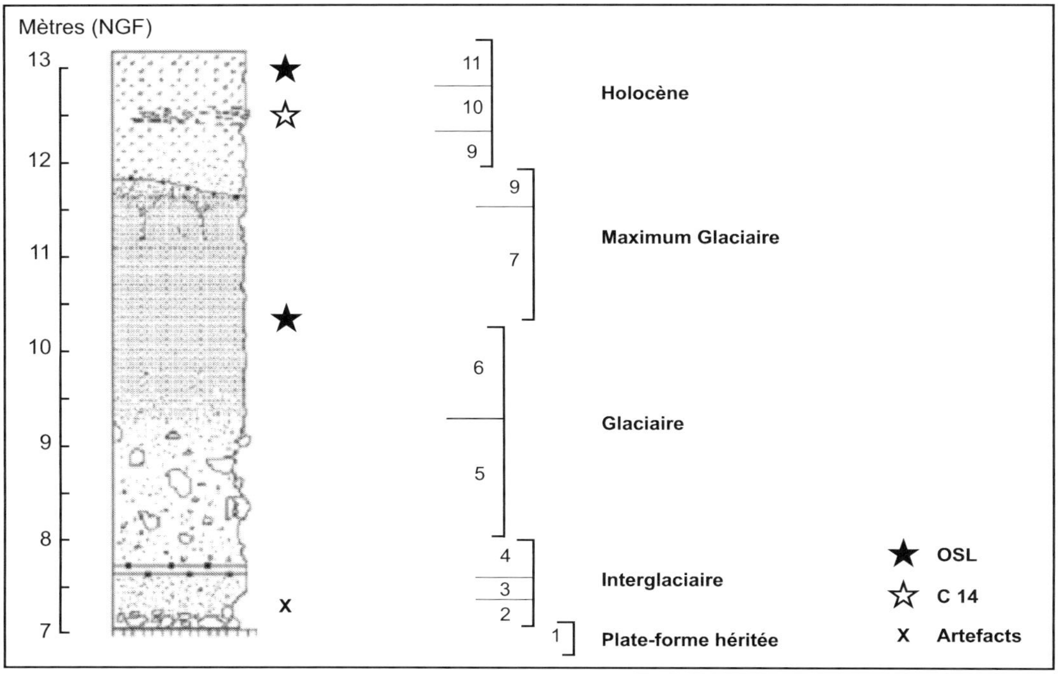

Figure 2: Coupe levée en 2000, aujourd'hui disparue à cause du recul (publiée dans Regnauld *et al.*, 2003)
1 : Plate-forme d'abrasion héritée. 2 : Galets attribués à l'Eémien. 3 : Dune datée à 90 k an OSL. 4 : Paléo sol. 5 : Head ; 6 : Loess. 7 : Loess avec cryoturbations.8 : Paléo sol. 9 : Sable dunaire ; 10 : Kjokkenmoddings néolithiques ; 11 : Dune sub-actuelle. Les points mesurés pour étudier le recul de ce type de falaise sont d'une part le sommet de la dune perchée (sommet de 11), d'autre part le contact entre les galets et la plate forme d'abrasion (entre 1 et 2). Cette coupe sert de modèle pour le type C de la figure 7.

Cross section, surveyed in 2000, gone today with cliff retreat (published in Regnauld et al., 2003) 1: Inherited abrasion platform; 2: Eemian pebbles; 3: Dune (90 ky OSL); 4: Palaeo soil; 5: Head; 6: Loess; 7: Loess with cryoturbations; 8: Palaeo soil; 9: Dune sand; 10 : Neolithic knokkenmodding; 11: Dune (+/- present). To monitor the retreat of this cross section, the surveyed points are the top of dune (n° 11) and the contact between the pebbles and the inherited platform. This cross section is the model for type C in figure 7.

Méthodes

Les méthodes employées pour cette étude sont classiques. Depuis 1990, des profils de plage sont levés régulièrement au DGPS (environ un par mois en hiver, environ un tous les trois mois en été) et calés à partir d'une borne géodésique installés par l'IGN sur un des rochers affleurant sur l'estran. Leur marge d'erreur verticale est de l'ordre du décimètre. Cette valeur semble élevée mais il s'agit d'un écart maximal. Le problème vient de la nature molle du substrat sableux, lorsqu'il est saturé en eau après les hautes mers de vives eaux. Le simple fait de marcher dessus en change la topographie de quelques centimètres. L'erreur maximale a été considérée en retenant la valeur la plus élevée que nous ayons rencontrée. Elle correspond aux mesures de mars 2008 (juste après la tempête), quand le sédiment du pied de falaise avait le comportement le plus plastique.

Des profils sont également effectués sur le cordon dunaire et sur la falaise, pour construire des coupes. En ce qui concerne la falaise, son sommet est facile à identifier mais sa base pose problème : elle est plus ou moins enfouie dans le sable selon l'état d'engraissement de la plage. Dans la mesure du possible, la base a été prise au contact entre les dépôts paléo- littoraux ou périglaciaires (dont la géométrie et la nature varient le long de la falaise) et le socle sub-affleurant. Ce contact peut être dû à des unités sédimentaires *in situ* (entre les unités 1 et 2 de la figure 2 par exemple) ou à du matériel effondré. Cette opération de mesure est renouvelée tous les 10 mètres environ, voire à des intervalles plus courts si un trait morphologique du profil le nécessite. La figure 2 donne un exemple d'une telle coupe, levée en 2000 et aujourd'hui disparue suite au recul de la falaise. Une carte schématique où figure l'emplacement de la base et du sommet de la falaise (séries de points) est également produite afin de comparer leurs évolutions respectives.

Enfin, des prélèvements sédimentaires sont effectués dans les différentes unités qui apparaissent en coupe dans la falaise, ainsi qu'en divers points du cordon dunaire, de la plage et de la plage sous-marine. Des analyses granulométriques et morphoscopiques sont ensuite réalisées. Ces échantillonnages ont eu lieu deux fois par an entre 1990 et 1996. Ils donnaient toujours des résultats très similaires et ont donc été abandonnés. Ils ont été repris en 2008, après la tempête.

Les grandes lignes de l'histoire du site durant le dernier demi-siècle ont été reconstituées à partir de documents transmis par la DDE, le Département d'Ille-et-Vilaine, le Conservatoire du Littoral et à l'aide d'une chronique de photos aériennes. Les clichés dont nous disposons datent de 1948, 1952, 1977, 1980, 1982, 1996 et 2006. Ils ont été scannés et géoréférencés selon des méthodes classiques avec le logiciel ENVI 4.4 (Pian *et al.*, 2008). La photographie aérienne la plus récente est géoréférencée à partir de la BD ortho éditée par l'IGN (France zone 2 étendue, NTF). Pour limiter les distorsions, 32 points d'amers ont été utilisés afin d'éviter les erreurs engendrées par l'anisotropie spatiale (RMS allant de 1.9 à 3.1). Le sommet de la falaise a été retenu comme indicateur morphologique pour étudier la mobilité du trait de côte. La marge d'erreur des images obtenues est relativement variable, de 2 à 5 mètres, et comparables à ce qui est avancé dans la littérature (Robin, 2002). Pour des questions de contraste, il est parfois très difficile de situer le sommet de la falaise, en particulier si celui-ci est couvert de végétation. En revanche, quand le sommet de falaise est dénudé par le piétinement, il apparaît comme du sol très clair et se différencie très bien du versant sombre ou de son ombre. Là encore nous avons retenu une erreur de 5 m, la plus importante déviation au sol que nous puissions estimer.

Effets de la tempête et formes de recul

Durant la tempête du 10 mars 2008, décrite par ailleurs dans ce numéro de Norois (Cariolet *et al.*, ce volume), les conditions locales au Verger ont été marquées par des houles d'amplitude estimée à la côte à 6 m. La comparaison des levés effectués avant (1er mars 2008) et après la tempête (12 mars 2008) fait apparaître que le recul de la falaise taillée dans le périglaciaire (en B sur la fig. 1) est très important mais très inégal suivant les lieux et les parties de la falaise. Dans l'ensemble le recul moyen est largement supérieur au mètre, ce qui est comparable aux reculs engendrés par les tempêtes de 1990 et 1996. La figure 3 représente la position des points témoins de la position du pied de la falaise au contact de la base du matériel périglaciaire avec la roche en place. Ils reculent partout sauf dans la partie centrale où de nombreux éboulements et effondrements fossilisent l'emplacement pré-tempête de la base du profil. Ce fait est discuté plus loin.

Le sommet de la falaise (fig. 3) recule également, de 1 à 4 mètres. Le lendemain de la tempête de nombreux pans de falaise sont encore tenus par la végétation : des touffes d'ajoncs fonctionnent en chablis. Il y a très peu de débris au pied (hormis dans la partie centrale, signalée au dessus). Au cours des jours suivants tous ces chablis tombent, le recul du sommet s'accentue et les dépôts de pied de falaise deviennent plus importants. Lors du levé du 12 mars, le recul mesuré est donc l'addition de celui qui a eu lieu durant la tempête elle-même et de celui qui a été provoqué par les effondrements postérieurs induits par les chablis. De tels effondrements ont continué durant toute l'année et bien qu'aucune tempête forte n'ait atteint le site, la falaise continue à reculer : le 20 janvier 2009, son sommet est partout en retrait par rapport à mars 2008.

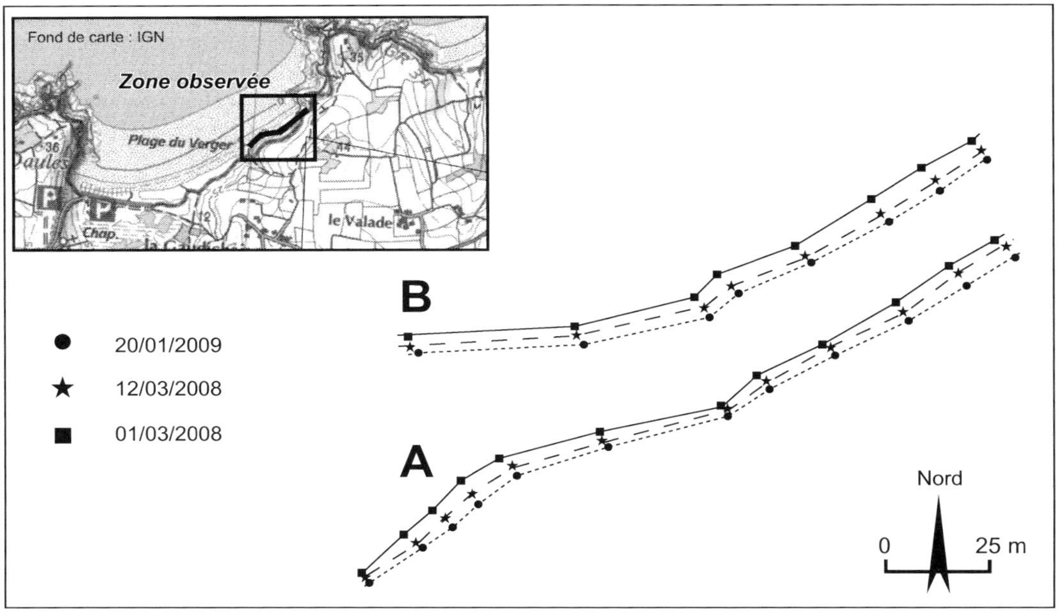

Figure 3 : Évolution du sommet de la falaise (A) et de son pied (B) entre le 1er mars 2008, le 12 mars 2008 et le 20 janvier 2009, marge d'erreur à 0,1 m. Explications dans le texte.

Evolution of cliff top(A) and foot (B) between 3-1-2008, 3-12- 2008 and 1-20-2009, error margin at 0,1m. Comments in the text.

Le long du cordon, la tempête a arraché toutes les ganivelles, et enlevé suffisamment de sable pour faire apparaître des ganivelles anciennes et enfouies. L'ensemble du massif a perdu 1,5 m sur toute sa longueur, de façon relativement régulière. Il a été alors taillé en micro falaise de 1 à 1,5 m de hauteur… Lors de la tempête, les vitesses de vent sur place (avec les réserves signalées auparavant) ont atteint de 4 à 7 m. s^{-1} au sol (à 10 cm) et de 13 à 26 m. s^{-1} à deux mètres d'altitude.

Les reculs produits par la tempête ont induit des transferts de matériel. Entre 1991 et 1996 des échantillonnages avaient été systématiquement effectués dans le sable le long du pied de la falaise, sur la plage et la plage sous-marine ainsi que dans le cordon dunaire. Les analyses granulométriques et morphoscopiques (Regnauld *et al.*, 1992, 1995) ont permis d'établir que le recul de la falaise fournissait du matériel à la plage sous-marine et que celui-ci était ensuite en partie recyclé sur le cordon, sous la forme de dépôts de tempêtes (*washover*) venant recouvrir des dépôts éoliens. Les valeurs moyennes pour les courbes granulométriques de la plage sous-marine, de la plage intertidale et du cordon sont présentées sur la figure 4.

Apres la tempête du 10 mars 2008, de nouveaux échantillonnages ont été réalisés. Au pied de la falaise, le sable de la plage est considérablement enrichi en fraction grossière (2 mm et plus) et appauvri en sables moyens de 1 à 0,2 mm. À l'inverse la plage sous-marine s'est considérablement enrichie dans cet intervalle (1-0,250 mm) et la fraction fine s'est appauvrie.

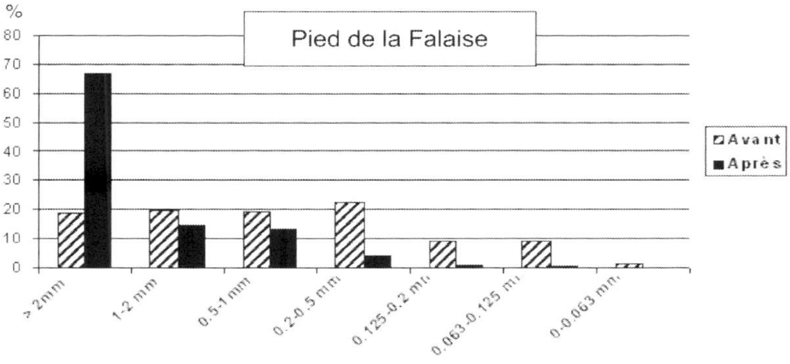

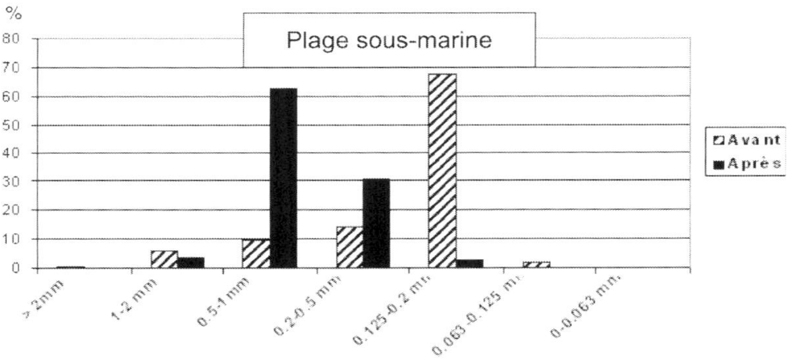

Figure 4 : Granulométrie des échantillons du pied de falaise et de la plage sous-marine, avant et après la tempête
Grain size for the cliff foot and for the sub marine beach before and after the storm

Tempêtes et évolution des formes sur 60 ans

Le recul produit par la tempête du 10 mars 2008 sur le site du Verger peut être qualifié de « spectaculaire ». Cet événement morphogénique est-il pour autant exceptionnel sur ce site ? Ses effets sont-ils comparables à ce que l'évolution habituelle du littoral produit ou cette tempête a-t-elle été capable de produire des effets inattendus, voire contraires à son évolution tendancielle ? Pour répondre à ces questions, il faut reconstituer la morphodynamique récente du site.

En 1948, le Verger est un site très peu touristique qui ne dispose d'aucun aménagement (ni camping, ni voie carrossable d'accès). Toutes les parcelles alentours sont cultivées et souvent encloses. L'accès pédestre est difficile. En 1952, la partie ouest commence à être érodée, probablement à la suite d'une surfréquentation (fig. 5). Dans les années 1960-1962, de grandes quantités de sable sont prélevées dans le cordon dunaire pour fabriquer le béton de l'usine marémotrice de la Rance. Le cordon dunaire ne joue plus son rôle de barrière et le marais peut parfois être atteint par des lames d'eau salée. Le site devient accessible : les voitures suivent les chemins tracés par les camions. De 1960 à 1985, le site est donc très fréquenté, appauvri en sédiment et l'érosion y est très forte. Le littoral recule beaucoup, au point que l'État (DDE) et le département (Bureau des Espaces Naturels Sensibles) s'en inquiètent. À partir de 1985, il est mis en réserve partielle et une politique de réaménagement est mise en place sous l'impulsion du Conservatoire du Littoral, qui devient ensuite propriétaire. Le cordon est mis en réserve et la falaise est laissée à son recul : après la tempête de 1995, le chemin littoral est recréé trente à quarante mètres plus à l'intérieur.

La figure 6 donne une vue schématique des principales étapes de cette évolution. Entre 1948 et 1952, il n'y a pas de recul visible. À cette époque, il n'y a pas de falaise parce qu'elle (du moins

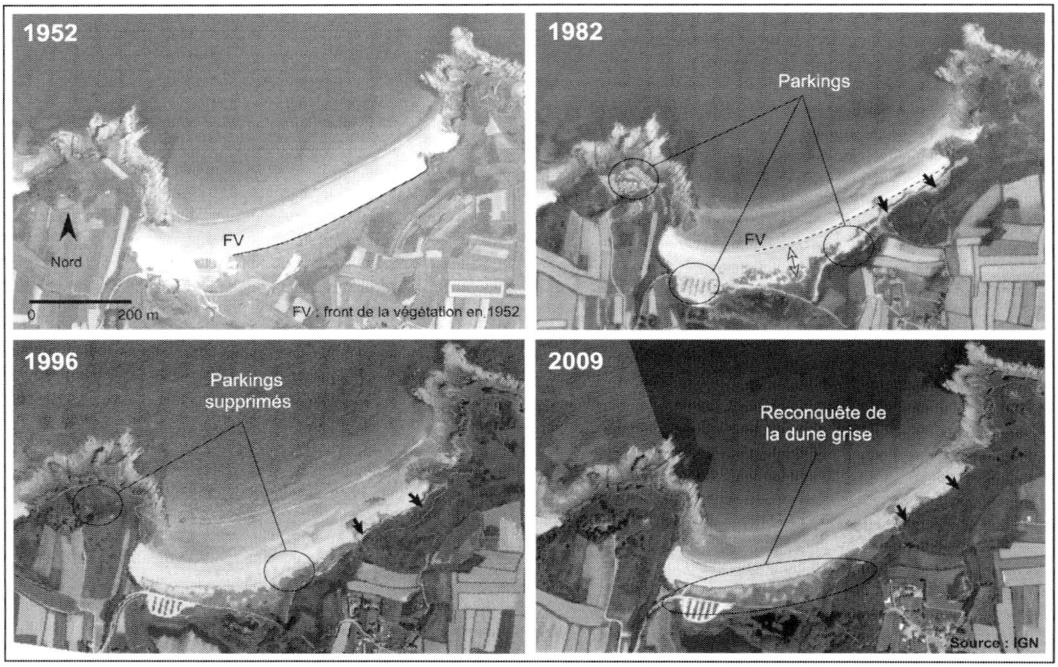

Figure 5 : Évolution du site d'après les photos IGN
Evolution of the study site, based on IGN air photos

son futur emplacement, désigné par B sur la figure 1) est recouverte par une dune « grimpante » (dérivé du terme anglo-saxon climbing dune, terminologie que l'on retrouve par exemple chez R. Bruce *et al.*, 1998 ou de B. Cagnoli et T. Ulrych, 2001) qui ne porte aucune trace d'érosion : sa couverture végétale est totalement homogène et dense (étape 1). En 1977 (étape 2), la falaise apparaît. La dune qui la recouvrait se scinde alors en deux entités : un dépôt au pied de la falaise, l'autre à son sommet, à la façon d'une dune perchée (étape 3). L'explication de ce changement morphologique est simple. Le sable de l'Anse du Verger a été prélevé et le sommet de la falaise est utilisée comme parking : les voitures sont garées jusqu'à son bord. En 1980, le recul est faible (inférieur à la marge d'erreur) mais les indentations du sommet de la falaise témoignent d'une extrême variabilité spatiale de ce processus. La photo de 1982 produit le même type d'information avec la même interprétation (étape 4). Le ralentissement de la vitesse de recul est très probablement lié au fait que la falaise est maintenant fermée aux automobiles (1985). De 1990 à 1996, la dune « grimpante » disparaît progressivement et le socle apparaît parfois entre la plage et le head. Le taux de recul reste faible, de l'ordre de 0,1 à 0,4 m/an selon les endroits (étape 5). Il est presque entièrement produit par deux tempêtes coïncidant avec des vive-eau, celle de 1991 et celle de 1995 (Regnauld et Kuzucuoglu, 1992 ; Regnauld *et al.*, 1998). De 1996 à 2008, le recul devient presque négligeable (0,1 à 0,2 m/an), jusqu'à la tempête de mars.

Durant la même période, l'évolution du cordon dunaire (en A sur la figure 1) comporte trois étapes principales que la figure 6 représente schématiquement. De 1948 à 1952, il y a accrétion et il semble que la végétation gagne vers le large (étape 1), mais le mouvement mesuré est inférieur à la marge d'erreur. La phase d'érosion est perceptible sur les photos de 1977, 1980 et 1982 mais elle a commencé en 1960 (prélèvements de sables pour l'usine de la Rance [étape 2]) et a duré jusqu'en 1985. En 1977, le cordon est considérablement érodé et sa couverture végétale est discontinue (étape 3 sur la figure 6). En 1980 et 1985, la couverture végétale devient de plus en plus rare. La pose des ganivelles à partir 1985 (étapes 4 à 6 sur la figure 6) permet une reconstitution rapide. La photo de 1996 est un peu particulière car elle ne rend pas compte de cette reconstruction : elle présente l'état du système après la tempête de 1995 (étape 7 de la figure 6) : la ligne de ganivelles replacées post-tempête est bien visible mais la végétation n'a pas encore totalement re-colonisé les espaces que la tempête avait érodé, ou recouverts de *washover*. En 2000, le cordon a complètement retrouvé son apparence d'avant la tempête de 1995 (étape 8). Jusqu'en 2008, le système croît en hauteur (environ 0,25 cm d'altitude gagné chaque année derrière les ganivelles) et de nouvelles ganivelles sont posées tous les quatre ou cinq ans, un peu en avant des précédentes (vers le nord). Ce type de gestion basée sur l'utilisation de ganivelles fait qu'en 2008 le front du cordon a pratiquement retrouvé l'emplacement de 1948.

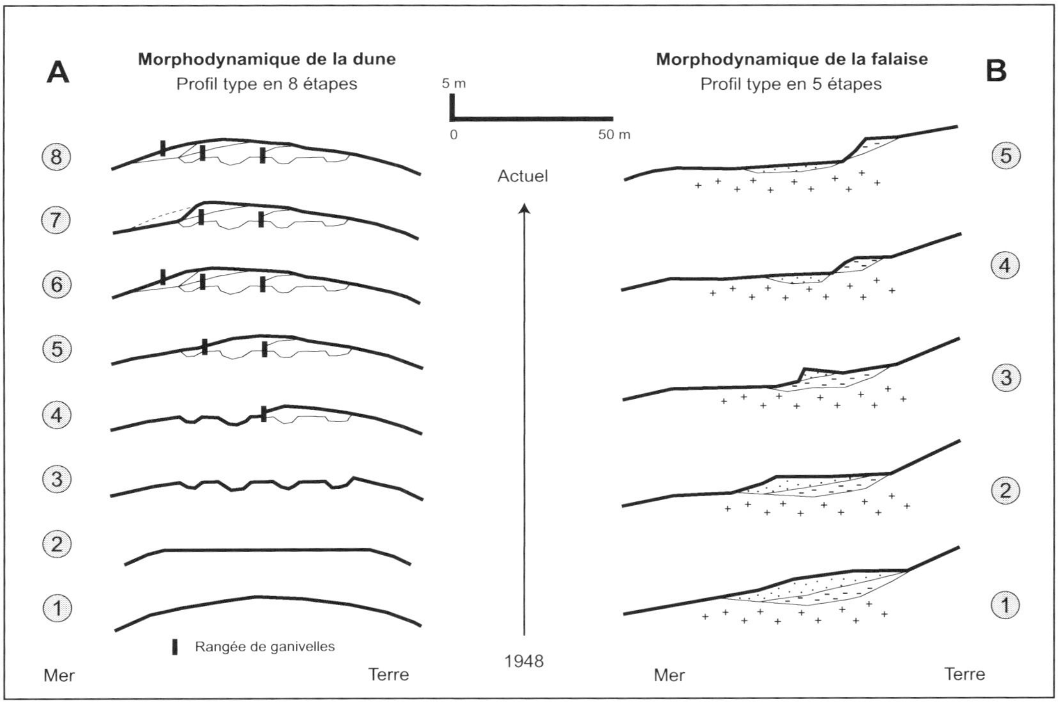

Figure 6 : Schéma synthétique de l'évolution de la dune (A) et de la falaise (B) établi avec les photos aériennes et les documents fournis par les aménageurs et le Conservatoire du Littoral (les croix signalent le socle, les tirets le matériel périglaciaire et les points le sable)

Synthetic sketch of the evolution of the dune(A) and of the clif (B)f. Data from air photos and from the Conservatoire du Littoral (crosses are for the in situ rocks, hyphen for periglacial material and dots for sand)

Discussion : variabilité spatiale, variabilité dans le temps et variabilité des forçages

La connaissance de l'évolution sur le moyen terme (60 ans) et du rôle de chacune des trois tempêtes (1991, 1995 et 2008) permet de réfléchir à quatre notions : 1) la variabilité des reculs, 2) le bilan sédimentaire d'un événement, 3) la vitesse d'évolution et des processus qui la contrôlent, 4) le concept d'*accommodation space*, qui s'avère très utile pour articuler ces différents éléments d'analyse.

Sur la falaise la vitesse de recul est variable d'une tempête à l'autre et d'une partie de la falaise à l'autre. Ces deux variabilités (spatiale et temporelle) sont liées à la nature et à l'épaisseur des strates qui composent l'escarpement. La figure 7 représente trois portions de la falaise (lignes). Les trois dates (colonne) correspondent aux situations immédiatement postérieures aux trois tempêtes majeures étudiées (1990, 1995 et 2008). La première a engendré un recul relativement uniforme sur toute la falaise. Pour la deuxième, c'est encore assez vrai, à ceci près toutefois que dans la partie ouest il est faible. Cela s'explique par le fait qu'à la base de cette portion de la falaise affleure un cordon de galets fossile (unité 2 sur la figure 2) et qu'en conséquence le pied de la falaise est plus résistant que là où il est composé de *head*, ou d'une dune ancienne. Il est aussi possible de constater une autre raison que la simple résistance mécanique : durant la tempête, le *head* se sature en eau alors que le cordon de galets fossile a une très forte porosité. Dans les jours qui suivent, le *head* saturé connaît des effondrements en masse alors que les galets ne bougent pas. Pour la troisième, le recul est extrêmement inégal suivant les lieux. En A, il est important mais semblable à celui des tempêtes précédentes. En B, il est considérable : le sommet de falaise recule localement de plus de 5 mètres en une seule journée. La base bouge très peu parce qu'elle est constituée par un affleurement in situ du socle migmatique, recouverts par des paquets effondrés (cartouche 7, fig. 7). Le pied de la falaise est, à cette date, constitué par le socle qui a la forme d'un plan incliné. Il est donc probable que cette configuration géométrique ait permis aux houles d'atteindre une limite de *run-up* significativement plus élevé que dans le cas précédent, provoquant ainsi un fort recul du sommet. Enfin, en A, le cordon de galets fossile est en partie dispersé mais joue encore un peu son rôle de protection à la base du profil. Le recul est similaire à celui engendré par la tempête de 1996. Cependant, en janvier et février 2009, trois tempêtes d'intensité modérée ont presque entièrement fait disparaître ce qui restait du cordon de galets. La prochaine forte tempête aura probablement des effets légèrement différents. En A, le recul commence à permettre au socle d'affleurer et il est possible que la vitesse de recul de la base diminue. Le sommet reculera sans doute encore vite, ne serait ce que par effondrement. En B, le matériel disponible pour le recul est presque entièrement érodé. Les reliques de matériel périglaciaire sont peu épaisses et peu étendues. Rien que par ruissellement durant un hiver pluvieux (2008-2009), l'essentiel de ce sédiment a été évacué vers le pied de falaise et incorporé à la plage. Le socle affleure quasiment partout et il est assez résistant pour ne plus reculer face à une tempête. Dans l'espace, cette portion de la côte va devenir stable. En C, le cordon de galet ayant quasiment disparu, il est probable que la vitesse de recul soit accrue. L'observation des effets des tempêtes doit donc conduire à une grande prudence quant aux extrapolations spatiales des phénomènes de recul.

Un second objet de discussion est celui du bilan sédimentaire. Selon les idées exposées dans l'introduction, le recul du site source doit alimenter le site puit. Sur le long terme (chronique de photos aériennes de 1980 à 2006), le recul de la falaise coïncide avec l'engraissement du cordon dunaire. Certains artéfacts arrachés à la falaise sont retrouvés dans le cordon : il y a bien transfert de matériel. Ce qui est moins clair est d'évaluer l'importance de cet apport latéral. On peut tenir pour certain qu'une part du matériel arraché à la falaise se retrouve sur la plage sous-marine, en particulier la fraction granulométrique comprise entre 1 et 0,25 mm. Le matériel plus grossier reste au pied de la falaise ou sur le haut de plage. Le matériel plus fin est probablement dispersé plus au large. Il n'est pas évident de savoir comment le matériel qui a ainsi enrichi la plage sous-marine va migrer sur la plage puis sur le cordon. Un processus identifié est le dépôt par *washover*. Ce sont des apports spectaculaires mais limités en volume. Ils ne peuvent à eux seuls être tenus pour responsables de la croissance verticale du cordon dunaire derrière les ganivelles. Il est en revanche possible d'avancer qu'une part importante du sable que le vent souffle sur le cordon provienne, non pas de la falaise mais du large et soit déposé sur la plage lors de vives eaux calmes, puis ensuite mobilisé par le vent. En somme, il n'y a pas de lien causal suffisamment clair entre le recul de la falaise et la croissance du cordon dunaire pour établir absolument que l'Anse du

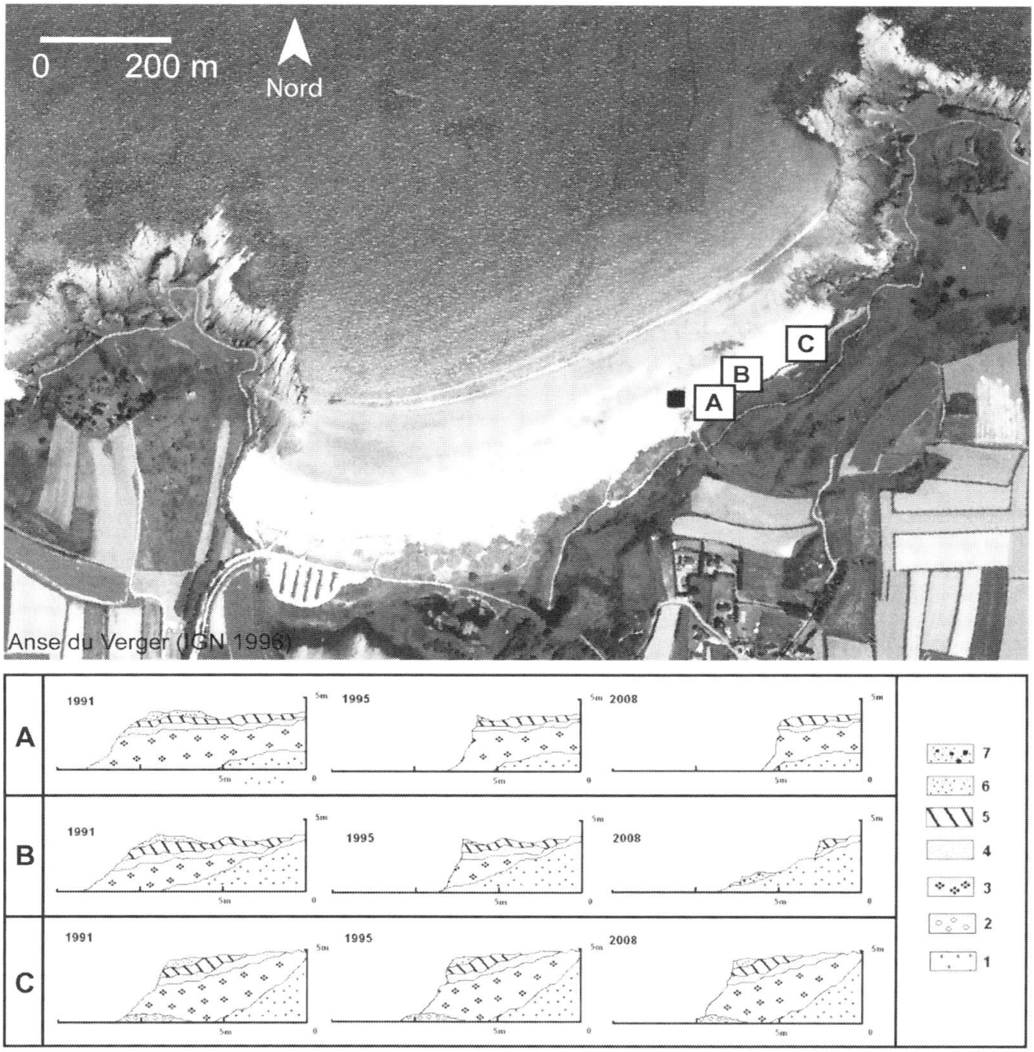

Figure 7 : Modalité du recul selon la structure sédimentaire de la coupe exposée aux houles
1 : Socle. 2 : Galets fossiles. 3 : Head. 4 : Loess. 5 : Dune et sols holocènes. 6 : Dune sub-actuelle. 7 : Matériel effondré.

Processes of retreat and exposures of sediment layers in the cliff face
1: Basement; 2: Fossil pebbles; 3: Head; 4: Loess; 5: Holocene dune and soils; 6: Sub-present dune; 7: Collapsed sediment.

Verger fonctionne comme une cellule sédimentaire simple. Il y a des transferts falaise-cordon mais il se peut qu'ils ne soient qu'anecdotiques et que l'essentiel des apports viennent du large. Si cette hypothèse est avérée, la définition des cellules sédimentaires comme unités spatiales de gestion de chaque baie doit être étendue vers le large jusqu'à la profondeur de clôture, ce qui demande que celle-ci soit connue.

Un troisième objet de discussion relève du comportement et des vitesses d'évolution. L'étude de l'évolution de ce site donne des informations intéressantes : en moyenne, de 1948 à 2008, le recul de la côte est de 1 m/an dans la partie est de l'Anse, alors que dans la partie ouest, recul (de 1952 à 1985) et re-avancée (1985 à 2008) se compensent, si bien que et le trait de côte, géométriquement parlant, pourrait être considéré comme stable. Il suffirait de comparer la photo de 1948 et la topographie actuelle (2009), on pourrait conclure à l'immobilisme. Cependant cette « stabilité » n'a aucun sens morphologique. Les deux portions du littoral, qui sont spatialement voisines, exigent donc d'être comprises avec des schémas temporels distincts et incompatibles en apparence l'un avec l'autre. Pour la falaise (B sur la figure 1), l'ensemble du comportement morphologique est relativement simple à modéliser. Il y a un recul constant, qui est principalement dû à l'effet de fortes tempêtes et à leurs conséquences différées dans le temps (effondrements post-tempêtes). Pour le cordon dunaire (A sur la figure 1), le schéma est beaucoup moins simple. On peut dire que le forçage majeur est double : il y a à la fois fourniture de sédiment (ce qui réfère à l'extension spatiale de la zone d'approvisionnement) et fixation du sable par les ganivelles (ce qui renvoie à des décisions politiques). Suivant la nature des décisions prises par les responsables de l'aménagement, le cordon dunaire peut avoir tous les comportements possibles, du recul à la progradation. Si les « bonnes » pratiques d'aménagement, ganivelles et mise en réserve, sont mises en œuvre les épisodes de tempêtes ne sont que des événements perturbateurs dont les effets sont réversibles. Il y aurait donc une résilience entretenue socialement (au sens de C. Vogel *et al*, 2007) et pas absolument naturelle.

Enfin, le concept d'*accommodation space* est récent en géomorphologie. Il a été utilisé pour expliquer le fonctionnement géomorphologique d'estuaires micro tidaux (Anthony *et al.*, 1996 ; Lang et *al.*, 1995) mais il est encore assez peu employé en géographie et en aménagement (Baudelle et Regnauld, 2004). Il correspond à une étendue nécessaire au fonctionnement d'un système soumis à des forçages, météo-marins dans le cas qui nous intéresse. Il rassemble l'espace actuellement occupé par le système, celui qu'il a occupé et celui qu'il peut occuper : « *The accommodation space includes the old space, which has not been filled in early period and new space, which is formed in the process* » (Zaixing *et al.*, 2008). Cette conception correspond assez étroitement à un concept qui avait été proposé par E. Lee (1998). Il proposait de lier explicitement le concept de cellule sédimentaire avec celui de recul du sommet de falaise au travers de la notion de « CBU » (*cliff behaviour unit*) : « *the concept of cliff behaviour unit (CBU) provides an important framework: These units span the nearshore to the cliff top and are coupled to adjacent CBUs within the framework provided by littoral cells.* » Le concept de cellule sédimentaire est alors utile mais il doit être entendu aussi au sens d'accommodation space et de CBU, c'est-à-dire d'espace d'où le sédiment provient et d'espace nécessaire à la mobilité des formes, y compris à leur recul suite à une tempête. Au Verger, l'*accommodation space* doit s'étendre au large (selon toute vraisemblance, jusqu'à la profondeur de fermeture) et doit comprendre le futur recul de la falaise. Il n'aurait donc pas été facile de le définir en 1948 ! Il est également nécessaire de prendre en compte la très forte variabilité temporelle des rythmes d'évolution, qui dépend d'une part de la fréquence des événements exceptionnels et d'autre part de la longueur des épisodes « calmes ». Enfin il faut considérer que les interventions anthropiques sont, la plupart du temps, les déterminants les plus importants pour « forcer » la forme à se reconstituer en un périmètre précis.

Conclusion

L'évolution du littoral est certainement liée aux tempêtes mais ce lien n'est pas univoque. Dans certains cas la tempête est l'agent principal, il fixe le sens de l'évolution (recul irrémédiable), ou encore le rythme des changements. Dans d'autres cas, la tempête n'est qu'un phénomène exceptionnel et l'évolution reste liée à la domination des conditions moyennes. Les deux points de vue sont vrais et ne sont pas inconciliables dans l'espace : ils concernent des portions de côtes adjacentes. Pour appréhender le comportement de ce type de littoral, il faut donc absolument prendre en compte une étendue spatiale qui dépasse l'extension de la simple « forme ». Ce travail a tenté de tester sur un exemple une conception théorique du littoral qui permette cette prise en compte. Il s'agirait de concevoir le comportement du littoral comme un tout et de penser, dans le cadre d'une cellule sédimentaire qui décrirait le fonctionnement « naturel », ou « normal » du littoral, à la fois : 1) le recul du site source et l'espace que ce recul concerne, 2) l'engraissement du site puits et l'espace nécessaire à sa croissance, 3) la variabilité des sites de transits et leur mobilité spatiale. L'idée est d'utiliser la notion de CBU comme l'équivalent, pour le site qui recule, de l'*accommodation space* pour l'accumulation sédimentaire. Si cette idée est pertinente, il est alors envisageable de tenter de définir quel est l'espace nécessaire au fonctionnement de l'ensemble d'une cellule sédimentaire et non pas se limiter à étudier celui qui est utile au fonctionnement des seuls sites puits. L'enjeu (soulevé par J. Hooke dans l'ensemble de son ouvrage de 1998, aussi bien que par D. E. Hart et K. R. Bryant en 2008) est de donner les mêmes lettres de noblesse à l'espace qui recule qu'à celui qui prograde, les deux étant également nécessaires au fonctionnement d'une cellule sédimentaire, donc à la mobilité naturelle d'un littoral. Cela revient évidemment à relativiser l'aspect spectaculaire de reculs produits par de fortes tempêtes et à réinterpréter leur responsabilité dans le fonctionnement « normal » de la mobilité du littoral.

Bibliographie

Anthony E. J., Lang J., Oyédé L. M., 1996. Sedimentation in a tropical, microtidal, wave-dominated coastal-plain estuary, *Sedimentology*, n° 43, p. 665-675.

Baudelle G., Regnauld H. 2004. *Échelles et temporalités*, Belin, 174 p.

Bray M. J, Carter D. J., Hooke J., 1995. Littoral cell definition and budget for central southern England. *Journal of Coastal Research*, vol. 11, n° 2, p. 391-400.

Bruce R., White B. R., Tsoar H., 1998. Slope effect on saltation over a climbing sand dune, *Geomorphology*, vol. 22, n° 2, p. 159-180.

Cagnoli B., Ulrych T. J., 2001. Ground penetrating radar images of unexposed climbing dune-forms in the Ubehebe hydrovolcanic field (Death Valley, California), *Journal of Volcanology and Geothermal Research*, vol. 109, n° 4, p. 279-298.

Cariolet J.-M., Costa S., Caspar R., Ardhui F., Magne R., Goasguen G., Aspects météo-marins de la tempête du 10 mars 2008 en Atlantique et en Manche, *Norois*, ce volume.

Carter R. W. G., Orford J. D., 1993. The morphodynamics of coarse clastics beaches and barrier : a short- and long- term perspective, *Journal of Coastal Research*, Spe. Iss., n° 15, p. 158-179.

Cocaign J.-Y., Bizien Jaglin C., Regnauld H., 1996. Les sites protohistoriques de l'Anse du Verger en Cancale dans leur cadre archéologique et environnemental, *Les cahiers de CeRAA*, n° 24, p. 71-84.

Cooper J. A. G., 2002. The role of extreme floods in estuary-coastal behaviour : contrasts between river- and tide- dominated micro tidal estuaries, *Sedimentary Geology*, vol.150, n° 1, p. 123-137.

Dodd J., Blondeaux P., Danie Calvete D., Huib E., De Swart G., 2003. Understanding Coastal Morphodynamics Using Stability Methods, *Journal of Coastal Research*, vol. 19, n° 4, p. 849-865.

Dubois R. N., 1995. The transgressive barrier model: an alternative to two dimensional volume balanced models, *Journal of Coastal Research*, vol. 11, n° 4, p. 272-1286.

Forbes D. L., Orford J. D., Carter R. W. G., Shaw J., Jennings S. C., 1995. Morphodynamic evolution, self organisation, and instability of coarse clastic barriers on paraglacial coasts, *Marine Geology*, vol.126, n° 1-4, p. 63-85.

Hart D. E., Bryant K. R., 2008. New Zealand coastal systems boundaries, connections and management, *New Zealand Geographer*, vol. 64, n° 2, p. 129-143.

Hooke J., 1998. *Coastal Defence and Earth Sciences Conservation*, The Geological Society, London, 270 p.

Jervey M. T., 1988. Quantitative geological modeling of siliciclastic rock sequence and their seismic expression, dans Wilgus C. K., Histings B. S., Kendall C. A., *et al.*, *Sea level changes: an integrated approach*. SEPM Special Publication n° 42, p. 47-69.

Lang J., Anthony E. J., Oyédé L. M., 1995. Late Quaternary coastal sediments in Benin: a preliminary sequence-stratigraphic interpretation. *Quaternary International*, n° 29/30, p. 31-39.

Lee E., 1998. Problems associated with the prediction of cliff recession rates for coastal defence and conservation, dans Hooke J. (dir.), *Coastal Defence and Earth Sciences Conservation*, The Geological Society, London, p. 46-57.

Musereau J., Regnauld H., Planchon O., 2007. Vulnérabilité aux tempêtes des dunes littorales : développement d'un modèle de prédiction du dommage à travers l'exemple de Saint Trojan (île d'Oléron, France), *Annales de l'Association Internationale de Climatologie*, vol. 4, p. 1-22.

Orford J. D., Forbes D. L., Jennings S. C., 2002. Organisational controls, typologies and time scales of paraglacial gravel-dominated coastal systems, *Geomorphology*, vol. 48, n° 1-3, p. 51-85.

Regnauld H., Kuzucuoglu C., 1992. Rebuilding of a dune field landscape after a catastrophic storm: beaches of Ille-et-Vilaine, Brittany, France, dans Carter R. W. G., Curtis T. G. S., Sheedy-Skeffington M. J. eds., *Coastal Dunes, geomorphology, ecology and management for conservation*, Balkema, Rotterdam, p. 379-387.

Regnauld H., Cocaign J.-Y., Saliėges J.-F., Fournier J., 1995. Mise en évidence d'une continuité temporelle dans la constitution de massifs dunaires du Sub Boréal (3600BP) à l'Actuel sur le littoral septentrional de la Bretagne. Un exemple dans l'Anse du Verger (Ille-et-Vilaine), *Comptes Rendus de l'Académie des Sciences*, vol. 321, n° 4, p. 303-310.

Regnauld H., Jennings S., Delaney C., Lemasson L., 1996. Holocene sea level variations and geomorphological response: an exemple in Northern Brittany, *Quaternary Science Reviews*, n° 15, p. 781-787.

Regnauld H., Fournier J., Gouéry P., 1997. Geomorphology and submarine landscapes of rocky platforms preceeding cliffs in Brittany (France), *Memorie descriptive carta geologica d'Italia*, vol. LII, p. 179-189.

Regnauld H., Lemasson L., Dubreuil V., 1998. The mobility of coastal landforms under climatic changes: issue for geomorphological and archeological conservation, dans Hooke J. (dir.), *Coastal Defence and Earth Sciences Conservation*, Geological Society Publishing House, p. 103-114.

Regnauld H., Mauz B., Morzadec-Kerfourn M. T., 2003. Shorelines of the last interglacial in western France: some preliminary results with OSL datings, *Marine Geology*, vol.194, n° 1-2, p. 65-77.

Robin M., 2002. Télédétection et modélisation du trait de côte et de sa cinématique. dans Baron-Yellés N., Goeldner-Gianella L., Velut S. (dir.), *Le Littoral : Regards, Pratiques et Savoirs : études offertes à F. Verger*, Presses de l'Ecole Nationale Supérieure, Paris, p. 95-115.

Roy P. S., Cowell P. J., 1996. Simulation Modelling of Large Scale Coastal Behaviour: A Review. IGCP 367 Annual Meeting, *Late Quaternary Coastal Records of Rapid Change: Applications to present and future conditions*, Sydney, p. 1-16.

Pian S., Regnauld H., Menier D., 2008. Interactions nature/société et vulnérabilité du littoral : quelques exemples en Bretagne Sud. Actes du colloque international pluridisciplinaire « le littoral : subir, dire, agir » [*http://www.ifresi.univ-lille1.fr/Littoral2008/Themes/Theme_4/Seance1/Pian. pdf*].

Vogel C., Moser S. C., Kasperson R. E., Dabelko G. D., 2007. Linking vulnerability, adaptation and resilience science to practice: pathways, players and partnerships. *Global Environment Change*, vol. 17, n° 3-4, p. 349-364.

Zaixing J., Yingchang C., Weili Y., Tong W., Le Z., 2008. Accommodation Space Transformation System in Faulted Basin. *The Open Geology Journal*, vol. 2, p. 9-17.

Cet article a été reçu le 22 septembre 2009 et définitivement accepté le 24 mars 2010.

Recommandations aux auteurs
Guide for contributor

Norois publie des articles, des notes, des comptes-rendus, des chroniques. Le titre de l'article, les résumés, mots clefs, titres et légendes des illustrations (figures, tableaux et photos) sont rédigés en français et en anglais. Un titre courant en français (différent de celui de l'article en lui-même) doit être prévu pour l'en-tête des pages impaires ainsi pour que la page de couverture de la revue. Il appartient aux auteurs francophones de faire réviser leurs textes en anglais par un anglophone.

Le format de la revue est de 16,5 cm x 24 cm. Les textes et illustrations (figures, tableaux et photographies) sont publiés en N/B. *L'utilisation de la couleur peut exceptionnellement être admise si elle est justifiée et reste soumise à l'acceptation du comité de rédaction.*

Un exemplaire complet du manuscrit tirage papier est adressé à Valérie Jousseaume, directrice du comité de rédaction (voir l'adresse postale ci-dessous). Une version numérique, de préférence en format pdf et comprenant les illustrations placées dans le texte telles que l'auteur le souhaite (attention, les illustrations doivent toujours venir dans l'article après qu'elles aient été appelées dans le texte), doit également être envoyée par courriel à l'adresse électronique suivante [*norois@uhb.fr*]. Les coordonnées postale, téléphonique et électronique de (ou des) l'auteur(s) doivent obligatoirement être données par le (ou les) auteur(s) lors de l'envoi de l'article afin de faciliter toute correspondance.

• Taille des publications

Les articles ne doivent pas dépasser 40 000 à 50 000 signes (des textes d'une longueur plus importante peuvent être admis mais restent soumis à l'acceptation du comité de rédaction). Les notes ne doivent pas excéder 8 pages (illustrations comprises). Les chroniques 30 pages. Les comptes rendus doivent être courts, 1 à 2 pages. Tout dépassement est soumis à l'accord du comité de rédaction.

• Format des manuscrits

Le titre de l'article est donné en français et en anglais. Un titre courant doit accompagner le texte, il résume le titre général de l'article et est positionné en en-tête des pages impaires. Il doit donc être concis. Exemple : **L'évolution morphologique récente du réseau hydrographique sur les marges des glaciers Lovén, presqu'île de Brøgger (Spitsberg, 79°N).** Titre courant : Réseau hydrographique au Spitsberg.

Viennent ensuite le(s) prénom(s) en entier et le(s) nom(s) de(s) auteur(s), l'organisme d'appartenance, l'adresse postale complète de ce dernier, et l'adresse électronique de l'auteur. Lorsque l'auteur est enseignant/chercheur rattaché à un laboratoire CNRS (ou autre), mentionner d'abord le nom du laboratoire, ensuite l'université de rattachement entre parenthèses, ensuite l'adresse du laboratoire en question et l'adresse Email. Exemple :

Serge Suanez
Géomer – LETG UMR 6554 CNRS
(Université de Bretagne Occidentale),
Institut Universitaire Européen de la Mer – Technopôle Brest-Iroise,
place Nicolas-Copernic – 29 285 Plouzané
serge.suanez@univ-brest.fr

Lorsque l'auteur est enseignant/chercheur non rattaché à un laboratoire CNRS ou autre, mentionner le nom de la composante d'enseignement, l'université de rattachement (sans parenthèse), l'adresse de la composante en question et l'adresse Email. Exemple :

Serge Suanez
Département de Géographie,
Université de Bretagne Occidentale,
20, rue Duquesne, BP 814 – 29 285 Brest cedex
serge.suanez@univ-brest.fr

Lorsque l'auteur est un chercheur appartenant à une structure de recherche non universitaire (CNRS, IFREMER, INRA, CEMAGREF, ONF, etc.) ou un bureau d'étude, mentionner le nom et l'adresse de la structure, et l'adresse Email. Exemple :

Max Bedeneau
INRA
Centre de recherches d'Orléans,
Unité Amélioration, Génétique et Physiologie Forestière,
45 160 Ardon
max bedeneau@orleans.inra.fr

Les résumés de l'article et les mots clefs, en français et en anglais, sont ensuite exposés. Le corps du texte comprend une introduction ainsi qu'une conclusion (et/ou discussion). Les parties et les sous-parties *ne sont pas numérotées* mais clairement hiérarchisées comme suit (ne pas dépasser trois niveaux) :

Présentation du secteur d'étude	(1er niveau)	= style gras
Cadre géomorphologique	(2e niveau)	= style petite majuscule sans gras
Les cordons dunaires	(3e niveau)	= style italique

Les notes infrapaginales doivent être limitées et ne doivent pas concerner les références bibliographiques.

• Références bibliographiques

Lorsque la référence est introduite dans le texte on mentionne la première lettre du prénom, suivi d'un point, puis le nom et la date entre parenthèses ; *Ex :* Comme il a été montré par P. Dupont (2003), la population communale augmente.

Lorsque la référence est citée dans le texte on mentionne uniquement le nom de l'auteur, « virgule », et la date ; *Ex :* La population communale augmente (Dupont, 2003).

Lorsque l'on a affaire à deux signataires, les mêmes instructions sont mentionnées comme suit : *Ex :* Comme il a été montré par P. Dupont et A. Durand (2003), la population communale augmente ; *Ex :* La population communale augmente (Dupont et Durand, 2003),

Lorsque l'on a affaire à plus de trois auteurs, les mêmes instructions sont mentionnées comme suit : *Ex :* Comme il a été montré par P. Dupont *et al.*, (2003), la population communale augmente. *Ex :* La population communale augmente (Dupont *et al.*, 2003).

Les références sont listées en fin d'article par ordre alphabétique et sont présentées comme suit :

Pour les articles de revue scientifique : Arnaud-Fassetta G., 1996. Les inondites rhodaniennes d'Octobre 1993 et Janvier 1994 en milieu fluvio-deltaïque. L'exemple du Petit Rhône, *Quaternaire*, vol. 7, n° 2/3, p. 139-153.

Pour les ouvrages, mémoires universitaires et rapports d'étude : Paskoff R., 2001. *L'élévation du niveau de la mer et les espaces côtiers*, Edition Institut océanographique, Paris, collection « Propos », 190 p.

Pour les contributions à l'intérieur d'un un ouvrage : Robin M., 2002. Télédétection et modélisation du trait de côte et de sa cinématique, dans Baron-Yellès N., Goeldner-Gianella L., Velut S. (dir.), *Le littoral, regards, pratiques et savoirs ; études offertes à Fernand Verger*, Paris, Édition Rue-d'Ulm, ENS, p. 95-115.

S'assurer que toutes les références appelées dans le texte sont bien listées en bibliographie et que toutes les références listées en bibliographie sont bien appelées dans le texte. Lorsque vous listez une référence listée par un auteur, respectez les normes éditées ci-dessus. Lorsqu'il y a deux auteurs, mentionnez le nom des deux auteurs séparé par une virgule. Lorsqu'il y a plus de deux auteurs, mentionnez le nom de tous les auteurs, toujours séparé par une virgule.

Arnaud-Fassetta G., Dupond P., 1996. Les inondites rhodaniennes d'Octobre 1993 et Janvier 1994 en milieu fluvio-deltaïque. L'exemple du Petit Rhône, *Quaternaire*, vol. 7, n° 2/3, p. 139-153.

Arnaud-Fassetta G., Dupond P., Durand P., 1996. Les inondites rhodaniennes d'octobre 1993 et Janvier 1994 en milieu fluvio-deltaïque. L'exemple du Petit Rhône, *Quaternaire*, vol. 7, n° 2/3, p. 139-153.

• Illustrations

Les illustrations sont à distinguer en fonction du type : *figure*, *tableau* et *photographie*. Dans le texte elles sont appelées comme suit entre parenthèses : (fig.1) ; (tableau 1) ; (photo 1). En légende elles sont indexées comme suit : Figure 1 : Carte de localisation ; Tableau 1 : Accroissement de la population... ; Photo 1 : Les quartiers périphériques de...

Pour l'édition papier, l'iconographie (figures et photographies) doit être fournie en noir et blanc. La couleur est autorisée lorsqu'elle est justifiée mais elle reste soumise à l'acceptation du comité de rédaction. Dans ce cas, les illustrations en couleur sont présentées hors texte sous la forme d'un cahier couleur central et indexées sous forme de planche numérotée (fig. 2 – **planche XIII**). Pour l'édition électronique sous *Revues.org*, les illustrations peuvent être publiées en couleur ; il est toutefois important de maintenir une bonne correspondance graphique entre la version papier et électronique des articles. Il est donc conseillé d'envoyer les photographies en couleur (leur conversion en N/B pour l'édition papier sera assurée par le maquettiste de la revue). Pour les figures, elles peuvent également être envoyées en couleur dès lors que leur conversion en N/B ne dégrade pas la lisibilité du document, cela concerne principalement les cartes utilisant des aplats et/ou des figurés de différentes couleurs, c'est aussi valable pour les trames et/ou dégradés de couleur allant des couleurs chaudes vers les couleurs froides.

La taille des illustrations ne doit pas excéder le format pleine page : 14 cm x 22 cm.

Les légendes des illustrations (figure, tableau et photographie) sont placées sous ces dernières, elles sont rédigées en français et en anglais comme suit :

Ex : Figure 1 : Carte de localisation (caractère normal en français)
Location map (caractère gras et italique en anglais)

• Format numérique des fichiers après acceptation
(cet aspect ne concerne pas la soumission des articles en première lecture)

Après acceptation de l'article, le texte et les illustrations (figures, tableaux et photographies) sont fournis en format numérique. Pour le texte le format Word .doc ou .rtf est demandé (évitez le logiciel Works). Les photographies sont à fournir en couleur au format JPG, BMP ou TIFF avec une résolution d'au moins 300 dpi pour une taille ne devant pas excéder 10 cm de largeur. Pour la Cartographie Assistée par Ordinateur, les illustrations sont à fournir en mode vectoriel. Utilisez de préférence Adobe Illustrator en format .ai ou .eps. Les légendes des illustrations (figures, tableaux et photographies) doivent être fournies dans les deux langues (français/anglais) sur feuille à part ; vous rappellerez simplement dans le texte la position des illustrations, telles que vous souhaitez qu'elles apparaissent au sein des différents paragraphes, par la mention : Figure 1, 2, etc. ; Tableau 1, 2, etc. ; Photo 1, 2, etc., de manière à faciliter le travail de mise en page du maquettiste. Attention, les illustrations doivent toujours venir dans l'article après qu'elles aient été appelées dans le texte.

• **Tirés à part et épreuves**

10 tirés à part + un numéro gratuit sont fournis par article (et non par auteur).

Pour toute informations complémentaires se rapporter au site des PUR : ***www.pur-editions.fr***
(saisir Norois *dans le moteur de recherche*

• **Coordonnées**

Les articles en version papier et numérique sont envoyés au directeur de la revue à l'adresse ci-dessous :

Valérie Jousseaume
CESTAN – Centre d'Etudes sur les Sociétes, les Territoires, l'Aménagement – Nantes
(UMR 6590 ESO – CNRS)
IGARUN – Université de Nantes
chemin la Censive du Tertre BP 81307
F-44313 Nantes Cedex 3

norois@univ-rennes2.fr

LES REPRÉSENTANTS DU RÉSEAU NOROIS

Les représentants du réseau Norois sont issus des départements de géographie des 10 universités de l'Ouest composant l'association Norois ; ils siègent et prennent part aux discussions lors des assemblées générales annuelles ; au même titre que les membres du comité de rédaction, ils participent aux votes lors des assemblées générales ; ils assurent le relais entre le comité de rédaction et les département de géographie.

NOROIS

ENVIRONNEMENT • AMÉNAGEMENT • SOCIÉTÉ

ABONNEMENT

PARTICULIERS, 4 numéros : 40 € – INSTITUTIONS, 4 numéros : 50 €

PRIX AU NUMÉRO : 12 €

ADRESSE D'EXPÉDITION
(Pour toutes commandes)

Année 20...

Nom ....

Prénom ....

Organisme ....

Adresse ....

....

Code postal ....

Ville ....

Pays ....

Règlement à adresser à

Presses universitaires de Rennes
Campus de La Harpe
Avenue Charles-Tillon
CS 24414
35044 RENNES Cedex
France

Achevé d'imprimer
sur les presses du service reprographique
de l'université Rennes 2 Haute-Bretagne
en juillet 2010

Imprimé en France